T-4 攻击侦察机

T-4 GONGJI ZHENCHAJI

伊利达尔·别德列特金诺夫 著
刘海丽 袁 颖 主译
王海峰 主审

西北工業大學出版社
西 安

【内容简介】 T-4攻击侦察机是苏联时期航空技术最重要的研究成果之一。本书是关于T-4攻击侦察机的专著，详细讲述了苏霍伊设计局研制史上鲜为人知的T-4攻击侦察机的设计历程，全面介绍了T-4攻击侦察机的技术性能、多个后续发展型号以及俄罗斯和国外航空公司研制的同类机型，并分析了T-4攻击侦察机对航空技术发展的影响。

本书是依据苏霍伊设计局以及T-4攻击侦察机工作人员提供的可靠档案数据和资料编写而成的，图文并茂，可供广大航空专家、航空爱好者等各类读者参考借鉴。

图书在版编目（CIP）数据

T-4攻击侦察机 / （俄罗斯）伊利达尔·别德列特金诺夫著；刘海丽，袁颖主译. — 西安：西北工业大学出版社，2018.3

ISBN 978-7-5612-5873-6

Ⅰ. ①T… Ⅱ. ①伊… ②刘… ③袁… Ⅲ. ①侦察机—介绍—俄罗斯 Ⅳ. ①E926.36

中国版本图书馆CIP数据核字（2018）第039881号

策划编辑： 杨 军
责任编辑： 何格夫

出版发行： 西北工业大学出版社
通信地址： 西安市友谊西路127号 邮编：710072
电 话： (029) 88493844 88491757
网 址： www.nwpup.com
印 刷 者： 陕西金德佳印务有限公司
开 本： 710 mm × 1 000 mm 1/16
印 张： 17.75
字 数： 268千字
版 次： 2018年3月第1版 2018年3月第1次印刷
定 价： 98.00元

《T-4攻击侦察机》编译委员会

主　审　王海峰

副主审　张　渝　沈玉芳　冷洪霞

主　译　刘海丽　袁　颖

翻　译　刘　榆　李　俊　蒋丽娜　刘博毅　周文轩

　　　　　王　忠　杨水锋　王　伟　但　聃　袁一彬

前　言

高超声速是一种重要的航空航天技术，也是军用航空航天技术发展的必然方向之一，美国空军甚至把高超声速列为未来改变游戏规则的技术方向。当前，世界主要航空航天大国都已认识到高超声速带来的优势，纷纷加大人力、物力投入，以求形成自己成熟的高超声速能力，特别是随着美国高调抛出飞行速度为M6一级的SR-72高超声速飞机概念，高超声速飞机和相关技术已成为航空航天领域的研究热点之一。在这种情况下，回顾一下数十年前，也是似曾相识的场景，世界同样在美国引领下，掀起对M3一级高马赫数飞机的研发热潮，美国先后推出SR-71和XB-70等M3一级的、比子弹还快的超声速侦察机和轰炸机；俄罗斯紧随美国，也研发出M3一级的T-4攻击侦察机。尽管最终这些飞机要么先后退役，要么飞行试验后没有装备，但作为一个时代的重要一瞬，已经深深地刻入历史。就当时而言，T-4攻击侦察机的研发超越了时代的发展，将苏联航空工业向前推进了一大步，是苏联时期航空技术重要的研究成果之一，它采用了大量新技术和新材料，性能十分先进。遗憾的是，由于种种原因最终未能进行生产和装备。

成都飞机设计研究所主要从事飞行器设计和航空航天多学科综合性研究，致力于中国最先进的歼击机和无人机研制与空天高技术发展，是我国航空航天领域重要的研发基地。为了全面展现苏联时期航空技术的重要研究成果——T-4攻击侦察机，促进研究所的发展与创新，我们历时一年，全文翻译了《T-4攻击侦察机》这本书，从苏联为了应对美国威胁研发对抗装备的视角，给出了T-4攻击侦察机可信翔实的史料，包含了那个时代大量珍贵的、不可多得的资料、数据和照片。温故而知新，回顾这段历史对于研究方向决策、项目管理和关键技术攻关等诸多方面，都能提供给我们有益的启示和帮助。

本书的翻译出版，得到了成都飞机设计研究所有关领导与技术人员的大力支持，特别是邵若石、张文宇、刘雨等同志给予的专业指导，在此向他们及其他提供帮助的同志表示诚挚的谢意！

书中难免有翻译不当、疏漏甚至谬误之处，恳请读者给予批评指正！

《T-4攻击侦察机》编译委员会

2017年12月

作者寄语

别德列特金诺夫出版集团即将出版的《国家航空的黄金储备》丛书第2册，讲述了鲜为人知的、却是苏霍伊设计局生涯中相当长的一段时期——T–4攻击侦察机的研制阶段。

近期，多篇关于“100”号飞机的文章相继出现，这一“深藏不露”30年的飞机，一时间占据了刊物的“畅销”榜。1996年拍摄的纪录片更是“推波助澜”地越发激起了人们对T–4攻击侦察机的兴趣。但遗憾的是，这其中出现的大量信息错误较多，有的数据甚至相互矛盾，导致读者混淆，出现困惑。

因此，笔者对T–4攻击侦察机的历史资料进行了研究、收集和整合，为读者们奉上自己的这一版“100”[①]号飞机的故事以供评判。

本书可帮助读者追溯T–4攻击侦察机研制的全部历程，从T–4攻击侦察机的诞生至今，这是航空史上划时代的一笔。

本书是关于T–4攻击侦察机的专著，包括了广大航空专家、航模制作者和航空爱好者等各类读者可能关心的历史和技术方面的信息。本书是依据苏霍伊设计局以及参与T–4攻击侦察机制造的航空企业工作人员提供的可靠档案数据和资料编写而成的。

“100”号飞机的研发超越了时代的发展，将工业向前推进了一大步，是苏联时期航空技术重要的研究成果之一。此外，T–4攻击侦察机还是H.C.赫鲁晓夫、П.B.杰缅季耶夫和A.H.图波列夫政治斗争和幕后阴谋的焦点，成为了他们与“135”飞机项目竞争的筹码。

本书的历史资料包括了项目工作的大量纪实文献，用生动和通俗易懂的文字再现了发生在30多年前的大事件。

T–4攻击侦察机是许多未能实现的项目的雏形：T–4P（T–4П）截击机、配装原子发动机和氢气发动机的飞机、空天飞机载机、变几何机翼多状态飞机T–4攻击侦察机，以及轰炸机/导弹载机图–160的竞争方案——T–4MS（T–4MC）（更多时候被称为“200”号飞机）。

本书对飞机各系统描述准确，并配有相应的原理图、照片和表格，势必会吸引航空专家乃至航空爱好者的关注。

[①]作者注：指的是第一架T–4攻击侦察机。

本书还展示了俄罗斯和国外其他航空制造公司生产的与 T-4 攻击侦察机以及 T-4MS(T-4MC)方案同级别的飞机。

此外,航空爱好者和航模爱好者们还能够在本书中找到竞争公司的方案、“101”号飞机试飞和RD36-41(РД36-41)发动机的信息、T-4 攻击侦察机及其过渡方案的图纸,以及飞机的涂装方案。

本书包含大量的黑白和彩色照片、插图、原理图、表格和曲线图,有助于读者理解 T-4 攻击侦察机在历史和技术方面的详细信息。

在此,笔者向在本书编写和信息搜集工作中给予帮助的下列人员表示衷心的感谢:Н.阿尔费罗夫、Л.邦达连科、В.伊留申、О.萨莫伊洛维奇和Н.切尔尼亚科夫。

向在资料收集和整理工作中提供帮助的下列人员表达诚挚的谢意:Ю.阿利什塔德特、В.安东诺夫、А.巴兰诺夫、А.布鲁克、Г.比尤什根斯、Н.瓦卢耶夫、А.沃罗比耶夫、М.沃斯特里亚科夫、П.加琴科、М.格尔维茨、Н.戈尔久科夫、Г.季科夫、М.德米特里耶夫、И.耶梅利扬诺夫、С.日利佐夫、А.扎日金、И.扎克斯、Л.扎斯拉夫斯基、И.兹韦列夫、В.津金、М.祖耶夫、Ю.伊瓦舍奇金、В.伊利因、Е.卡布洛夫、Т.卡扎克维奇、Г.卡尔沃夫斯基、В.科兹洛夫、А.科尔钦、А.科涅夫斯科姆、К.科斯明科夫、Н.科切什科夫、Е.库库舍夫、Ю.拉斯托奇金、Э.利塔列夫、С.马特韦耶娃、К.马特韦耶夫、Б.梅尔兹利亚科夫、В.米克拉扎、В.莫伊谢耶夫、Л.瑙莫夫、Ю.奥泽罗夫、П.帕拉莫诺夫、П.普伦斯基、Н.列梅耶夫、В.里格曼特、О.罗戈津、Ю.萨博、М.绍克卡、Т.西马科娃、С.斯克连尼科夫、С.斯米尔诺夫、Ю.塔兰诺夫、А.季托夫、В.图尔琴科夫、Л.切尔诺夫、С.尚努科夫、А.舍夫宁、О.舍赫捷尔、В.亚科夫列夫。

同时,向在本书创作过程中提供帮助的К.巴西洛夫、Р.纳加夫金和Р.法赫鲁特金诺夫表示由衷的感谢。

伊利达尔·别德列特金诺夫

2005 年 2 月

目　　录

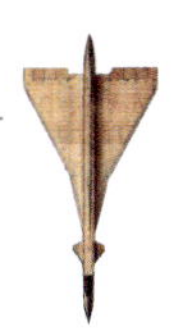

第1章
T-4飞机方案及研制历程

1.1 研发理念及用途

20世纪50年代末期,苏联在战略空军和海军领域都远落后于美国。当时美国空军已有大量能够运载核武器的B-52和B-47轰炸机及其各种改装机型,这些飞机能将核武器运载并发射到苏联的领土上。与此同时,美国空军开始装备B-58中程超声速攻击机,并且如火如荼地开展着飞行速度达3 000km/h的XB-70超声速战略飞机的研发。除此之外,还出现了升限可达25 ~ 30km、速度超过3倍声速的最新A-12侦察机的相关报道。美国海军在20世纪50年代末开始装备首批能够在2 200km距离内向苏联发射核导弹的核潜艇,此外还拥有数十艘装配有核武器的航空母舰。

这种处境使苏联军方感到焦虑,于是苏联国防部的各类研究院制定了相应的应对方案。其中对海空威胁最经济实在的回应手段,是建立能够迅速到达敌方歼击机无法接近的目标区域,并能在远程发射导弹后回到驻扎机场的航空打击系统。该系统应由攻击机和高超声速导弹组成,攻击机作战半径为3 000km,飞行速度达3倍声速;而高超声速导弹速度为4 ~ 5倍声速,配有超强弹头和能保障自主状态下巡航飞行的控制系统。

飞行器以3 000km/h的巡航速度飞行时,由于蒙皮和机体凸出部分气动加热显著,因而飞行器要用钢材与钛合金制造,导致制造成本大幅上涨。由于材料本身和整个系统的许多项目需要新研,因此需要开展大量科研工作。但这总比组建一支航母舰队、潜艇舰队或制造类似XB-70战略轰炸机更为经济,更别说是要在非常短的时间内完成了。

在确定未来打击系统参数和完成战技要求的编制之后,国家航空技术委员会被授权开始以招标的方式制定远程超声速导弹载机技术方案,其主要用途是击败位于俄罗斯舰载防空系统射程以外、由航母突击编队和航母突击群组成、装备有舰载F-4B“鬼怪Ⅱ”战斗机（及其后继机型第三代战斗机F-111B[1]）及“黄铜骑士”（Talos）和“鞑靼人”（Tartar）防空导弹的美国攻击航母舰队。除此之外，该机可对射程内的欧洲军事活动区和美国部分城市实施中程常规打击，还可对（用于摧毁高速目标的）防空目标进行侦察。

20世纪50年代末期，苏联时期的图波列夫设计局和米亚西谢夫设计局开展了战略攻击机的研发。图波列夫致力于代号“135”飞机的研发，而米亚西谢夫则主要负责M-52(见图1-1)和M-56(见图1-2)两个方案。“135”和M-52两型战斗机主要由铝合金制成，最大飞行速度为2 000 ～ 2 500km/h，最大起飞重量达200t。而M-56计划使用钛合金与合金钢制造，以承受300℃的蒙皮气动加热，其设计起飞重量约230t。该飞机可称为轰炸机队中的“巡航机”。遗憾的是，尽管这些方案都是参考美国的XB-70“Valkyrie”（女武神）战略轰炸机(见图1-3)而设计，但始终未达到战技要求。

▲ 图1-1　B.M.米亚西谢夫设计局M-52飞机模型（尼古拉·戈尔久科夫档案室供图）

[1]译注：由美国通用动力公司（General Dynamics）和格鲁门公司（Grumman）于20世纪60年代研发的远程舰载截击机，原计划作为F-4B“鬼怪Ⅱ”舰载战斗机的后继机型，后因研制问题和需求的不确定性而下马，被格鲁门公司的F-14“雄猫”取代。

▲ 图1-2 B.M.米亚西谢夫设计局M-56飞机插图（安德烈·日尔诺耶供图）

▲ 图1-3 北美航空公司XB-70“Valkyrie”飞机插图（伊利达尔·别德列特金诺夫档案室供图）

20世纪60年代末期，赫鲁晓夫在最高苏维埃大会上发表了关于军用航空业发展不合理的讲话后，苏共中央和苏联部长会议[①]发布了停止所有未来新型战斗机研发工作的决议。拉沃契金设计局停止了La-250“蟒蛇”研发，苏霍伊设计局停止了T-37研发，米高扬设计局停止了E-150研发，米亚西谢夫设计局停止了M-52和M-56研发。其中拉沃契金设计局和米亚西谢夫设计局转入到新成立的通用机械制造部，米亚西谢夫被任命为中央空气流体动力学研究院院长，而拉沃契金则全面转向导弹研发。与此同时，许多航空设计局都收到了研究开发导弹的任务。在战斗机方面，只允许对现有飞机进行改装。

尽管停止了新飞机的研发，但赫鲁晓夫并不敢贸然出言直接反对苏联航空界的泰斗安德烈·尼古拉耶维奇·图波列夫（A.H.图波列夫），也不敢停止他的“135”课题，更何况继续该研究于军方有利，因为该飞机性能参数最接近新的战技要求。相反地，赫鲁晓夫还建议图波列夫设计局研究将“135”号飞机速度提升至3 000km/h的可能性，因为大洋彼岸的XB-70已经拥有了高达3 000km/h的巡航飞行速度。

除此之外，国家航空技术委员会主席彼得·瓦西里耶维奇·杰缅季耶夫（П.B.杰缅季耶夫）提议苏霍伊和雅克福列夫两家歼击机设计局也参与研发新型攻击机。因为此时米高扬设计局正在全力研发E-155飞机，所以未参与此次任务。设计这样的重型飞机对这两家设计局而言非同寻常，但也只有这些歼击机设计局才具备丰富的超声速飞机设计经验。

[①]译注：1946—1990年苏联政府最高权力机构。

П.В.杰缅季耶夫十分尊敬A.H.图波列夫，他评价“135”方案更加优秀。很显然，他偏向于让“135”方案胜出，而如果苏霍伊的方案获胜，那么苏霍伊设计局会因为没有生产能力而将所有的工作都移交图波列夫负责。随后一些事实也间接地证实了这一点。

宣布竞标后，三家设计局都开始着手于新飞机的研发。

在这些设计局获得的技术任务书中，对新飞机研发方案有明确的要求。

由于敌方防空系统是攻击机最主要的障碍，所以新飞机在研发的时候应当考虑敌方防空系统的性能，实现以最少的损失突破敌方防空系统。在20世纪60年代初，西方国家应对空中入侵者最主要的方式是陆军的防空导弹系统“霍克”(Hawk)和“奈基-大力神”(Nike-Hercules)，以及海军的“小猎犬”(Terrier)、“黄铜骑士”(Talos)和“鞑靼人”(Tartar)系统，这些防空导弹系统的最大射程达160km，射高达30km，打击目标的最大速度为775m/s。而构成西方国家歼击航空兵[①]基础的飞机包括麦克唐纳公司的F-101“伏都”(Voodoo)、康维尔公司的F-102“三角剑”(Delta Dagger)、洛克希德公司的F-104“星”式战斗机(Starfighter)、通用动力公司的F-106“三角标枪”(Delta Dart)、麦克唐纳公司的F-4“鬼怪Ⅱ”、达索公司的“幻影Ⅲ”(Mirage Ⅲ)和萨伯公司的J-35“龙”(Draken)等，这些飞机能打击高度不超过25km、速度不超过2 650km/h的目标。

为了(在突防时)躲避敌军防空系统的潜在袭击，新型导弹载机的巡航速度应达到3 000km/h，升限应达到22 ~ 24km。若以这种速度飞向目标，敌方雷达制导系统将无法及时拦截攻击机，也无法引导防空导弹对其进行拦截。无论是截击机，还是防空导弹，都无法从新型攻击机后部对其进行打击。

新型飞机的航程应为6 000 ~ 8 000km，并且至少能携带两枚射程为400 ~ 600km的中程飞航式导弹，这能让飞机在(敌)防空系统射程之外投放导弹。

苏霍伊设计局从1960年开始新飞机的研制。最初的外形方案由伊万·伊万诺维奇·齐布里科夫领导的总体组副组长亚历山大·米哈伊洛维奇·波里亚科夫负责设计。

1960年秋，总设计师帕维尔·奥西波维奇·苏霍伊(П.О.苏霍伊，见图1-4)向苏联国家航空技术委员会提议研发能携带两枚导弹和两个副油箱的远程超

[①]译注：即战斗机部队。

声速攻击侦察机，其巡航速度为2 500 ~ 2 650km/h，航程为7 000 ~ 8 000km，飞行高度可至18 ~ 22km。在不携带副油箱的情况下，其速度能达3 000km/h，航程缩短至6 000 ~ 6 500km。此外，国家航空技术委员会于1961年11月3日发出的第376号令规定，中央空气流体动力学研究院、格罗莫夫试飞院、中央航空发动机制造研究院、全苏航空材料科学研究院、航空工业生产工艺和生产组织科学研究院都要与第51工厂在模型风洞试验、结构材料的选择、飞机参数的选取以及其他一些问题上协同合作，同时要求第36设计局（П.А.科列索夫设计局）项目总设计师П.А.科列索夫（见图1–5）和第300、第165设计局的总设计师谢尔盖·康斯坦丁诺维奇·图曼斯基（С.К.图曼斯基）、安德烈·米哈伊洛维奇·留里卡（А.М.留里卡）参加超声速导弹载机方案的研发。

▲ 图1–4 T–4总设计师帕维尔·奥西波维奇·苏霍伊（苏霍伊设计局供图）

▲ 图1–5 П.А.科列索夫（"土星"科学生产联合体供图）

1.2 T–4攻击侦察机研发方案的起步

同一时期，二级工程师奥列格·谢尔盖耶维奇·萨莫伊洛维奇（О.С.萨莫伊洛维奇）开始率先设计新型飞机，在向П.О.苏霍伊报告工作之后，他的设计方案受到总设计师的认可，成为了该项目的负责人。新飞机采用"鸭式"布局，带有"鸭翼"，相互独立的发动机短舱位于外翼下方，进气道伸出机翼前缘。最初理论计算表明，飞机的重量预计为102t，因而得名为"100"号。

1960年12月，苏霍伊设计局在中央空气流体动力学研究院科学技术委员会上进行了首次汇报，时任委员会主席为В.М.米亚西谢夫。П.С.苏霍伊、О.С.

萨莫伊洛维奇（见图 1-6）、B.M.米亚西谢夫、弗拉基米尔·瓦西里耶维奇·斯特鲁明斯基（B.B.斯特鲁明斯基）及其他一些代表出席了会议。苏霍伊设计局为首次报告准备了工程技术说明书和一个缩比的布局模型。T-4 攻击侦察机的设计师如图 1-6 所示。

▲ 图 1-6　T-4 攻击侦察机的设计师

左起：И.И.齐布里科夫、A.M.波里亚科夫、O.C.萨莫伊洛维奇（苏霍伊设计局供图）、Ю.B.伊瓦舍奇金（尤里·伊瓦舍奇金档案馆供图）

虽然方案受到好评，但歼击机设计局参加如此庞大项目的事实，引起了原B.M.米亚西谢夫设计局员工们的反感。O.C.萨莫伊洛维奇和B.B.斯特鲁明斯基在科学技术委员会报告之后进行的谈话可以证实这一点。援引萨莫伊洛维奇的话：“斯特鲁明斯基开始抱怨说：‘你们为什么要介入这个项目？你们对它根本一窍不通！’我回答他说：‘弗拉基米尔·瓦西里耶维奇，您为什么跟我说这些？我算什么啊？我只是个无足轻重的人罢了，要说的话，您应该去找帕维尔·奥西波维奇。’他气得直哆嗦，却又无言以对，因为他无法向苏霍伊抱怨这些。”

在中央空气流体动力学研究院召开会议之后，新型攻击机布局的完善工作进一步展开，随后又有一批设计师加入了设计工作，其中包括Ю.B.伊瓦舍奇金和后来的Ю.B.瓦西里耶夫、Ю.B.达维多夫及B.П.捷尔里科夫。

当时主要的研究精力都集中在探究飞机的最优气动布局上，以满足长时间以 3 倍声速飞行这一主要任务要求。

之后又出现了一些飞机方案，这一阶段的工作主要分为两条线，一条为继续进一步完善O.C.萨莫伊洛维奇的设计布局，另一条则是主张将发动机组合布置在中翼下。

同时，设计师Ю.B.伊瓦舍奇金基于发动机分开布置和组合布置的布局研究出了民用飞机方案。当时以 T-4 攻击侦察机为基础研制的客机布局有三种方案（图1-7和图1-8为其中的两种），但是这些方案都没有得到深入研究。正是这个时候，A.H.图波列夫在“135”飞机的基础上进行客机版“135”飞机方案的研究（见图1-9），即后来著名的图-144飞机；B.M.米亚西谢夫在M-56战斗机的基础上进行M-53飞机方案的研究（见图1-10）。

▲ 图1-7　以T-4为基础研制的客机图（图1-19中的№2）（尼古拉·戈尔久科夫供图）

▲ 图1-8　以T-4为基础研制的客机图（图1-19中的№3）（米哈伊尔·德米特里耶夫供图）

▲ 图1-9　图波列夫设计局“135客机”图（图波列夫设计局供图）

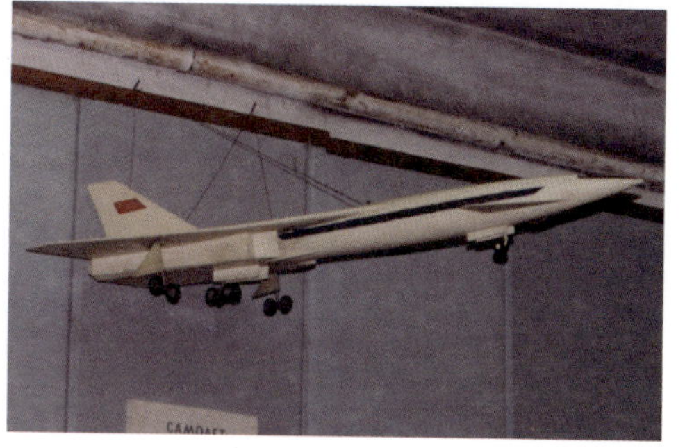

▲ 图1-10　米亚西谢夫设计局的M-53飞机

1961年5月，在组合式发动机布局基础上研发出上单翼翼身融合的变后掠翼“飞翼”设计方案。在设计局里它被称为“准整体式”布局。这个方案给П.O.苏霍伊看过之后，深受总设计师喜爱，所以苏霍伊决定在该方案基础上制造模型。

在制造模型的时候发生过一件趣事。当苏霍伊走进正在制造未来飞机木质模型车间检查工作进程时，模型旁站着一位背对苏霍伊的工人。他注视着模型惊叹道：“这是个什么玩意儿啊！谁把它想出来的！”苏霍伊走向他问道：“你准备怎么制作它？”工人看到总设计师后十分慌张，退到了一边。此后飞机有了个滑稽的外号——“玩意儿”。

模型于1962年入夏时制成，但中央空气流体动力学研究院认为该飞机方案的进气道不合格。它采用的是类似美国F-105飞机的进气道入口，即激波从机身延伸至进气道入口边缘。但中央空气流体动力学研究院断定，这种进气道无法在马赫数为3的条件下工作。

根据现代的经验，应当承认这个观点其实是错误的，但是当时的这个决定导致未来飞机的布局探索又持续了多年。根据苏霍伊设计局参加过"100"号方案设计的设计师们的观点：这是能达到的最好布局，至于进气道，还可以再改进。

1961年7月，科学技术委员会成立，委员会总结了单状态[①]攻击侦察机竞标情况。图波列夫设计局、苏霍伊设计局和雅克福列夫设计局均在科学技术委员会上提交了自己的设计方案。除了航空设计局的代表，出席大会的还有国防工业领域、国防部、苏共中央国防机构、军工委员会和研究院的领导们。

A.H.图波列夫本人和他的副手叶戈尔·谢尔盖·米哈伊洛维奇代表图波列夫设计局参会，П.О.苏霍伊和О.С.萨莫伊洛维奇代表苏霍伊设计局参会，亚历山大·谢尔盖耶维奇·雅克福列夫（А.С.雅克福列夫）代表雅克福列夫设计局参会。

出席的发动机专家有С.К.图曼斯基、А.М.留里卡、谢尔盖·巴甫洛维奇·伊佐托夫（С.П.伊佐托夫），中央空气流体动力学研究院出席的代表有В.М.米亚西谢夫和В.В.斯特鲁明斯基，中央航空发动机制造研究院出席的代表有格奥尔基·彼得洛维奇·斯维舍夫，航空技术科学研究院的代表是维克多·阿尔吉洛维奇·扎帕里兹。

首先发言的是图波列夫设计局，О.М.叶戈尔在竞标会上展示了"135"飞机方案（见图1–11）。在讨论时，"135"飞机方案被批评尺寸过大（起飞重量为190t），而且不符合规定的巡航速度（2 500km/h，而不是3 000km/h）。

图波列夫设计局的论据十分客观充分——站在节约国家开支的立场上，只制造一型飞机更为合理，即已研发的"135"产品。该产品既能执行战略任务

[①]译注：本文中指机翼形状不可改变，相对于"多状态"/"双状态"（即后文提到的采用变后掠机翼、可同时满足高速和低速飞行要求的布局）飞机而言。

（对美国领土进行攻击），又能执行远程航空任务。他们认为，对于远程航空任务来说，3 000 ~ 3 500km的作战半径已经足够，而且在该作战半径条件下以2 500km/h的速度飞行时到达攻击位置的时间最大仅增加12min（由60min变为72min）。此外，图波列夫设计局的飞机能够携带4 ~ 6枚导弹，而苏霍伊和雅克福列夫设计局的飞机只能携带2枚导弹。

A.C.雅克福列夫第二个发言。他介绍了起飞重量为84t、巡航飞行速度为3 300km/h的雅克－35飞机（见图1－12）。雅克－35类似于美国康维尔（CONVAIR）公司的B－8“盗贼”（Hustler）无尾布局式飞机，该机机翼为三角形薄型机翼，翼下吊挂四台发动机，驾驶舱凸起（类似V－1（B－1）和图－160）。

▲ 图1－11　“135”飞机布局方案之一（图片根据提交的竞标图制作）（安德烈·日尔诺耶供图）

▲ 图1－12　A.C.雅克福列夫设计局在1962年第一届科学技术委员会上展出的雅克－35飞机图（安德烈·日尔诺耶供图）

在发言完毕之后，雅克福列夫开始向图波列夫发难："图波列夫说了飞临时间上的差别，这点我可以赞同。但我们应当跳跃式向前发展，而安德烈·尼古拉耶维奇却建议仍停留在使用铝材上，不做任何革新对于航空技术来说就是倒退！我们应当向前发展，开发新的材料——钛和钢。图波列夫设计局简直是在阻止航空业的进步！"

在他说完之后，图波列夫立刻起身吼道："年轻人，关于钢材你懂些什么？我研究钢材飞机的时候，你才刚学会走路！你是想要国家破产吗？"雅克福列夫沉默不语……

П.О. 苏霍伊最后一个发言，他介绍了 T-4 飞机方案（工厂代号——"100"号产品，见图 1-13 ~ 图 1-15），该报告中的方案就是苏霍伊设计局制作了模型的那架飞机：飞机重 102t，巡航速度 3 000km/h，符合空军要求。

▲ 图 1-13　提交竞标的 T-4 飞机布局图（图 1-19 中的№6）（安德烈·日尔诺耶供图）

С.К. 图曼斯基提议新飞机使用其在 R-15B-300（Р-15Б-300）发动机的基础上改进的 R-15BF-300（Р-15БФ-300）发动机。R-15B-300 计划用于米格-25 飞机上。

所有方案的评选结果在 1961 年 9 月举行的第二届科学技术委员会上确定。

图波列夫明白，"135" 飞机方案将在竞标中落选，因此他命令自己的设计局开始准备用于替代图-22 飞机的 "125" 飞机竞标方案（见图 1-16）。

由于 "125" 导弹载机是图波列夫设计局根据其他技术任务书而设计的（图波列夫设计局研制它是为了替换图-22 飞机和进一步发展 "106" 方案），所以 "125" 导弹载机方案的战术技术性能有所不同：巡航速度达 2 500km/h，航程为 4 800 ~ 6 900km。

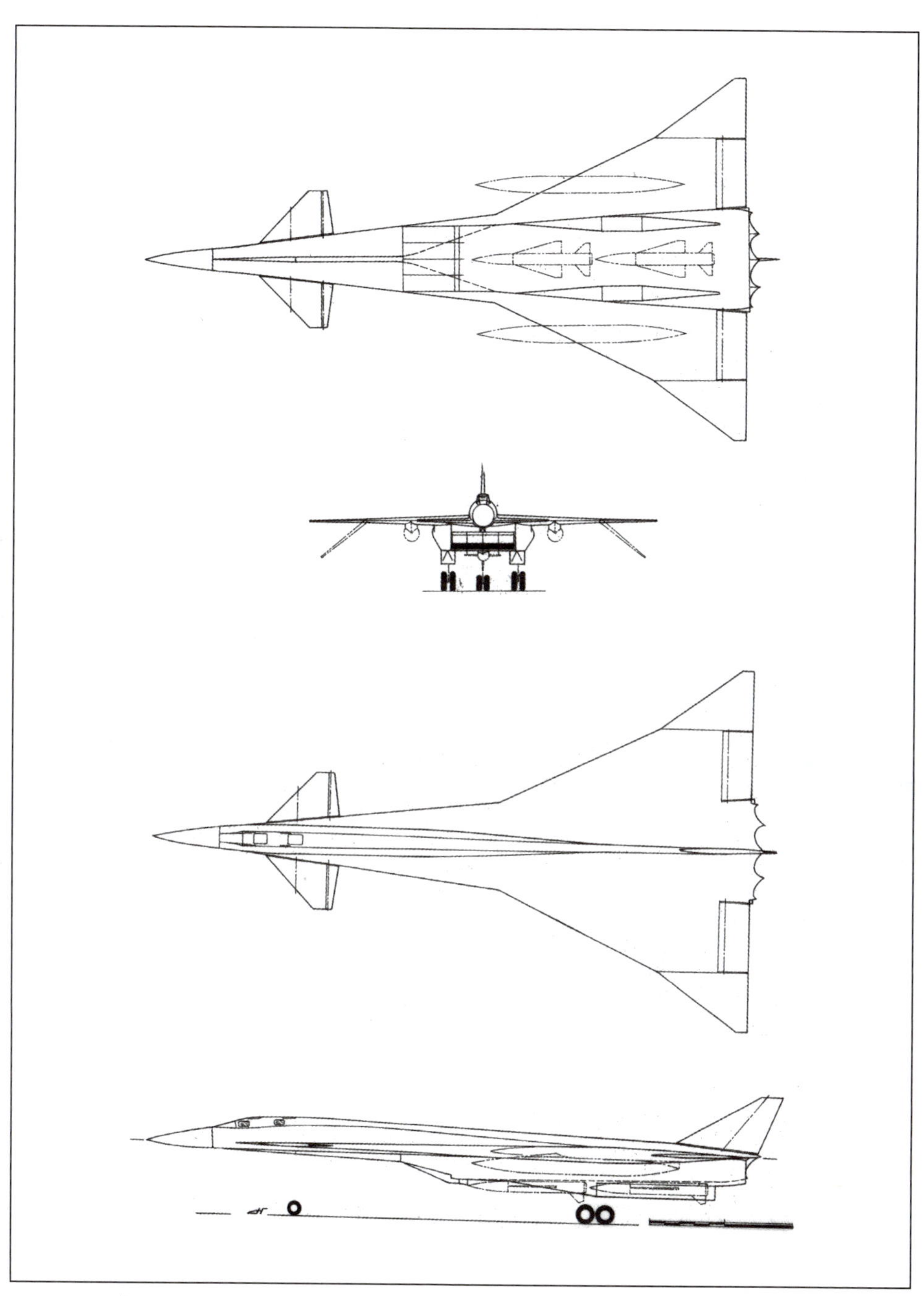

▲ 图 1-14　1961 年 4 月 T-4 飞机布局三视图(在该布局基础上制造了模型)
(图 1-19 中的№6)
(尼古拉 · 戈尔久科夫供图)

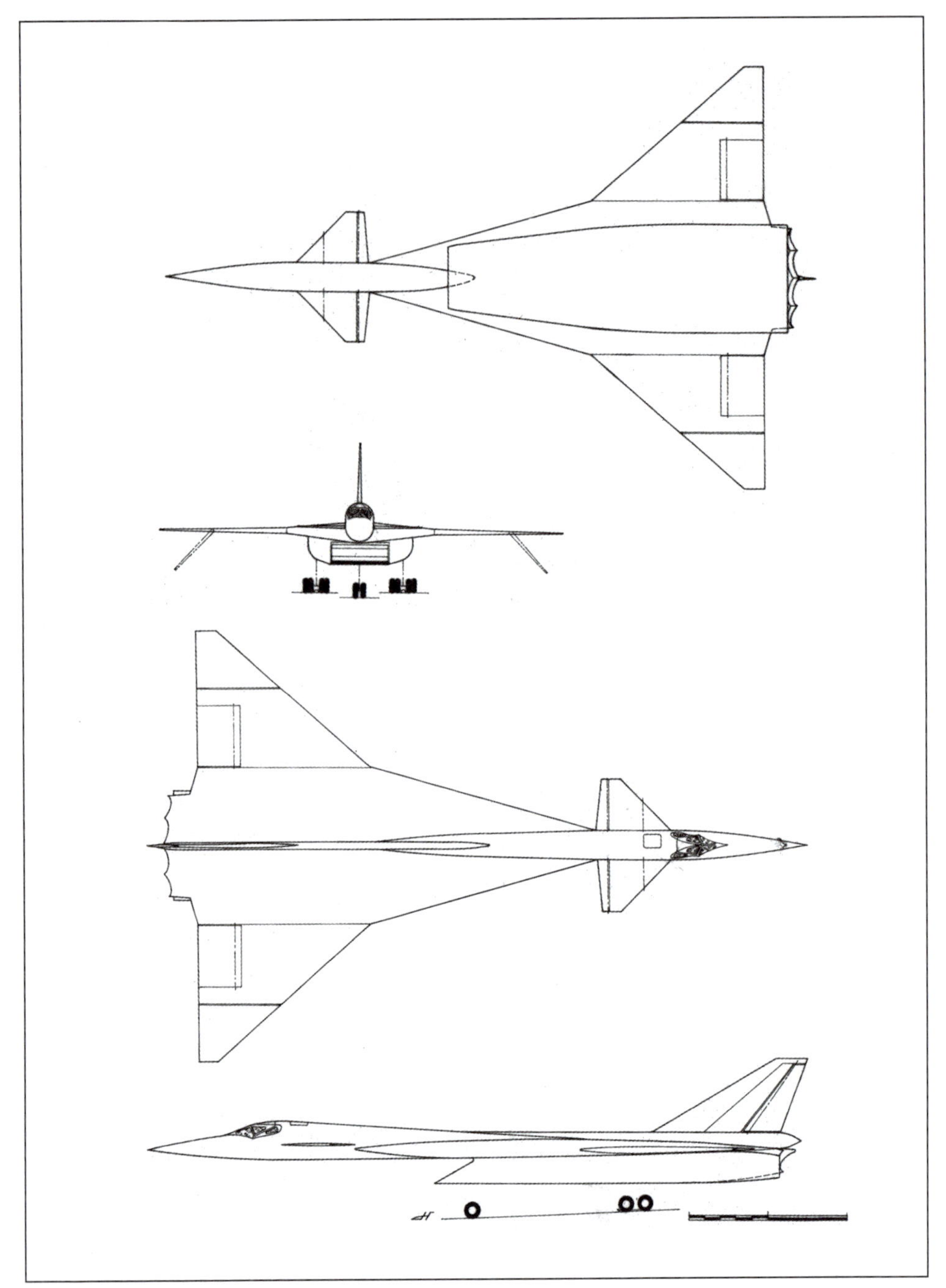

▲ 图 1-15　带鸭翼的“鸭式”布局三视图

（Ю.В.伊瓦舍奇金于 1962 年 2 月研制的图 1-19 中的№4）

（尼古拉 · 戈尔久科夫供图）

▲ 图 1-16 图波列夫设计局在 1961 年第二届科学技术委员会上展出的"125"飞机方案图
（安德烈·日尔诺耶供图）

新飞机设计方案为"鸭式"布局的单状态飞机，配有两台位于机翼下方的 NK-6 涡轮风扇发动机。制造"125"飞机除了使用杜拉铝之外，还计划广泛使用钛合金和最新的无线电电子设备。在"125"飞机的基础上图波列夫设计局还设计了诸多不同用途的改型方案。但是，图波列夫设计局并没有足够的时间使"125"产品达到竞标要求——在保持战术技术任务书规定航程的条件下将速度增大到 3 000km/h。T-4 及其竞争机型在技术性能方面的对比结果见表 1-1。

表 1-1 T-4 及其竞争机型技术性能对比表

技术性能	T-4	"135"产品	"125"产品	雅克-35
最大起飞重量/t	120	190	125	102
正常起飞重量/t	100	160	100	84
超声速状态下的实际航程/km	6 000	7 950	6 900	6 000
850km/h 速度时的实际航程/km	6 000	—	3 000	—
最大飞行速度/(km/h)	3 200	2 500	2 500	3 300
在目标上空的飞行高度/km	22 ~ 24	22.5	18.5 ~ 20.5	22 ~ 24
机翼载荷/(kgf[①]·m^{-2})	360	420	442	—
机翼面积/m^2	291	380	226	—
起飞滑跑距离/m	1 100 ~ 1 500	2 300	1 700 ~ 2 800	—
起飞推重比	0.50	0.48	0.46	0.59

[①]译注：1kgf=9.8N。

续表

技术性能	T-4	“135” 产品	“125” 产品	雅克-35
发动机：数量 X 类型	4XRD-15BF-300	4XNK-6	2XNK-6	4XRD-15BF-300
发动机推力(加力推力)/kgf①	4X15 000	4X23 000	2X23 000	4X15 000
机组人员数量/人	2	4	2	3

在第二次科学技术委员会上，科研中心和军事部门对方案进行了讨论，图波列夫设计局提交的“125”飞机方案由于研制不充分，未达到竞标条件而落选，就像早期的“135”产品。

在听取所有的方案报告之后，科研中心和军事部门最终决定苏霍伊设计局的T-4飞机中标。同时，准备向苏共中央和苏联部长会议提议开始研制该飞机。大会结束后，他们开始准备苏共中央和苏联部长会议的决议草案。T-4飞机研制工作由苏霍伊设计局副总设计师切尔尼亚科夫·纳乌姆·谢苗诺维奇(H.C.切尔尼亚科夫，见图1-17)主持。

▲ 图 1-17 T-4飞机的设计师们

左起：H.C.切尔尼亚科夫、И.Е.巴斯拉夫斯基、M.A.洛克申、H.C.杜宾宁、И.В.叶梅里扬诺夫

（苏霍伊设计局供图）

在决议准备期间，П.В.杰缅季耶夫来到苏霍伊设计局找苏霍伊谈话，O.C.萨莫伊洛维奇见证了这一段微妙的对话。关于这一段历史性对话，援引他的回忆：

П.В.杰缅季耶夫对苏霍伊说：“帕维尔·奥西波维奇，你们的任务已经完成了。有句古话叫‘摩尔人效劳已毕，就应当离开’(释意：功成应当身退)。这个项目应该属于图波列夫，他已经失去了制造图-135的机会，所以我恳求您拒绝这项研究，并将所有的材料转交给图波列夫。”苏霍伊沉默一阵之后，客气地回答杰缅季耶夫道：“请原谅我无法这样做。赢得竞标的人是我，而非安德烈·尼古拉耶维奇，所以我无法推掉这个项目。更何况我反对我的设计局从事导弹研制，我只想制造飞机。”杰缅季耶夫心中怒火丛生，但并未当场发作，只是告诉苏霍伊：“那好，帕维尔·奥西波维奇，随便你吧。”然后起身告辞。

过了一段时间后，图波列夫与苏霍伊进行了一次电话交谈，见证者依然是萨莫伊洛维奇。这是他们交谈的片段：

图波列夫对苏霍伊说：“巴沙，我知道你能制造出很优秀的歼击机，但是你无法造出轰炸机啊。这个项目是属于我的，放弃它吧。”帕维尔·奥西波维奇回应道：“安德烈·尼古拉耶维奇，请您原谅，虽然我是您的学生，但我认为，正因为我能造出优秀的歼击机，所以我也有能力造出同样优秀的轰炸机。我是不会推掉这个项目的。”

因为设计局主攻的“135”产品项目完全终止，自己的学生苏霍伊又在军方订购竞标中赢了自己，安德烈·尼古拉耶维奇·图波列夫的懊丧可想而知。当然，图波列夫会继续“125”飞机的研发，而正是这型飞机引出了后续的“145”方案（见图1–18）——图–22M的雏形。

▲ 图1–18　第一个“145”飞机方案
（图波列夫设计局供图）

1962年1月，代号为T–4的飞机方案被送到国家航空技术委员会审查，方案受到委员会的好评：“苏联部长会议的国家航空技术委员会支持这个提案，并恳请苏共中央委员会和苏联部长会议研究关于该问题的决议。”1960—1966年，T–4飞机研究的布局方案演变过程如图1–19所示。

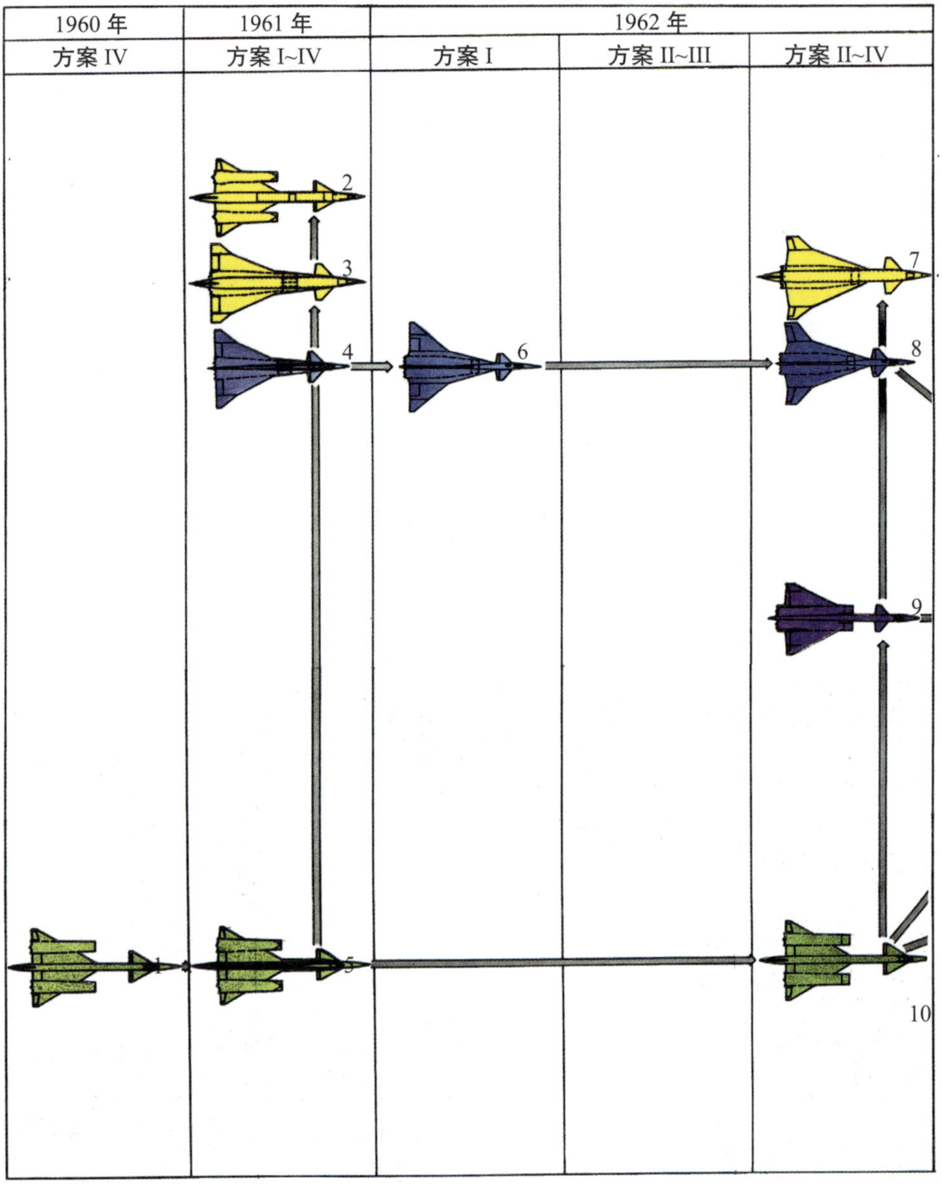

1960 年	1961 年	1962 年		
方案 IV	方案 I~IV	方案 I	方案 II~III	方案 II~IV
1	2 3 4 5	6		7 8 9 10

▲ 图 1-19　T-4 飞机 1960—1966 年间布局

标号：

(　)发动机组合布置，共用一个进气道；

(　)发动机组合布置，进气道位于两侧；

(　)发动机置于单个短舱中；

(　)发动机置于配对短舱中；

(　)无鸭翼式-无尾式布局；

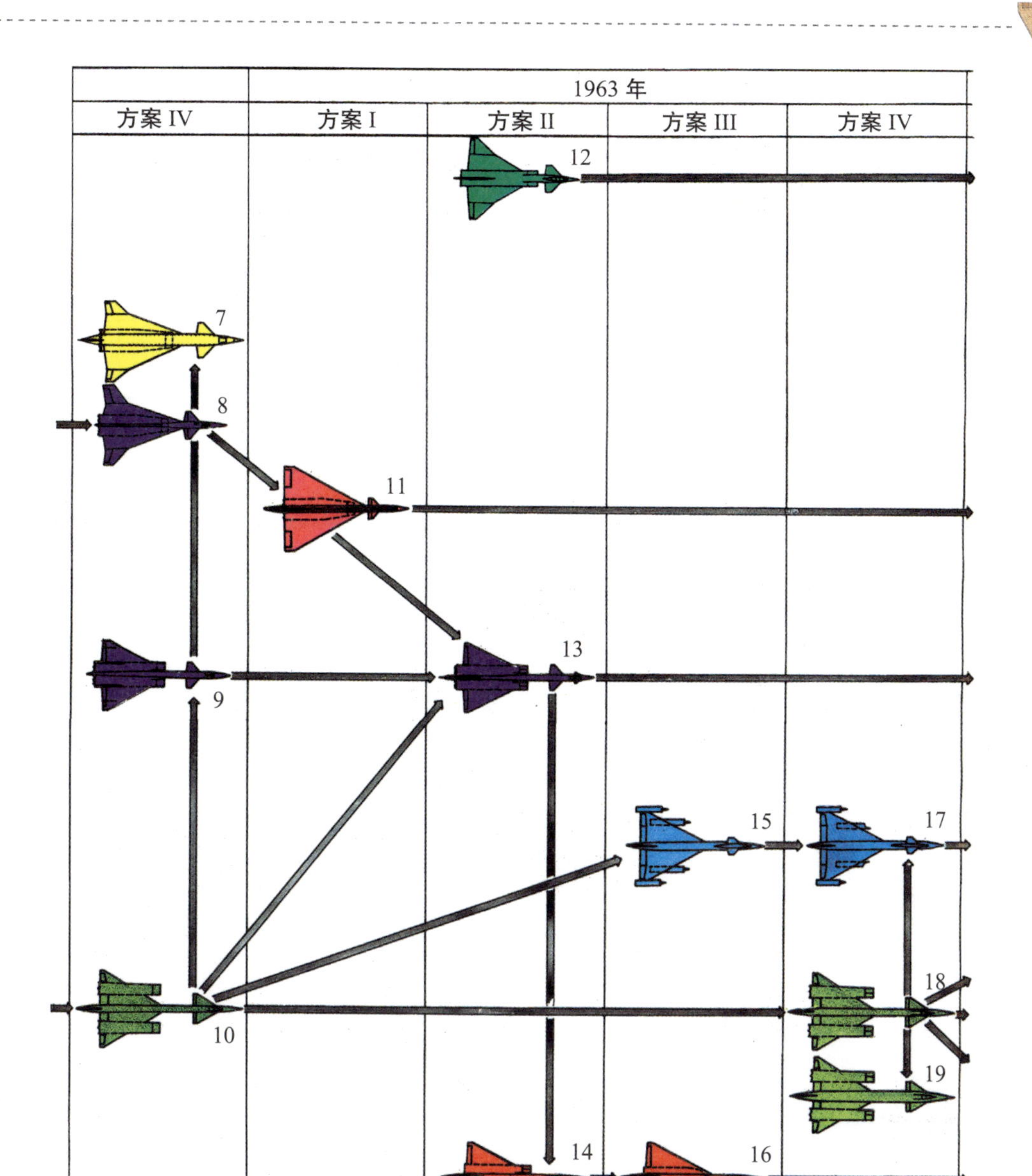

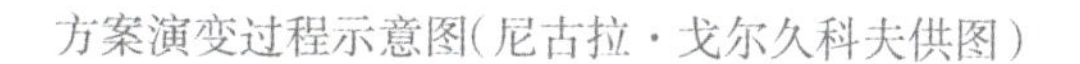

方案演变过程示意图(尼古拉·戈尔久科夫供图)

( )发动机组合布置的整体式布局;

( )客机方案;

( )变几何机翼飞机;

( )发动机与进气道组合布局;

( )“101”号飞机。

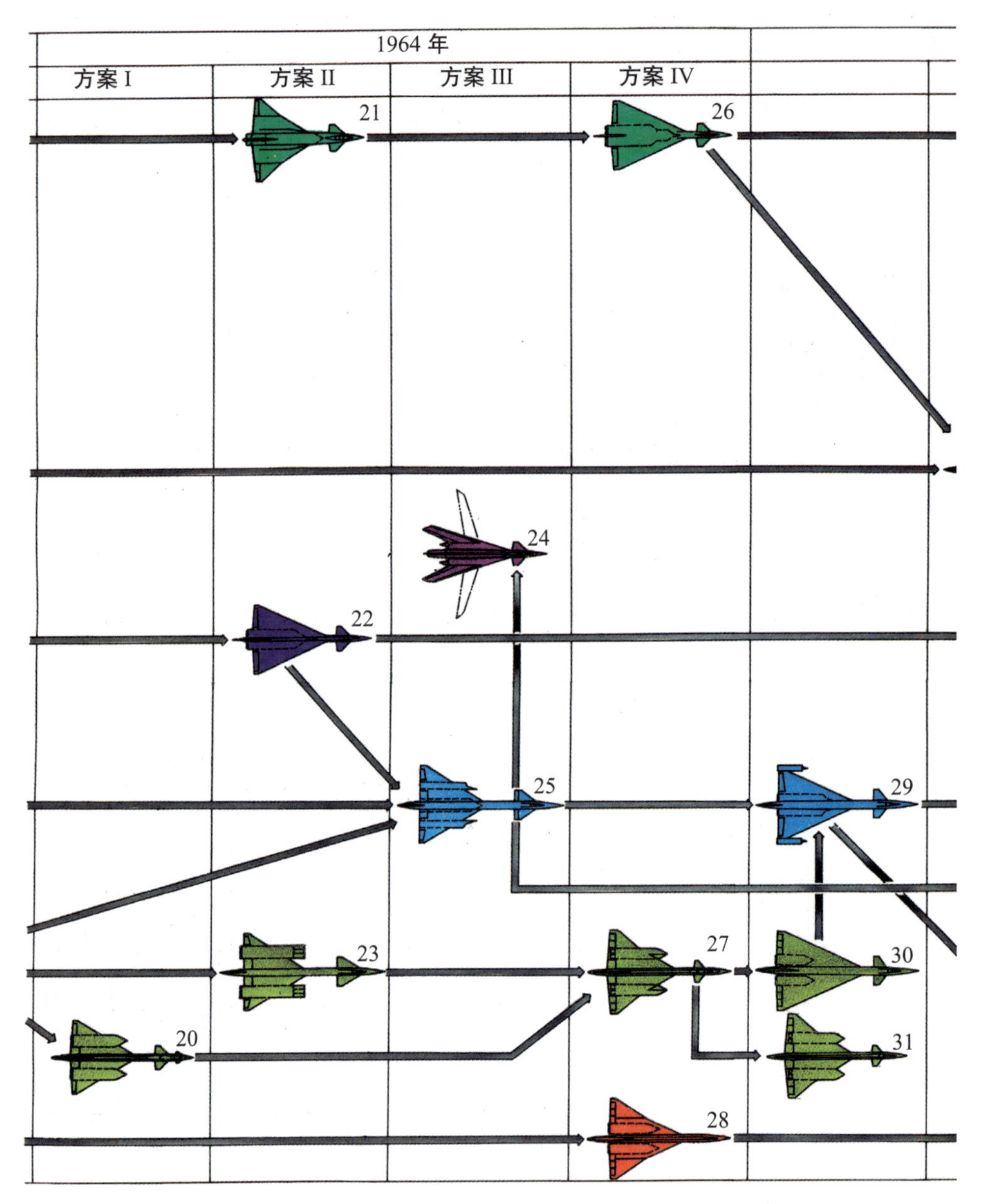

▲ 续图 1-19　T-4 飞机 1960—1966 年间布局

注释：

(1)1—萨莫伊洛维奇设计的布局，该布局工程图被提交至中央空气流体动力学研究院的科学技术委员会；(2)2—见图 1-7、图 4-1、图 4-2；(3)3—见图 1-8、图 4-3、图 4-4；(4)4—见图 1-15；(5)6—T-4 飞机首个飞机模型所使用的布局图见图 1-13、图 1-14；(6)7—见图 4-21；(7)10—初步方案布局图；(8)11—见图 1-32(c)；(9)13—流体力学专家马尔加林 M.C.提出的带鸭翼和“风标”的布局见图 1-29；(10)18—1964 年初步方案布局见图 1-23；(11)15、17、25 和 29—借鉴 A-12 和 SR-71

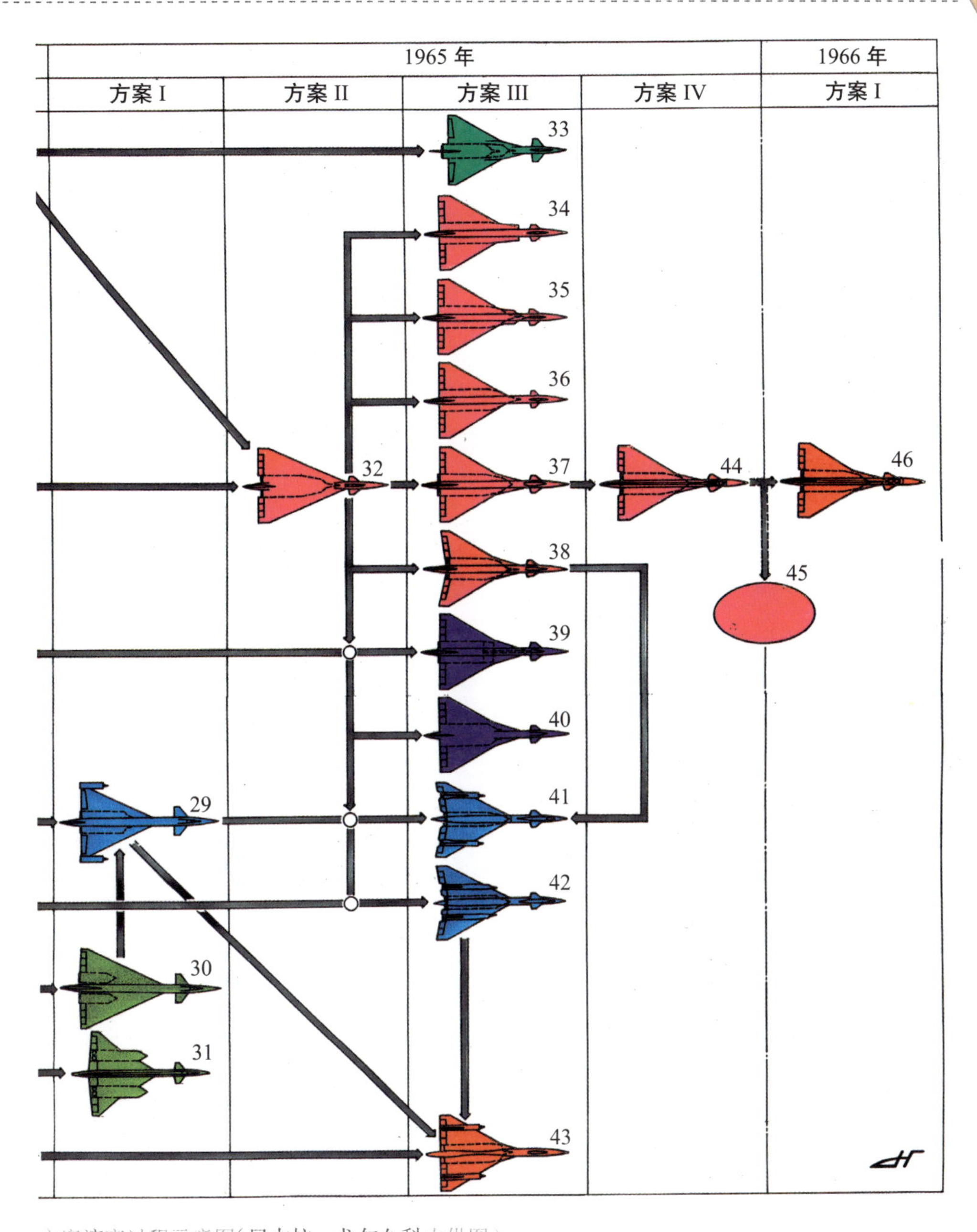

方案演变过程示意图(尼古拉·戈尔久科夫供图)

飞机的布局;(12)19—使用氢气发动机的初步设计布局;(13)22—使用3台发动机的布局;(14)23—使用6台R-27(P-27)发动机、带鸭翼和外凸型座舱盖的布局;(15)24—使用3台发动机和变几何机翼的布局,见图1-32(c)、图1-34;(16)26—见图1-26、图1-27;(17)27—见图1-32(b)、图1-33;(18)44—1965年2号初步设计布局:Л.И.邦达连科设计的T-4飞机原型;(19)45—使用原子发动机的飞机方案;(20)46—“101”号飞机,见图1-43。

国家航空技术委员会收到的初步设计方案有两个：一是T-4A侦察飞机，起飞重量为100 ~ 110t，超声速巡航飞行速度为3 000 ~ 3 200km/h，实际航程达6 000km，携带副油箱时的最大航程达7 000km，飞行高度为20 ~ 24km，还可作为K-30系统载机，实际作战半径应为4 000km，其中X-30导弹射程为400 ~ 500km；二是携带反防空系统的有源和无源干扰设备的载机T-4B(T-4Б)。在第一阶段(1964年第四季度)T-4A飞机打算使用图曼斯基设计局(第300设计局)研制的R-15BF-300(Р-15БФ-300)发动机，而第二阶段(1965年第四季度)计划分别采用A.M.留里卡设计局(第165设计局)的AL-19(АЛ-19)发动机和C.П.伊佐托夫设计局(第117设计局)的RD17-117F(РД17-117Ф)发动机。此外还打算委派苏霍伊设计局第51号工厂研发射程400 ~ 500km的新型超声速导弹X-30(见图1-20)，并于1965年第一季度开始工厂飞行试验。与此同时，委派M.M.帕申宁担任总设计师的拉沃奇金工厂根据第51号工厂的技术条件，针对K-30系统研制超声速飞航式导弹X-31，该导弹射程为1 500 ~ 2 500km，并于1965年第一季度开始工厂试飞。机载弹道导弹XB-32(XБ-32)的设计草图于1965年1月之前交付给工厂。

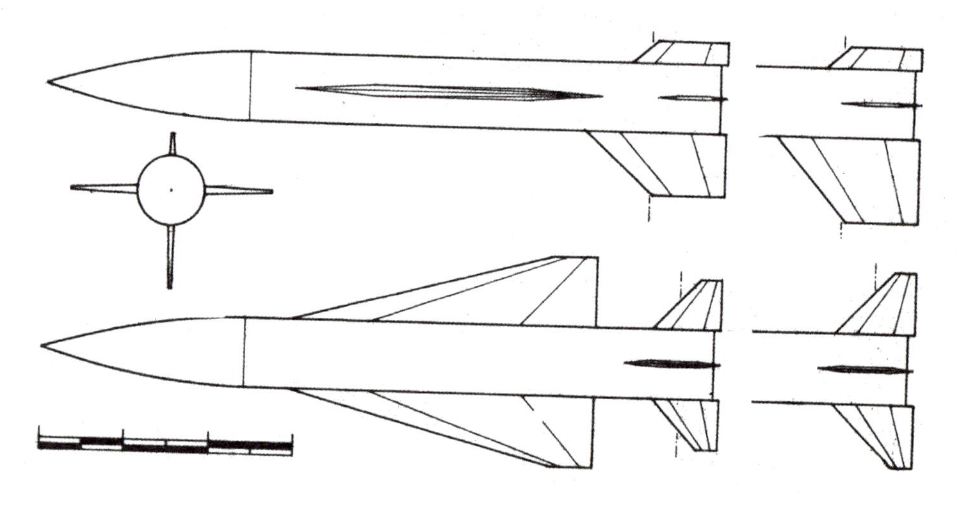

▲ 图1-20　X-30导弹三视图(由苏霍伊设计局最先研发，作为T-4飞机主要武器)
(尼古拉·戈尔久科夫供图)

苏霍伊设计局在副总设计师H.C.切尔尼亚科夫的领导下开始了X-30导弹方案的研究，研制了弹翼有所区别的两种导弹方案。按照1:12.5的比例制作了模型，并在中央空气流体动力学研究院的T-113风洞中进行了吹风试验。

为了完成作战任务，X-30 必须具备高速性能，并且能在长时间飞行中自主操纵。由此可见，导弹的速度不能低于 3 000km/h，且应配装惯性导航系统，能够自动选取目标。X-30 导弹的研发工作持续到 1963 年之后终止。在 X-30 研发过程中积累的技术储备后来被运用到了 X-33 产品（见图 1-21）的设计中。

1962 年第一季度末，在中央空气流体动力学研究院开始进行飞机模型风洞试验。如果说气动布局（带鸭翼的“鸭式”布局）可以快速确定，那么发动机短舱的布置以及符合要求的进气道方案的探索则要难得多。其中，进气道的研制需要花费很多精力，并要在中央空气流体动力学研究院的风洞中（CBC-2 及其他风洞）进行 20 多种不同模型的试验。

1962 年秋天，苏霍伊设计局启动了 T-4 飞机初步方案设计。截至 1963 年第一季度，新飞机综合研发团队人数达到了 150 人。H.C. 切尔尼亚科夫任该项目总设计师，而 O.C. 萨莫伊洛维奇担任主管设计师。综合研发团队还包括以下人员：空气动力学专业副总设计师伊萨克・叶菲莫维奇・巴斯拉夫斯基，控制系统副总设计师阿尔杰姆・亚历山大诺维奇・科尔钦，流体力学部主任莫伊赛伊・阿布拉莫维奇・洛克申，强度部主任尼古拉・谢尔盖耶维奇・杜宾宁，侦察设备组组长马尔科・达维多维奇・格尔维茨，空气动力组组长列奥尼特・格里阿尔多维奇・切尔诺夫和弗拉基米尔・维克多维奇・拉日杰斯特文斯基，电气设备负责人弗里德里赫・阿隆诺维奇・克列茨基，救援设备部主任维克多・米哈伊洛维奇・扎斯科，机身设计部主任基里尔・亚历山大诺维奇・库里扬斯基，强度部主管设计师亚历山大・尼古拉耶维奇・索科洛夫，机翼设计师维克多・亚历山大诺维奇・科雷洛夫和奥列格・叶梅里扬诺维奇・普里萨日纽克，尾翼设计师亚历山大・德米特里耶维奇・卢科夫采夫和谢尔盖・瓦西里耶维奇・阿列克谢耶夫，电传操纵系统设计师尤里・伊里伊奇・申分克里，进气道设计师伊戈尔・鲍里索维奇・莫夫昌诺夫斯基，喷口设计师卡尔・米哈伊洛维奇・谢伊曼，燃油系统设计师维克多・茨冈诺夫和伊戈尔・维克多洛维奇・叶梅里扬诺夫，起落架设计师弗拉基米尔・费多洛维奇・费多连科，动力装置设计师伊利亚・莫伊谢耶维奇・扎克斯及其他一些设计师。以上全体设计人员被安排在一栋总面积近 $400m^2$ 的独立大楼里办公。1963 年 4 月，T-4 攻击侦察机初步设计方案完成（见图 1-22），并被送往空军司令部及国家航空技术委员会审查。

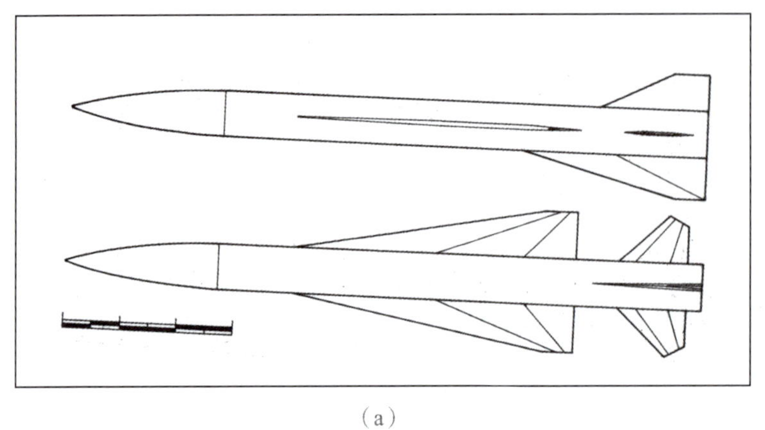

（a）

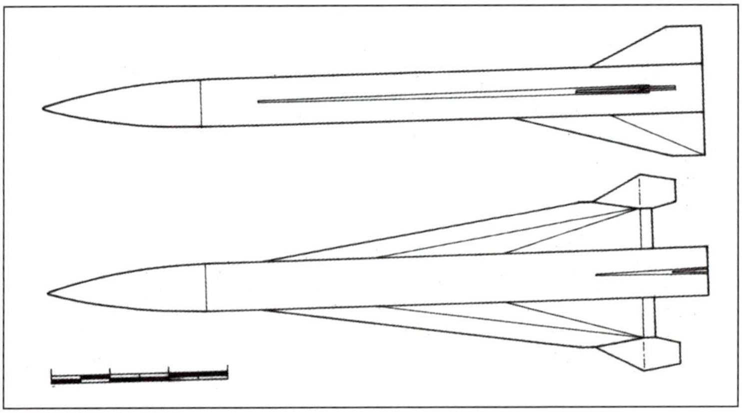

（b）

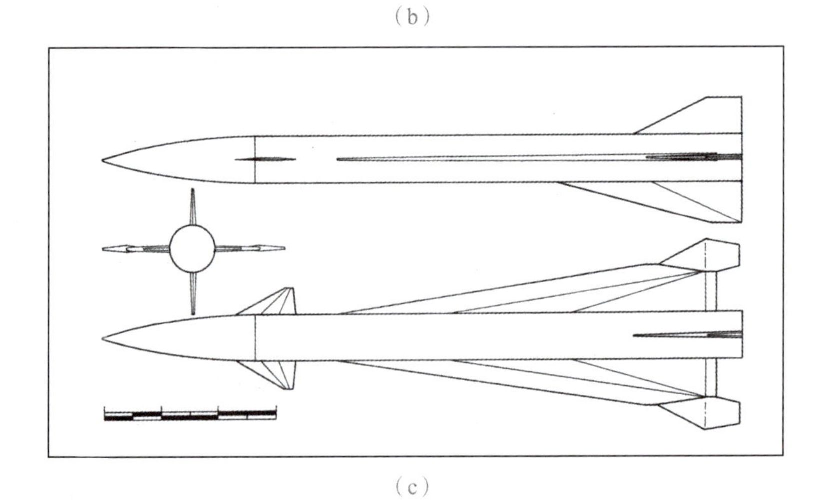

（c）

▲ 图 1-21　X-33 导弹方案
（a）常规气动布局；（b）“无尾”布局；（c）“鸭式”布局
（尼古拉·戈尔久科夫供图）

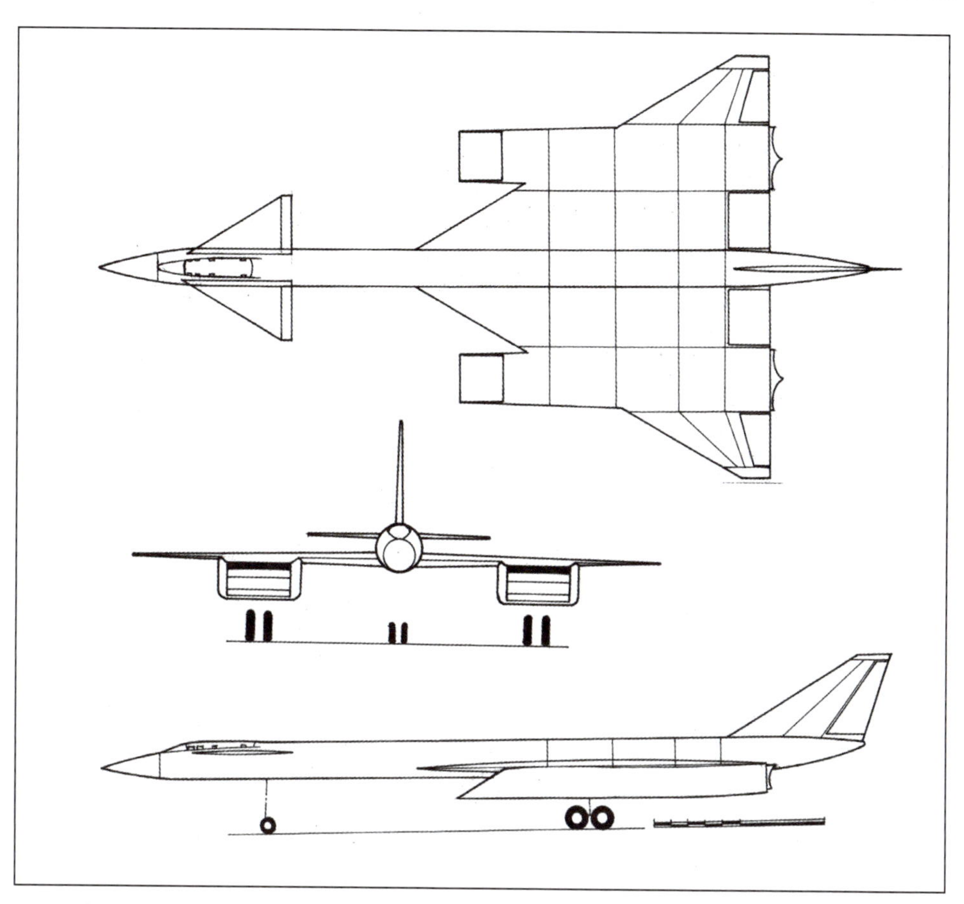

▲ 图 1-22 作为初步方案提交的 T-4 攻击侦察机三视图
（图 1-19 中№10）
（尼古拉·戈尔久科夫供图）

此时的初步设计方案其实仅相当于一个草图，虽然被称为“预先方案”，但飞机上需配装的设备，包括无线电设备，还未进行充分研究。

另外，飞机的初步方案还考虑了飞机作为侦察机、远程拦截综合体以及超声速客机的使用方案。

送审的攻击侦察机方案计划采用带有可操纵鸭翼的“鸭式”气动布局。动力装置由4台带加力的涡轮喷气发动机组成，它们两两一组，分别置于两侧机翼下各一个独立的发动机短舱内。每一个发动机短舱的发动机进气道都用隔板分开，并具有垂直安装压缩面。进气道的典型特征是下唇口凸出。在发动机短舱之间有三个平行挂点，用于安装机载武器，其中一个挂点位于飞机对称面上。

飞机还打算采用薄型三角形后掠机翼。

发动机进气道的前缘明显前伸超出机翼前缘，发动机短舱尾部与机翼后缘对齐，机翼后缘包括升降副翼和副翼的增升装置。

大展弦比薄机身上，座舱盖微凸，并平滑延伸至机身上表面的纵向整流蒙皮处，与后机身的垂尾根部融合。

主起落架装有四轮轮轴架，收起时放入机身腹部发动机进气道之间的起落架舱中。

飞机计划起飞重量为100 ~ 110t，在不带副油箱的条件下，以3000 ~ 3200km/h的速度在20 ~ 24km 高度上的航程为6 000km。飞机在一级机场使用。每台发动机的加力推力应不低于15 000kgf。

为审核攻击侦察机的初步方案，并对该方案下一个结论，按空军副总司令的命令成立了委员会。该委员会在1963年5月21日至6月3日期间对照空军对攻击侦察机的战术技术要求审核了提交的方案文件，以及方案中的战技特性（见表1-2）。委员会对飞机初步方案材料给予了好评，在结论中委员会评价道：苏霍伊设计局提交的T-4超声速远程攻击侦察机在飞机用途、飞行技术特性、无线电电子设备和武器等方面，总体上满足空军对现代远程攻击侦察系统的要求，远超过其他现代同等级飞机，具有良好的发展前景。

委员会同时指出，提交的T-4攻击侦察机初步方案第一阶段配装4台图曼斯基R-15BF-300（Р-15БФ-300）发动机（第300设计局），第二阶段配装4台留里卡AL-19（АЛ-19）（第165设计局）或伊佐托夫RD17-117F（РД17-117Ф）发动机（第117设计局），该方案满足初步方案的要求，可以作为样机制造和设计工作的基础。

1963年12月，苏共中央委员会和苏联部长会议根据委员会对初步设计的肯定性结论，于1963年12月3日颁布第119-4440号单独令，同意T-4攻击侦察机进入研制阶段，并定于1968年开始飞行试验；同时停止图波列夫设计局“135”飞机的研发工作（只保留图-144超声速客机项目）。同时，根据国家航空技术委员会1963年12月14日第441号令，第51工厂设计局总设计师苏霍伊奉命启动3种T-4飞机的初步设计——攻击综合体、导弹载机和T-4攻击侦察机。工作进度表见表1-3。

表 1–2　1963 年 5 月 7 日初步方案中的 T–4 攻击侦察机战技特性

参数名称	参数值
机组人员数量/人	3
发动机数量/台	4
第一阶段	R–15BF–300(Р–15БФ–300),推力为 4×15 000kgf
第二阶段:	AL–19(АЛ–19)或者 RD17–117F(РД17–117Ф)
正常起飞重量/t	100
最大起飞重量/t	120
巡航速度/(km · h^{-1})	3 000
最大速度/(km · h^{-1})	3 200
实际航程/km 在速度为 3 000km/h 情况下: ——正常起飞重量条件下 ——最大起飞重量条件下 在亚声速情况下: ——正常起飞重量条件下 ——最大起飞重量条件下	 6 000 7 000 6 000 7 000
飞行高度/km	0 ~ 25
武器装备: ——正常起飞重量条件下 ——最大起飞重量条件下	 1×X–30 或 1×X–31 4×X–30 或 4×X–31
轮胎载荷/(kg · cm^{-2})	6 ~ 7
首架飞机制造时间/年	3

表1-3 T-4飞机

工作项	1960	1961	1962	1963
1.“苏”“图”和“雅克”三家设计局收到攻击侦察机研制技术任务书				
2.研究T-4飞机布局方案				
3.编制出工程草案书（萨莫伊洛维奇的设计方案）				
4.在中央空气流体动力学研究院进行工程草案汇报				
5.在中央空气流体动力学研究院进行第一轮模型风洞试验				
6.在第一届科学技术委员会上讨论T-4、图-135、雅克-35方案				
7.在第二届科学技术委员会上苏霍伊设计局赢得竞标				
8.飞机模型				
9.研究初步方案				
10.在空军委员会和国家航空技术委员会进行初步方案答辩（5月21日～7月3日）				
11.完成方案一草图设计并转交空军和国家航空技术委员会				
12.使用氢气发动机的布局				
13.形成与各专业研究院共同工作的计划				
14.苏共中央委员会和苏联部长会议同意研制T-4综合体				
15.制造用于中央空气流体动力学研究院风洞试验的6台模型				
16.确定空军和海军对T-4飞机的战术技术要求				
17.进行方案一设计草案答辩				
18.图希诺机械制造厂加入				
19.飞机试验段和部件设计				
20.中央空气流体动力学研究院批准飞机气动布局				
21.附件、系统、全尺寸试验台的技术任务书研究				
22.与研制方协调，航空工业部批准T-4飞机研制计划				
23.机身、中翼油箱组发图并转交图希诺机械制造厂				

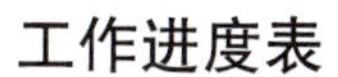

工作进度表

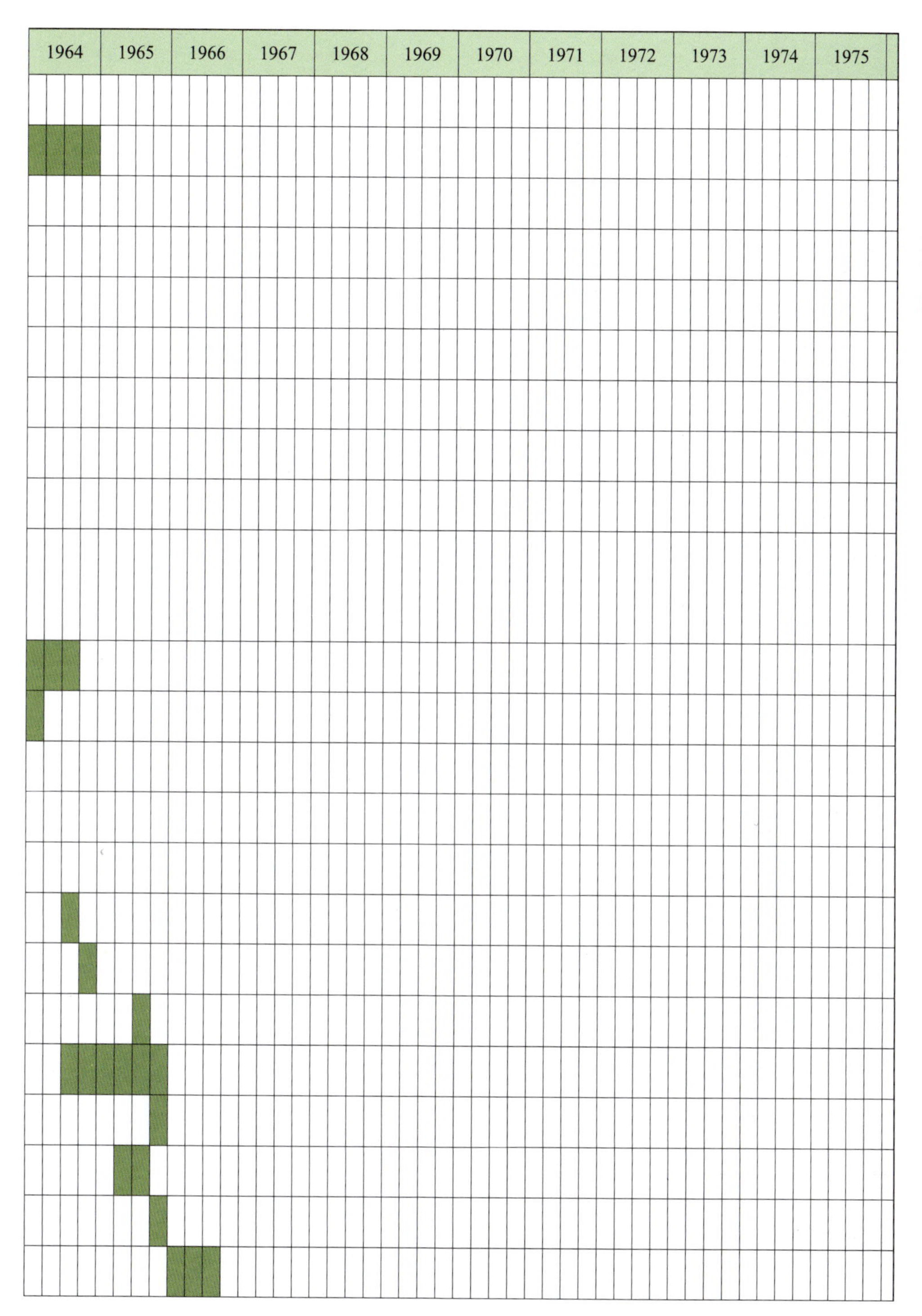

续表

工作项	1960	1961	1962	1963
24.主要试验台设计与制造				
25.协同格罗莫夫试飞院和中央空气流体动力学研究院在100L(100Л)空中试验台上研究机翼方案				
26.方案二草图设计				
27.研究核动力发动机飞机				
28.方案二草案补充书				
29.T-4飞机模型提交给空军委员会				
30.飞机模型鉴定委员会成立,编制T-4飞机战术技术要求				
31.空军颁布战略攻击机战术技术要求				
32.苏共中央委员会和苏联部长会议决定制造7架试验批T-4飞机				
33.出台关于“101”和“101C”号飞机的文件				
34.“102”号飞机机体图纸用于生产				
35.机身、中翼油箱组和设备舱装配				
36.与中央航空发动机制造研究院开展控制系统选定工作				
37.“101”号飞机部件装配				
38.“102”号飞机部件制造工作启动				
39.“103”号飞机部件开始生产,“104”号飞机零件和接头开始生产				
40.与图希诺机械制造厂合作完成第一架试验机的制造				
41.在图-16空中试验台上完成RD36-41(РД36-41)发动机试验				
42.飞机转场到茹科夫斯基试飞站				
43.在“102”号飞机上开展了发动机系统、飞机系统、导航设备试验,并在伊尔-18D和图-22空中试验台上完成了无线电电子系统的调试				
44.完成12次滑跑,包括高速滑跑				
45.在飞行试验研究院完成首飞许可咨询工作				
46.1972年8月28日,“101”号飞机实现首飞				
47.试飞第一阶段(第一到第九次飞行)				
48.第十次飞行				
49.停止设计局和工厂关于T-4飞机的研制工作				
50.关于终止研制的部长命令				

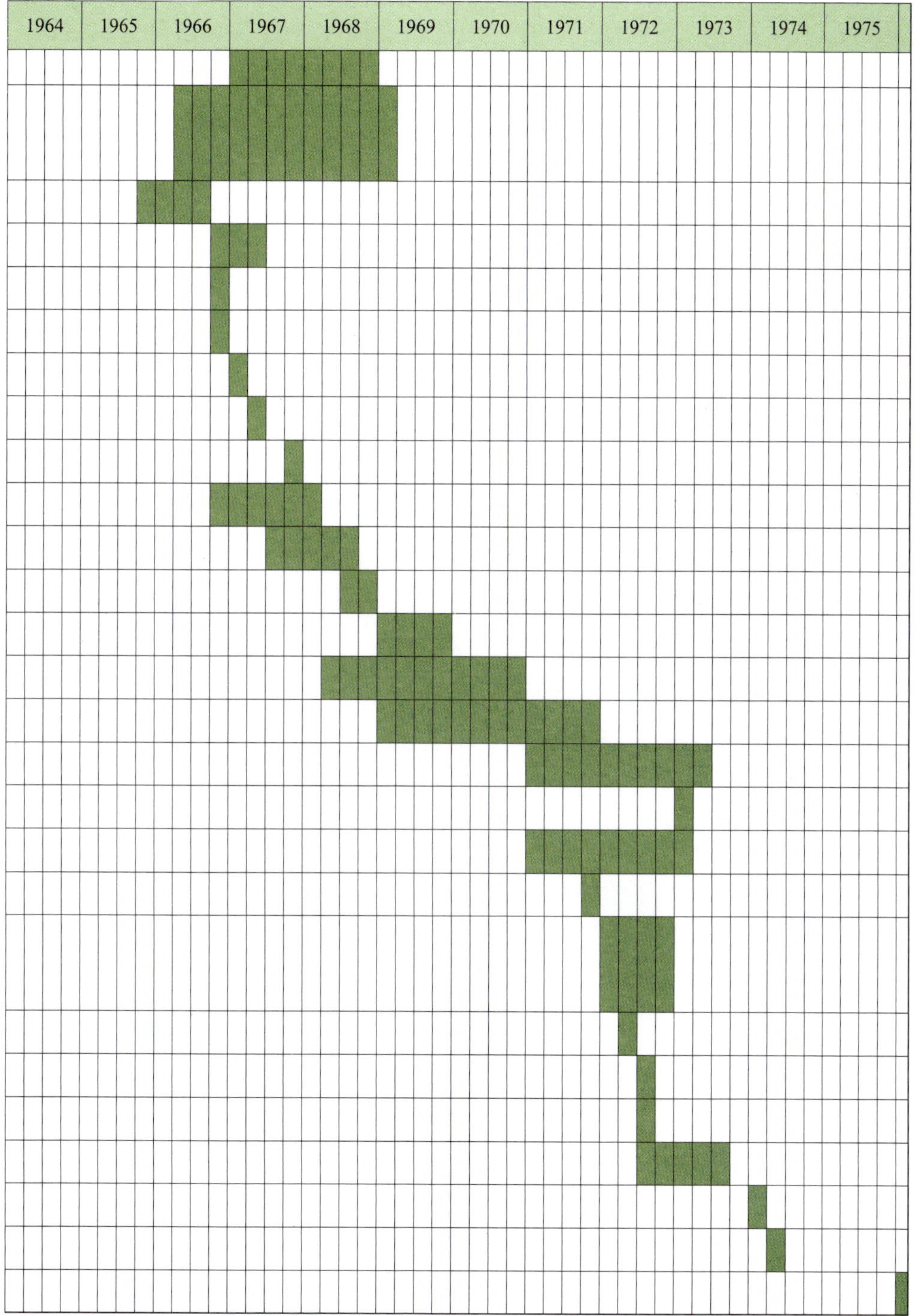
1964
1965
1966
1967
1968
1969
1970
1971
1972
1973
1974
1975

与此同时，传出了第36设计局[①]设计师П.А.科列索夫关于RD36-41（РД36-41）发动机研制的最新消息，称该发动机已处于详细设计阶段，其性能满足T-4飞机的战技性能要求。第36设计局和中央航空发动机制造研究院、中央空气流体动力学研究院、航空技术科学研究院及全苏航空材料科学研究院开展了大规模合作。中央航空发动机制造研究院开展了科学与方法研究，研究院专家参与零部件试验调试，在发动机方案选择及参数优化、强度和可靠性问题、发动机运行保障系统研制等方面也给予了建议，为发动机设计和试验奠定了基础。

中央航空发动机制造研究院负责对第36设计局的研究进行鉴定，在专业台架上模拟飞行近似条件，对试验发动机进行试车，并对发动机空中试验台和装机试验的准备状态给出结论。中央航空发动机制造研究院共有50余位领军专家参与到了RD36-41（РД36-41）发动机的研发工作中，其中包括С.В.瑟伦森、В.М.阿基莫夫、В.О.博罗维克、И.А.比尔盖尔、Ф.Ш.法伊盖姆和Б.М.季金等。

为了执行1963年12月苏共中央委员会和苏联部长会议的决议及国家航空技术委员会和国家无线电电子委员会的相关指令，T-4飞机的一些单个系统和附件的研发任务被委托给了几家相关企业：T-4攻击侦察机配装的RD 36-41（РД36-41）发动机的设计由第36设计局承担；X-33有翼导弹研制由第155设计局分部[②]负责；X-33导弹材料的进一步研究由第51设计局转交给第155设计局；综合导航系统及机载计算机研发由第857设计局[③]负责；综合无线电电子系统研发由第133科学研究院[④]负责；综合侦察系统研发由第17科学研究院[⑤]负责，电传操纵系统研发由第118设计局[⑥]负责。送审的首份T-4飞机布局初步设计方案三视图如图1-23所示。

[①]译注：雷宾斯克发动机制造设计局，现为“土星”科学生产联合有限责任公司。
[②]译注：杜布纳机械制造设计局，现为“彩虹”机械制造有限责任公司，位于杜布纳。
[③]译注：列宁格勒“电自动装置”设计局，现为“电自动装置”设计局，位于圣彼得堡。
[④]译注：列宁格勒无线电电子研究院，现为“列宁主义者控股公司”开放式股份公司，位于圣彼得堡。
[⑤]译注：莫斯科仪表制造科学研究院，现为“Вега”无线电制造联合企业开放式股份公司，位于莫斯科。
[⑥]译注：现为莫斯科航空电子设备研制生产联合企业，位于莫斯科。

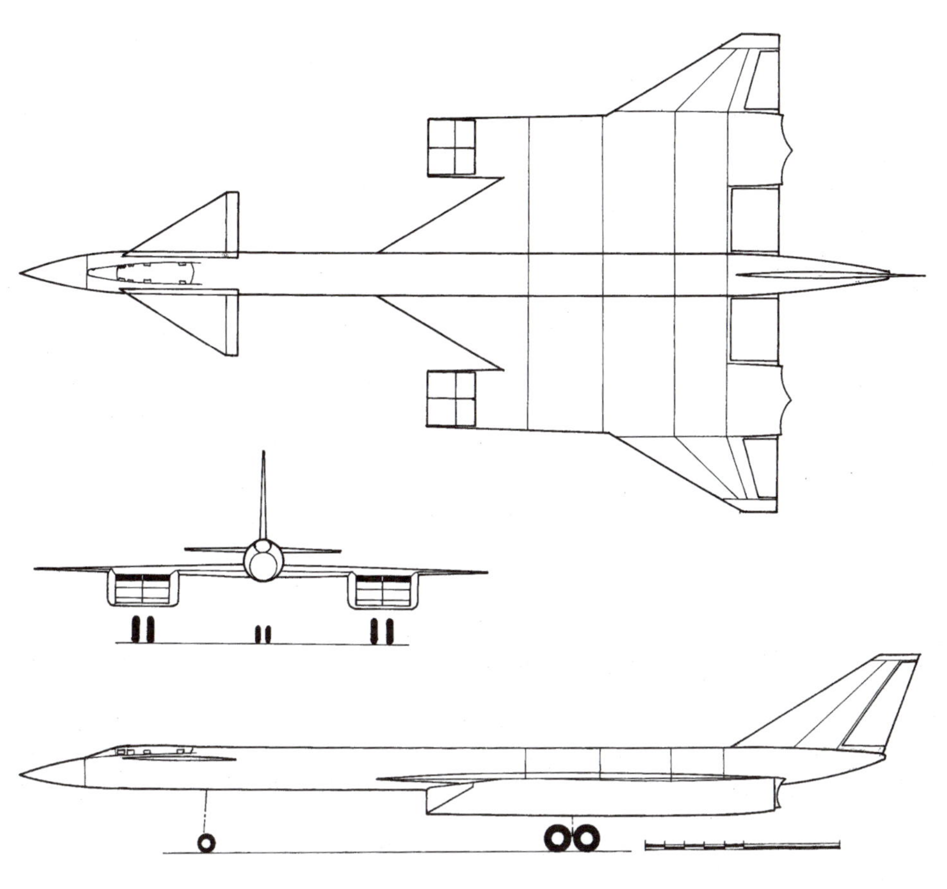

▲ 图 1-23　送审的首份 T-4 飞机布局初步设计方案三视图(图 1-19 中的№18)
(尼古拉·戈尔久科夫供图)

RD36-41(РД36-41)发动机是第 36 设计局在 VD-19(ВД-19)发动机基础上研发的，为带加力燃烧室的单涵道单轴涡轮喷气式发动机，可用于巡航速度高达 3 000km/h 的飞行。为了增大空气流量，第 36 设计局将 VD-19(ВД-19)发动机超声速压气机的第一级改为两级，涡轮工作叶片采用外部冷却方式，这样可使涡轮前燃气温度提高到 950K。发动机全加力状态地面推力可达 17 000kgf。

在苏霍伊设计局(第 51 设计局)切尔尼亚科夫的领导下，И.О. 梅里茨、В.П. 索宾、Ю.В. 特拉耶里尼科夫、В.В. 比斯科夫和Э.В. 里塔利耶夫开始了 X-33 导弹的研制，并于 1964 年中期转交到第 155 设计局杜布纳分部，继续执行苏共中央委员会和苏联部长会议的决议。该导弹以超过 30km 高度的弹道飞行，需要将速度提高到 Ma=6.5 ~ 7。X-33 导弹研究了三种布局方案："无尾式""鸭式"和"正常气动布局"，并在中央空气流体动力学研究院 T-108 风洞完成了多次模型试验。

X-33 导弹由载机发射后能够自主完成飞行，它能精准确定目标并对敌方航母展开攻击。导弹上安装有雷达、惯性导航系统及数字计算机。

T-4 飞机综合导航系统在列宁格勒第 857 设计局进行研发，由П.А. 叶菲莫夫、А.Л.埃京戈夫、Е.С.利平和Р.А.舍克 - 约夫谢匹亚涅茨牵头。

该飞机的综合导航系统由含无线电系统修正的天文惯性多普勒自主导航系统、近距无线电导航系统、机载雷达及自动控制备份系统组成。在 T-4 飞机的导航系统中，首次采用了由两台数字计算机（第 857 设计局研制，见图 1-24）组成的机载数字计算机系统，实现了系统一体化。数字计算机使用的软件为最新的数学软件，软件的主要开发人员包括Л.П.格兰纳特、Л.П.戈罗霍夫、М.М.科夫曼、И.В.霍多斯、Н.С.别尔米洛夫斯基、А.Л.沃尔夫松、М.日拉切夫斯基、Б.И.苏罗夫和И.Г.托普洛威尔等。

当飞机配备综合告警显示系统时，基于数字计算机的高度自动化能力可保证两名机组成员在超声速长时间高空飞行的复杂条件下，仍能完成所有交给 T-4 飞机的任务。

值得一提的是，第 857 设计局研制出的基于电子射线管的导航战术环境指示器（见图 1-25），带有透光窗口，用于形成与电子图像合成的缩微制图资料（囊括了所有地表）。该产品是苏联自主创新研发，主要研发人员为Е.С.扎伊采夫、М.З.利沃夫斯基、М.Р.拉德任斯基、А.С.索罗金和А.С.福克斯曼。

▲ 图 1-24　导航系统的数字计算机（联邦国有单一制企业“自动电气装置”设计局供图）

▲ 图 1-25　导航及战术环境指示器（联邦国有单一制企业“自动电气装置”设计局供图）

为进行系统的台架调试，研究并制造了系统设备地面综合调试台，并进行了大量半实物试验。参与系统台架调试的设计师包括С.Н.布拉什科夫、С.Ф.

别列特茨、Б.格拉西莫夫、В.Д.苏斯洛夫、Н.Д.波利亚科夫、Ю.И.萨博、В.П.季莫费耶夫、Д.Б.巴尔坎和Е.Е.赫内金。

第131科学研究院因其拥有远程战略飞机综合无线电电子系统和导弹控制系统的产品储备，被确定为T-4飞机攻击型的综合无线电电子系统的主要研发单位。

T-4飞机是苏联首个计划配装多个综合设备系统的飞机，这些系统包括基于天文惯性导航系统、可进行标图板显示并具有多功能控制台的综合导航系统；基于导弹控制系统的综合无线电电子系统；无线电侦察、通信和无线电电子对抗综合设备系统。

第131科学研究院承接了攻击型T-4飞机的综合无线电电子系统研发任务，该系统由电路和结构上相互关联的多个系统组成，属世界首创。为限制机组成员人数（仅飞行员和雷达领航员），无线电电子设备的操控必须高度综合化和自动化。

综合无线电电子系统名为“海洋”，包含了攻击型T-4飞机和导弹的无线电电子设备。最初，综合无线电电子系统的项目总设计师为第131科学研究院副总工程师А.П.拉倍列夫，副总设计师为Л.К.贝科夫。综合系统包括第131科学研究院研制的“旋风”雷达系统（项目总设计师为А.Н.舍斯图恩），由载机上使用的“前进”前视机载雷达系统（项目总设计师为В.П.佩列萨达）和“鱼叉”弹载雷达自动导引头（项目总设计师为Г.С.斯捷潘诺夫）组成；莫斯科电子机械制造研究院研制的“干线”弹载导航与自动控制系统（项目总设计师为С.П.波波夫）；无线电工业部科学研究院（第17科学研究院）研制的“反击”无线电电子对抗系统、“花剑”无线电电子侦察系统和“梯子”无线电电子通信系统。

在“旋风”系统中，“干线”导航与自动控制系统和“鱼叉”雷达自动导引头通过导航与自动控制系统的机载数字计算机实现综合，使导弹具有两种制导状态：一是向瞄准点自主导航直到飞行结束的平面制导状态；二是导弹飞行第一阶段向瞄准点自主导航，随后在瞄准点周围自动搜寻雷达对比度强的目标，雷达自动导引头自动跟踪截获目标，导弹对跟踪目标自动制导。

在发射准备过程中，应进行导航与自动控制系统的陀螺惯性平台校准，并输入发射所需的初始数据，这些操作在导弹载机的机载数字计算机和导弹“干线”导航与自动控制系统的对话中完成。

在技术初步方案设计阶段所确定的主要结构功能和结构工艺方案，后来成为研制“海洋”综合无线电电子设备的基础，并最终集成到系统当中。

这是首次设计如此复杂的综合系统，飞机设备的各组成部分由不同的研究院完成，为了确保在执行作战任务时这些组成部分能达到最优化的协同还采用了系统性方案。

为了对“旋风”系统执行作战任务的效率进行初步评估，分别在航空系统科学研究院基地和第131科学研究院的飞行试验联合中心（第131科学研究院飞行试验联合中心，普希金城）进行了大量的数学仿真和半实物仿真。“旋风”系统的项目副总设计师Ю.М. 斯米尔诺夫直接参与并领导了此项工作。为了开展这项工作，还专门制造了“旋风”系统设备的全套试验件。

第131科学研究院有众多设计师们参与了系统各个阶段的研发工作，包括院长Н.В. 阿韦林和О.С. 尼科利斯基；总工程师В.И. 斯米尔诺夫和В.М. 祖耶夫；第1专业设计局主任В.М.格卢什科夫，他同时也是“前进”雷达系统科研工作的负责人；研究院副总工程师、第1专业设计局主任Н.А.恰林；“海洋”综合无线电电子系统、“旋风”系统项目总设计师——А.П. 洛佩列夫、А.Н. 舍斯图恩、А.Н.洛巴诺夫、Л.К. 贝科夫、В.П. 佩列萨达、В.Ф. 奇斯佳科夫、Г.С. 斯捷潘诺夫、А.Н. 尼坎德罗夫、Б.М. 斯穆罗夫，以及其他专家和工作人员：“旋风”系统“鱼叉”导引头抗干扰装置的设计员Д.Н. 梅德韦杰夫，以及А.М. 伊格纳季耶夫、В.Ф. 梅塔里耶夫、Р.С. 久捷里耶夫、Е.Н. 别利亚耶夫、В.М. 戈洛瓦乔夫、В.Н. 舒尔、Г.С.泽连科夫和Ю.П.斯捷潘诺夫等。

T-4飞机所拥有的侦察功能，是针对美国洛克希德公司已研发的巡航速度达到3 000km/h的SR-71侦察机而研发的应对方案（见图1-26和图1-27），它的出现让“苏霍伊人”倍感意外。

第17科学研究院被确定为研制T-4飞机综合侦察系统的主导企业，系统被取名为“花剑”。第17科学研究院项目总设计师彼得·阿西波维奇·萨尔加尼克担任项目负责人。参与综合侦察系统研发的还有项目副总设计师罗斯季斯拉夫·亚历山大诺维奇·拉祖莫夫和尼古拉·谢尔盖耶维奇·戈尔什科夫，调试与试验主管列夫·帕尔菲里耶维奇·米亚科京，各专业总设计师М.П. 博加乔夫、В.И. 索科林斯基和Е.В. 洛让斯卡娅。研究工作一直持续到1974年。

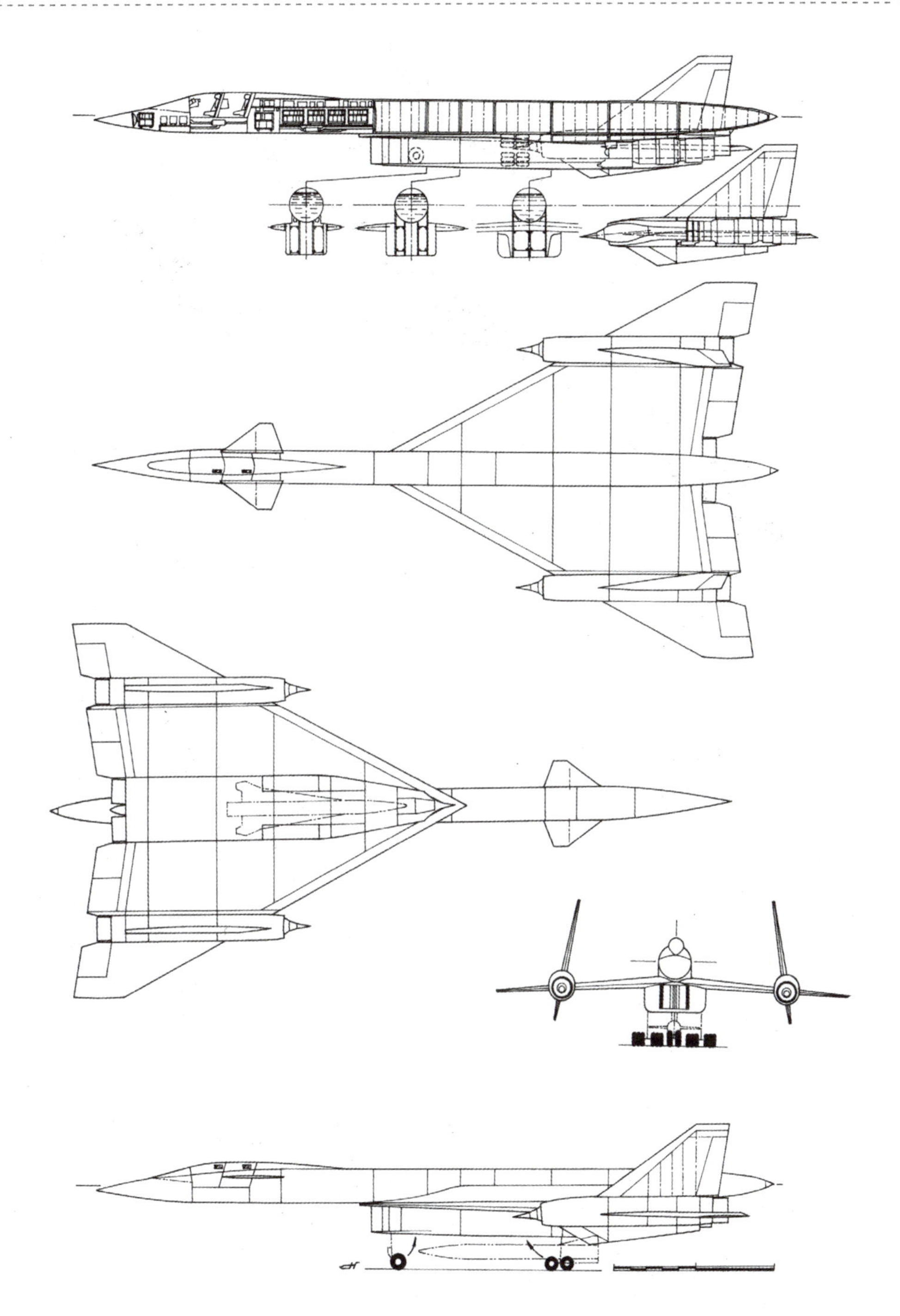

▲ 图 1-26　1964 年第三季度为应对 SR-71 飞机而研制的 T-4 飞机布局三视图
（图 1-19 中的№26）
（尼古拉·戈尔久科夫供图）

▲ 图 1-27　类似 SR-71 布局的 T-4 飞机方案图(图 1-19 中的№26)
(米哈伊尔·德米特里耶夫供图)

在控制系统构建方式上，苏霍伊设计局形成了自己的观点，并就此研究了不同的方案。设计局和各参与机构举行了数次会议，在其中一次会议上，来自苏霍伊设计局的 T-4 飞机项目总设计师Н.С. 切尔尼亚科夫、И.Е. 巴斯拉夫斯基、А.А. 科尔钦与来自中央空气流体动力学研究院的Г.С. 比施根斯、Г.В. 亚历山大诺夫、Ю.А.巴利斯，以及来自第 118 设计局的И.Г.扎伊采夫一起讨论了使用电传操纵系统的飞控系统方案。

研究了中央空气流体动力学研究院和米亚西谢夫设计局早前为M-50 飞机设计的方案，该飞机和 T-4 飞机有一些类似的特点(纵向和航向控制通道的过载不稳定性)。在 T-4 飞机项目总设计师Н.С.切尔尼亚科夫的主持下，苏霍伊设计局召开会议来选定这些工作的执行人。与会人员中能制造 T-4 飞机自动控制系统和电传操纵系统的候选人有来自莫斯科电子机械与自动化研究院的В.А.卡扎科夫和Р.З.韦克斯勒，以及来自第 118 设计局的И.А.米哈廖夫和И.Г.扎伊采夫。上述单位都汇报了各自基于电传操纵系统的自动和手动控制系统方案。在审查了这些方案后，苏霍伊设计局决定将 T-4 飞机自动电传操纵系统的研制交给第 118 设计局项目总设计师И.А.米哈廖夫。

1963 年 11 月，О.В.乌斯别恩斯基被任命为第 118 设计局项目总设计师，在他的统一领导下，T-4飞机自动控制系统和电传操纵系统研制工作深入展开。而要实现上述系统，需要开展深入的理论、方案和设计研究。

理论工作分为两个部分展开：由Б.К.杰缅季耶夫领导的部门负责自动控制系统，З.Н.帕列耶娃和А.Л.叶利谢耶娃是具体执行人；而由М.С.奇古拉耶夫领导的部门负责电传操纵系统，Н.М.艾季诺夫、И.Г.帕夫林娜等是具体执行人。

飞行速度不稳定的问题通过使用推力自动调节器解决，由负责理论研究的部门确定控制律及其结构。自动控制系统和电传操纵系统的电路、部件结构和架构由Б.К.杰缅季耶夫领导的部门进行研发，参与协作的工程师有П.И.德罗兹多夫、И.В.特罗菲莫夫、В.И.科罗琴科、Н.М.波佐罗夫、И.И.叶泽耶夫、А.В.叶戈罗夫和В.С.亚申。А.阿斯拉诺夫担任部门中负责自动控制系统和电传操纵系统的主管工程师。部件、模块和接头的结构由Н.А.哈扎诺夫、И.А.希什基娜、Р.П.谢利佳科娃、Л.Л.伊赛切娃、Л.П.莫罗佐娃和В.С.穆萨托夫组成的设计组进行研制。受力部件（舵机、发动机推力控制机构）的制造及其试验室调试在Л.Г.雅尔玛尔科夫、工程师Н.Г.托尔班和Ю.Л.特拉斯金的部门完成，试验室调试由Е.Я.洛特菲里德、З.М.谢尔盖耶娃和В.П.施利亚耶夫等负责。

此外，第118设计局成立了T-4飞机电传操纵系统和自动控制系统的技术组，由А.Я.别利亚耶夫和М.И.列夫科维奇担任组长，技术组工程师包括В.А.果里别尔戈、В.С.米申、В.М.科罗廖夫、Н.Я.库利科夫、Э.Н.阿西诺夫斯基、Я.С.希米奇和Н.В.科萨戈夫斯卡娅。他们研发了小型正弦余弦变压器和感应式角度传感器，设计师Ю.Н.谢尔盖耶夫更以此为基础研制了多路角度传感器。这些工作都是在项目副总设计师В.Ф.格里沙耶夫的领导下开展的。

在上述所有工作的基础上，第118设计局研制出了可进行故障自检的多功能四余度自动控制系统SAU-4（САУ-4），可保证飞机在三个轴向的控制和稳定，以及垂直面和水平面的航路控制，包括进场着陆；此外，还研制出了电传操纵系统SDU-4（СДУ-4），可保证所有飞行状态，包括非稳状态的稳定性和必要的操控性。电传操纵系统中包括纵向自动控制器、航向自动控制器和横向阻尼器。备份的推力自动调节器包含在SAU-4（САУ-4）系统设备中。

自动控制系统SAU-4（САУ-4）、电传操纵系统SDU-4（СДУ-4）和推力自动调节装置研发工作的技术牵头人均为项目副总设计师И.Г.扎伊采夫。

1963年四季度，苏霍伊设计局与中央空气流体力学研究院、中央航空发动机制造研究院、全俄航空材料研究院、航空工艺科学研究院及其他一些科研机构一起商定了共同工作计划,以保证综合系统研发第一阶段工作的完成。

1963 年,共制造了 6 个模型,其中 4 个模型进行了风洞试验。在结构强度研究过程中制造了 50 个试验舱段,并进行了试验。

1.3 1964 年初步设计方案

1964 年初,在 T-4 飞机获准继续研究后,苏霍伊设计局开始根据预定的战技要求开展 T-4 攻击机的初步设计。

在提交参与竞标的飞机方案中,存在起落架与起落架舱不匹配的严重问题。要解决这一问题,最好的方法是将主起落架的轮轴架收入 180°翻转的带水平斜板的进气道下方。中央空气流体动力学研究院的专家们断然拒绝了这一方案,因为在制动角为负时斜板上的总压恢复系数会有所损失。

苏霍伊设计局的这个决定却有他自己的理由:T-4 飞机并非机动型歼击机,而是以固定迎角飞行的轰炸机,所以进气道斜板通常可以按它的"最佳"工作状态来设计。

为了找出满足要求的飞机布局和起落架收起方案,中央空气流体动力学研究院派遣鲍里斯·哈伊莫维奇·大卫特索恩到苏霍伊设计局。工作期间他针对出现的情况提出了许多解决方案,例如:将 32 轮轮轴架收于机翼内;飞机起飞时进气道翻转,即在进入预定航线后,T-4 飞机应向下翻转座舱直到完成飞行(着陆时,飞机应再次翻转回初始状态)等。

在设计 *Ma*=3 的飞机时,还会遇到一个问题:当飞行速度超出声速 12%~14%时,飞机气动焦点会发生移动,并由此导致飞机平衡性能大幅降低。

为解决这个问题,中央空气流体动力学研究院的专家们建议在飞机上使用随动式水平尾翼(平尾)。这样一来,空气动力的气压中心就会位于随动式平尾的转轴后方,像"风标"一样。为了验证这一想法的正确性,制造了全尺寸试验台,在加热温度 300℃和相应载荷条件下对浮动式平尾进行了试验。结果显而易见,浮动式平尾偏转延迟,导致飞机失去控制,焦点随飞机"跑偏"。

应用流体力学家M.C.马尔戈林找到了解决这一问题的方法。他建议在浮动式平尾前加装一个小“风标”(见图1-28)。鸭翼正常固定,通过液压助力器将其与风标相连。依靠一个很小的惯矩,“风标”能在气流中迅速稳定,且迎角应快速传递到浮动式平尾。带“风标”的T-4飞机三视图(见图1-29)。

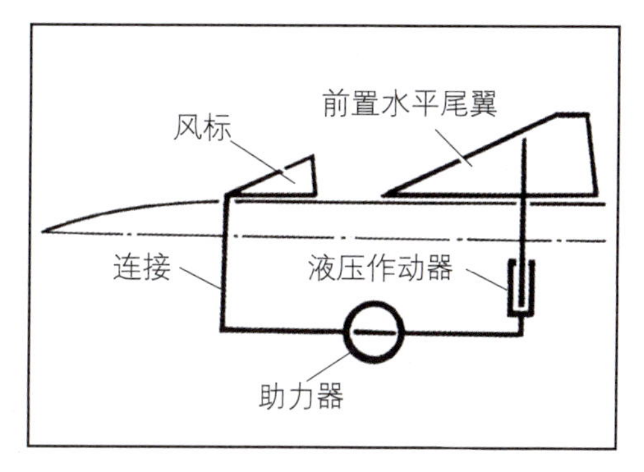

▲ 图1-28 “风标”工作原理图
(奥列格·萨莫伊洛维奇供图)

在验证马尔戈林的建议时发现,该方法对液压系统精密度的要求高到几乎无法实现。“风标”的非线性摆动

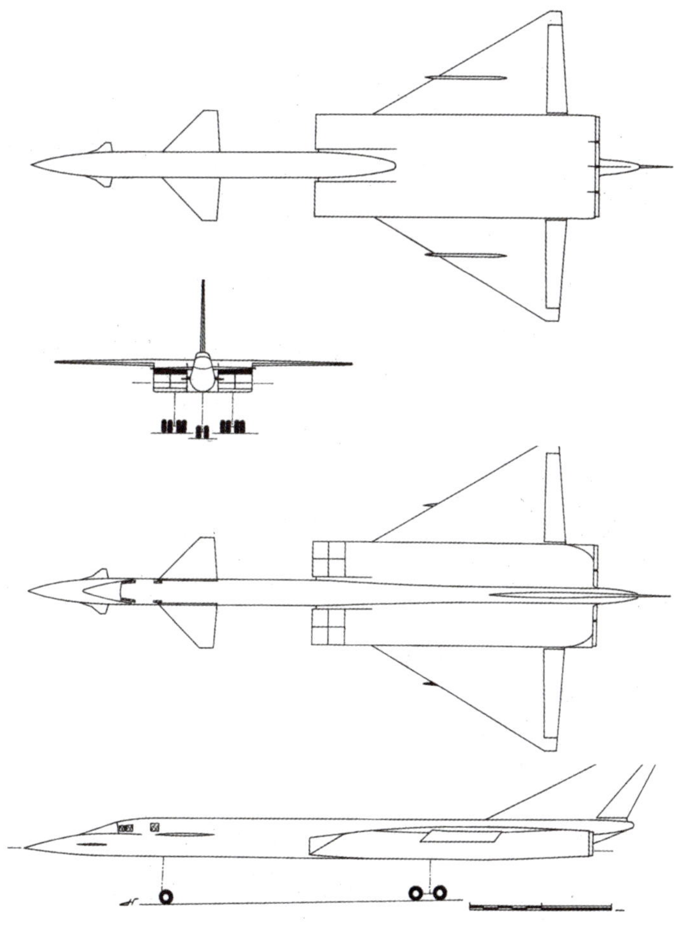

▲ 图1-29 带“风标”的T-4飞机三视图
(图1-19中的№13)
(尼古拉·戈尔久科夫供图)

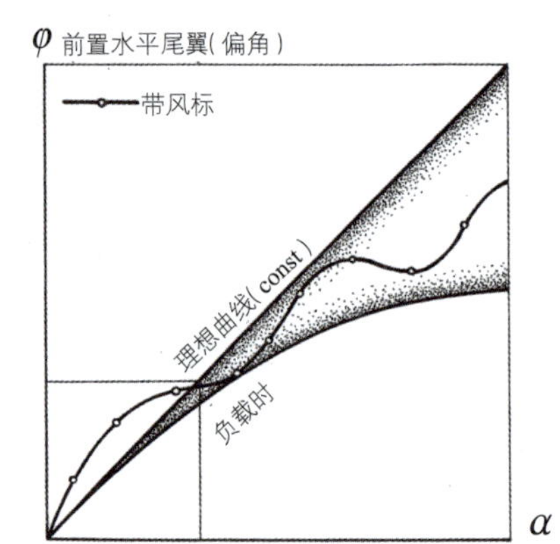

▲ 图 1-30　飞机迎角与鸭翼偏角[①]的关系曲线(奥列格·萨莫伊洛维奇供图)

导致飞机稳定性降低，且飞机无法做到静不稳定(见图 1-30)。

在开展了一系列研究之后，最终敲定了初步方案图，但方案图中的进气道有垂直安装压缩面。该布局成为 1964 年 7 月完成的初步设计方案的基础。1964 年 7 月，T-4 飞机的初步方案转交至国家航空技术委员会审查，并于 1964 年 10 月获得国家航空技术委员会和检测试验系统的主席团认可，建议开展 T-4 飞机后续研究。

空军委员会在研究了飞机初步方案后同样表示赞同，并对综合系统架构研究、前景及制造的可能性做出了审查。最终空军及海军领导部门批准了 T-4 综合体新的战技要求(见表 1-4)。

表 1-4　1964 年初步设计阶段 T-4 攻击侦察机的战技性能

参数名称	参数值
发动机数量/台	4
发动机型号	RD36-41(РД36-41)
总推力/kgf	64 000
最大起飞重量/t	120
正常起飞重量/t	100
正常起飞重量时推重/t	0.64
高空巡航速度/(km · h^{-1})	3 000
高空最大速度/(km · h^{-1})	3 200
以巡航速度在高空的航程/km: 不带副油箱 带副油箱	 6 000 7 000
在混凝土跑道滑行距离/m	1 700
混凝土跑道等级	一级
实用升限/km	22 ~ 24

[①]译注：此处原文为“受热面”，而图上纵坐标是“偏角”，存在不一致。

1964年11月，在H.C.赫鲁晓夫被免去苏共中央第一书记之后，彼得·瓦西里耶维奇·杰缅季耶夫很快来到苏霍伊设计局并签署了相关文件，从而开始一系列新方案的研究，其中就包括“100”号。此外还签署了研制全尺寸T-4攻击侦察机样机的决议。该决议对T-4飞机提出了更广泛的发展要求，它将成为多用途飞机（轰炸机、干扰机、侦察机、攻击机及防空飞机）；同时还提出研究其改型，并命名为T-4M，T-4M应具有与T-4飞机相同的亚声速和超声速航程。

1964年11月19日，苏联国家航空技术委员会颁布第403号主席令，委托拉沃契金设计局工厂组织生产和制造T-4飞机及X-33导弹。对此工厂安排了设计师小组，并将苏霍伊设计局现有的资料进行了交接。除此之外，苏联国家航空技术委员会于1964年12月4日颁布第426号主席令，委托拉沃契金设计局工厂开展T-4综合体的以下工作：机身、垂尾、冷却系统、电气系统、控制系统、X-33导弹、带侦察设备的支架和副油箱的设计研究，台架试验调试、调修和试验。同时项目总设计师H.C.切尔尼亚科夫负责拉沃契金设计局工厂所有关于T-4综合体和X-33导弹工作的技术指导。

由于帕维尔·奥西波维奇·苏霍伊的优柔寡断以及设计局内部纷争，“天上掉的馅儿饼”落入拉沃契金设计局囊中。1965年初，拉沃契金工厂导弹项目转由弗拉基米尔·尼古拉耶维奇·切洛米耶负责。

而设计局内正在准备第一架T-4飞机的装配场地。在“库伦”工厂厂长米哈伊尔·巴甫洛维奇·谢苗诺夫（M.П.谢苗诺夫）和总工程师亚历山大·谢尔盖耶维奇·扎日金（A.C.扎日金）（见图1-31）的领导下，设计局内建造了一个模型车间。由于当时不允许建造永久性建筑，所以它修得很独特：先是建了一个大机库，钢铁结构，水泥板封顶，然后在它内部又修了一栋常见的红砖建筑。

▲ 图1-31 A.C.扎日金（伊利达尔·别德列特金诺夫供图）

为了保证修建工作及T-4飞机试验件台架调试工作的开展，1965年11月，图希诺机械制造厂加入了研发工作。图希诺机械制造厂受委托开展一系列飞机元件的结构研究、调修和试验，技术指导为苏霍伊总设计师。如此一来，图希诺机械制造厂成为苏霍伊设计局的分支部门。

最初图希诺机械制造厂和设计局之间的协作比较困难，对于工厂管理机构来说，这一新任务显然是非常紧急的：工厂里其他型号飞行器的批产已走上正轨，工艺过程也已调整完毕。而计划增加的新订单项目却并不是工厂的强项，甚至可以说是“一团乱麻”。幸好在图希诺机械制造厂工艺部和新技术部评估设计局结构工艺方案时出现了一些热心人，他们对这些方案在T-4飞机上的应用以及将来飞机制造的前景进行了评估。

这些热心人包括总工艺师尤里·雅科夫列维奇·赫里斯托耶夫(Ю.Я.赫里斯托耶夫)，副总工艺师赖斯·费奥多罗夫·法捷耶夫、鲍里斯·瓦西里耶维奇·博尔博特，总冶金师鲍里斯·约瑟福维奇·杜可辛－伊万诺夫，总焊接师帕维尔·斯捷潘诺维奇·阿法纳西耶夫，新技术部主任捷奥多尔·约瑟福维奇·卡扎凯维奇以及他们下属部门的专家。图希诺机械制造厂总工艺师Ю.Я.赫里斯托耶夫提出的关于将机身板式装配方案改为切割式的建议，就是设计局和图希诺机械制造厂员工间创新合作的典范，当然，这需要改变其结构，但最终它有助于制造出更为坚固和轻便的结构，并减少飞机制造的工作量。

来自苏霍伊设计局的В.Ф.巴巴耶夫担任图希诺机械制造厂的主管工程师，О.К.罗戈津任驻厂总军代表。来自中央空气流体动力学研究院的А.Ж.列克斯金担任苏霍伊设计局工厂的主管工程师。在设计局主要专家中，М.П.谢苗诺夫、А.С.扎日金、В.В.塔列耶夫、Г.Т.列别杰夫、Е.С.梅德韦杰夫以及А.Н.舍夫宁负责协调与图希诺机械制造厂的工作。

与图希诺机械制造厂同时参加新机工作的还有“海燕”机械制造设计局(1965年后成为图希诺厂的下属分支)，由项目总设计师亚历山大·瓦西里耶维奇·波托帕洛夫领导。苏霍伊设计局得到了全体300名设计师的帮助，“苏霍伊人”对他们进行技术领导。苏霍伊设计局只确定基本参数、飞机几何形状、理论结构工艺，而“海燕”机械制造设计局则专门负责飞机各独立系统工作图纸的绘制及生产发图。

为了在苏霍伊设计局和“海燕”机械制造设计局研究焊接结构时便于与全苏航空材料科学研究院、航空工艺科学研究院和全苏轻合金研究院协同工作，同时也为了在图希诺机械制造厂设计和制造产品时便于做出决策，1965年，苏霍伊设计局任命主管设计师А.А.韦谢洛夫为驻图希诺机械制造厂总代表。

自1960—1966年间，T-4飞机研究布局方案多达46种（见图1-19）。图1-32的3张组图中列出了其中的部分方案。

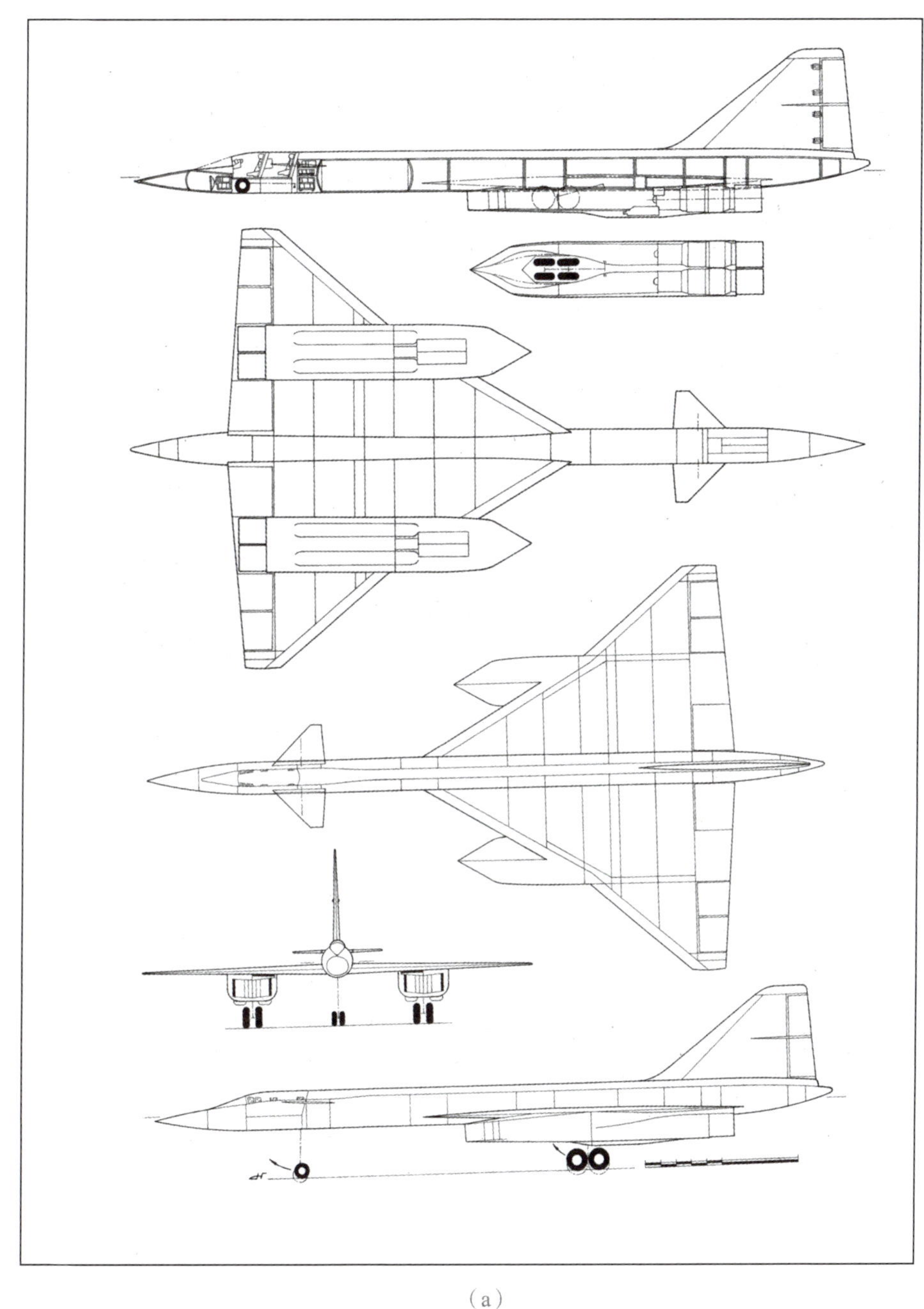

（a）

▲ 图1-32　T-4飞机的部分方案

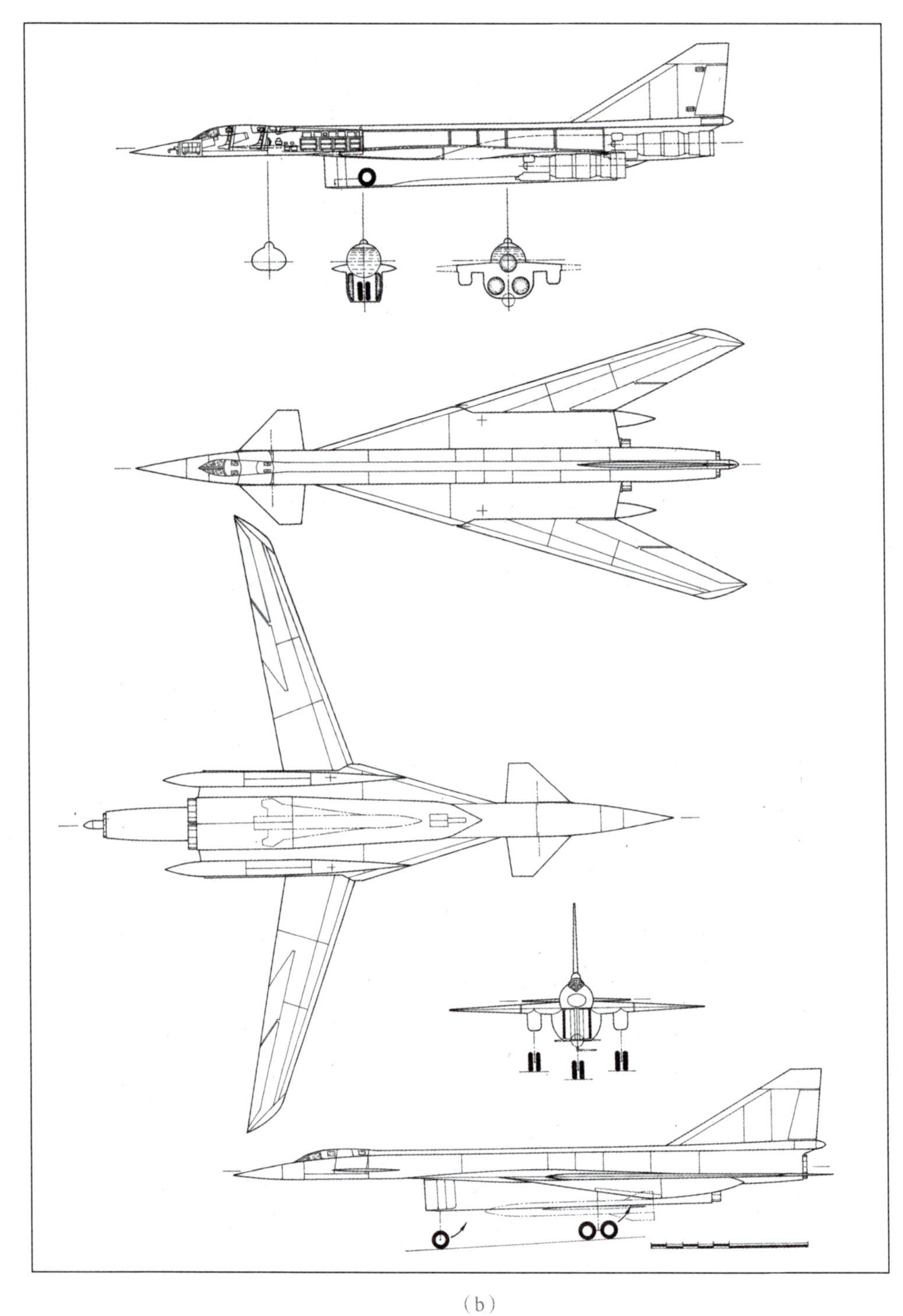

（b）

▲ 续图 1-32　T-4 飞机的部分方案

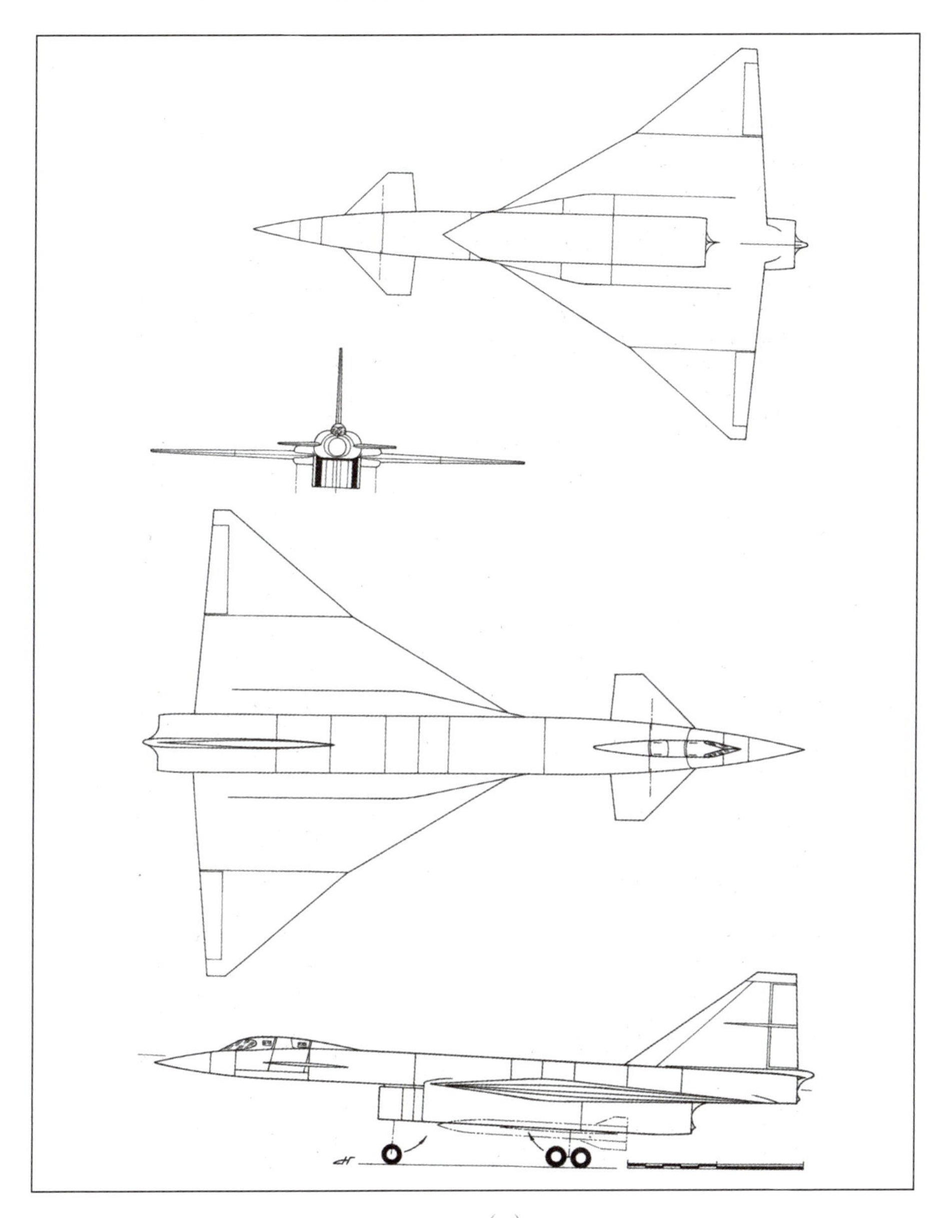

（c）

▲ 续图 1-32　T-4 飞机的部分方案

（a）1964 年草图方案布局的进一步发展，为 4 发"鸭"式布局，发动机按"组合式"布局成对安置于外翼下的发动机绝缘舱内，设计师为Л.И.邦达连科。1965 年 1 月 28 日研制（图 1-19 中的№27）；

（b）变几何机翼、配装 3 发的"100"号飞机方案，设计师为В.Ф.马洛夫，1964 年研制（图 1-19 中的№24）；

（c）发动机成对"叠置"的飞机方案，1964 年第一季度研制（图 1-19 中的№11）

（尼古拉·戈尔久科夫供图）

T－4 飞机布局方案Ⅳ如图 1－33 所示，T－4 飞机布局方案Ⅲ如图 1－34 所示。

1964—1965 年，苏霍伊设计局在图希诺机械制造厂设计并制造了多个机身和机翼试验舱段，用于进行静力试验和热力试验。

图 1－33　T－4 飞机布局方案Ⅳ（图 1－19 中的№27）（米哈伊尔·德米特里耶夫供图）

图 1－34　T－4N 飞机布局方案Ⅲ（图 1－19 中的№24）（米哈伊尔·德米特里耶夫供图）

为确定油箱舱和设备舱的不同结构和热防护层的导热系数，设计、制造并试验了近 20 块试验板和 5 种不同类型的结构。热力试验在西伯利亚航空科学研究院（新西伯利亚市）临时专门设计并建造的试验台上进行。

1964 年，杜布纳机械制造设计局着手进行将 X–33 导弹改型为 X–45（见图 1–35）空面导弹的工作。考虑到导弹任务的复杂性，杜布纳机械制造设计局联合多个关系密切的企业共同进行了大量的工作。导弹控制和导航系统的复杂性不逊于其主要载机——T–4 飞机。X–45 导弹上安装了“阿尔贡”机载数字计算机，且第一次配备了惯导系统，可在飞行过程中截获和选择目标。其主要方案基于 X–33 导弹改型而来，在杜布纳市完成工艺方案和金属实弹的研制。1965 年完成了 X–45 导弹的初步方案。1967 年组装完成第一枚金属材料的 X–45 导弹，并转交航空系统科学研究所（现为“国家航空系统科学研究所”开放式股份公司），以便完成惯导系统、综合无线电电子系统与“进步”雷达的兼容性调试，并对“阿尔贡”机载数字计算机进行数学模拟和研究。总共组装了 3 枚导弹，分别用于机载设备综合系统试验、振动试验和气候试验。杜布纳机械制造设计局的众多知名学者和设计师直接参与了导弹的研制工作，包括A.Я.别列兹尼亚克、П.К.萨莫赫瓦洛夫、B.A.拉里昂诺夫、A.И.米亚科京、Б.И.马科夫、P.Ш.海金、O.B.梅尔尼科夫、A.H.诺维科夫、Я.Ж.巴坦诺夫、B.И.别洛夫和H.П.莫古多夫等。

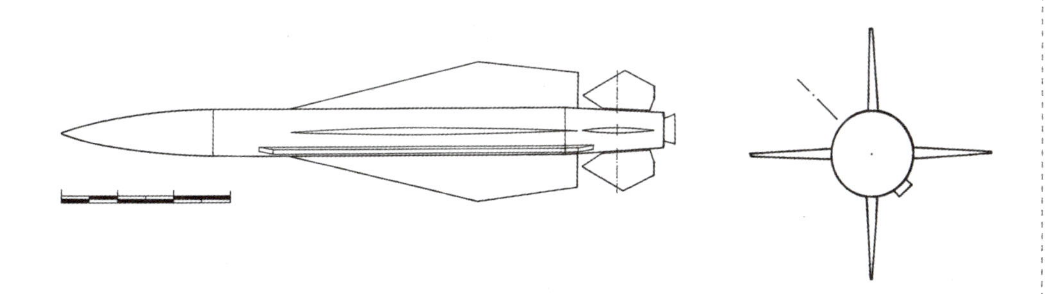

▲ 图 1–35　X–45 导弹

（尼古拉·戈尔久科夫供图）

1.4 T-4 飞机总体气动布局的选择、材料研究和试验工作

1965—1966 年，在苏霍伊设计局和图希诺机械制造厂，T-4 攻击侦察机的相关研制工作继续紧锣密鼓地进行。

要完成能以 *Ma*=3 的速度进行长航时飞行的飞机研制任务，苏霍伊设计局和国家航空技术委员会（ГКАТ）下属的研究所必须以非常认真的态度对待“100”号的气动布局外形。

在众多进行过计算和风洞试验的飞机气动布局中，最可接受的有以下两种基本气动布局：

——最初的气动布局，其发动机位于机翼悬臂下方的 2 个发动机舱内；

——第二种布局，即“组合式”布局，所有 4 台发动机均位于机身和机翼下方的一个舱内。

苏霍伊设计局的设计部负责开展 T-4 气动外形的选择工作，同时还进行机身部件的结构设计、重量计算，确定试验方案。其中：Ю.А.里亚贝什金负责机身纵向构件优化设计、Л.Р.巴利申负责进气道和油箱薄壁底板结构设计、А.В.米哈伊洛夫负责发动机舱设计、С.В.奇明诺夫负责强度校核。

1965 年末，设计师Л.И.邦达连科联合苏霍伊设计局的空气动力学专业设计了组合式布局，使巡航飞行状态的升阻比从 5.7 提高到 6.2。此布局得到了中央空气动力学研究院和中央航空发动机研究院的肯定，并采纳作为下一步工作的要点。

该布局对于 T-4 这类飞机，由于减小了飞机浸润面积，可降低气动阻力，可在发动机舱和机翼之间获得良性干扰，并由此获得机体的高升阻比。

苏霍伊设计局和中央空气动力学研究院的工作继续进行，其主要方向已变成对“组合”式布局气动性能的完善。

为了减小气动阻力并提高升阻比，Л.И. 邦达连科建议将机翼相对厚度确定为 2.5%。为此在机身直径为 2m 的条件下将机身长细比做成 22，飞行员则一前一后分别位于单独的座舱内（见图 1-36）。

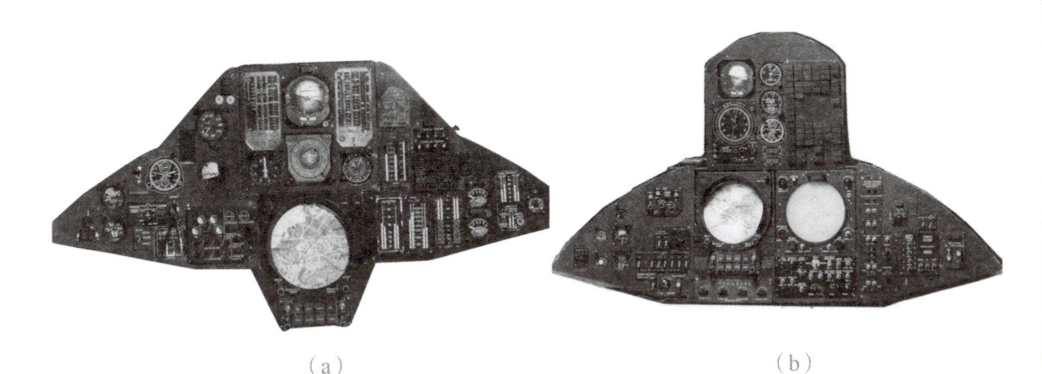

（a）　　（b）

▲ 图 1-36 "100"号飞机的第一个座舱方案
（a）飞行员座舱；（b）领航员座舱
（苏霍伊设计局供图）

当飞机由亚声速转超声速或超声速转亚声速时，飞机焦点会发生改变，为了配平飞机同时研究了3种解决问题的方法：将6.5t的燃油输送至位于机身后部的中央油箱（主要方法）；采用双后掠角机翼（减少焦点位移）和采用鸭翼（平尾前置一方面可减少焦点位移，另一方面可辅助飞机配平）。

与气动布局的选择相关的所有工作均由苏霍伊设计局联合中央空气动力学研究院在Р.И.什捷因别尔格（见图1-37）的领导下开展。

按不同气动方案完成的T-4飞机模型在中央空气动力学研究院的风洞里进行了大量的吹风工作：不同后掠角的机翼、不同的长细比和相对厚度、平面形状、平面内变形。类似的研究还有舱盖向气流方向突出或不突出、有/无整流蒙皮时的各种长细比机身。此外，还对具有不同几何特性，包括不同的尾翼平面形状的鸭翼和垂尾模型进行了吹风，仔细选择了鸭翼和垂尾在飞机上的安装位置。

（a）　　（b）

▲ 图 1-37 T-4飞机的设计师们
（a）Л.И.邦达连科（伊利达尔·别德列特金诺夫供图）；
（b）Р.И.什捷因别尔格（中央空气流体动力学研究院供图）

根据苏霍伊设计局主要的空气动力学家伊萨克·叶菲莫维奇·巴斯拉夫斯基的建议，为改善气动性能，“100”号飞机在亚声速飞行状态为中立静稳定。考虑到飞行中静稳定性的变化为2% ~ 3%，不采用宽行程自动装置控制此类飞机实际上是不可能的。因此决定在T-4飞机上使用电传操纵系统，以保证亚声速和超声速飞行状态所必须的稳定性和操控性。电传操纵系统可实现飞机在纵向、横向和航向通道的操控。为提高飞机的可靠性，决定加装电传操纵系统的备份系统。4余度电传操纵系统可靠性最佳。电传操纵系统的研制工作在全尺寸试验台上进行，该试验台可模拟飞机的所有状态，包括温度、电磁干扰和噪声的影响。

另外，还设计了三通道机械操纵系统作为备份，此系统采用钢索连接，带自动拉紧装置和助力器。

该飞机还有一项革新就是安装了歼击机操纵杆，而不是轰炸机所惯用的驾驶盘。

同时，苏霍伊设计局还设计了T-4飞机的座舱。B.C.伊留申和设计局试飞员兼领航员H.A.阿尔费罗夫(见图1-38)直接参与了座舱的研发。

1965年，设计人员收到多份技术任务书，包括飞机的独立附件和系统，燃油系统、液压机械控制系统，以及起落架、升降副翼、鸭翼、无线电设备综合系统半实物仿真、供电系统、外挂和投放系统的全尺寸试验台技术任务书。随后便开始了相关设计工作。

T-4飞机研发时最困难的任务就是动力装置的研究，其中包括燃油系统。当飞机以3 000km/h的速度飞行时，外部空气加热温度升高，要求在此条件下燃油系统仍能可靠工作。在中央空气动力学研究院进行了全尺寸燃油舱

▲ 图1-38 B.C.伊留申(左)和H.A.阿尔费罗夫(右)
(苏霍伊设计局供图)

吹风试验，结果显示，在油箱结构上所采取的隔热措施，损失了燃油余量，增加了油箱舱的结构复杂性，在使用过程中的气密性检查也很麻烦。

在进行了一系列有关飞机结构的气动加热试验后，决定采用不隔热的飞机舱段作为燃油舱。这样就形成了一个新的任务，即研发出能够在高温条件下工作的燃油系统附件，并且要保证燃油自身的防爆安全性。燃油系统的研发工作交给了苏霍伊设计局的专家们，由И.В.耶梅利扬诺夫带领的团队完成，而防爆防火安全系统由A.A.克雷洛夫的团队研发。燃油系统及其附件试验的综合试验系统规程交给了Л.И.扎斯拉夫斯基（见图1–39）。

▲ 图1–39　苏霍伊设计局的动力装置专家们
左起：К.Н.马特韦耶夫、И.М.扎克斯、Л.И.扎斯拉夫斯基
（伊利达尔·别德列特金诺夫供图）

他们所开展的工作解决了一系列技术问题，并在后来研发的一系列飞机上得到广泛的使用。

在应急着陆时，为了将飞机重量减至允许的着陆重量，设计使用了机上燃油应急排放系统，该系统可作为研究的范例，虽然是为T–4研制，但如今已用到了所有战斗机上。

除燃油系统外，还需为T–4飞机研制可靠的泵组，由于该泵组连接唯一的发动机供输油系统，因而会出现燃油流量急剧增加的情况，因此需要增大泵的功率、导管直径和泵的重量，并提高燃油系统附件正常运转所能承受的燃油温度。最终研发出了由 GTN-3A(ГТН-3А)和 DCN-66A(ДЦН-66А)液压涡轮驱动的新的离心泵，以及SN-6(CH-6)和SN-7(CH-7)引射泵，它们尺寸小，具有更高的可靠性。这些新的泵是由“晶体”设计局联合莫斯科“鲍乌曼”高等技术学校设计的。这项工作得到了高度好评，获得了苏联部长会议国家奖金，奖金获得者如图 1-40 所示。

▲ 图 1-40　参加离心泵和引射泵研究工作的苏联部长会议国家奖金获得者
后排左起：И.В.耶梅利扬诺夫、А.В.伊奥西福夫、В.Д.博里索夫、В.Д.莫斯科夫斯基、А.А.帕秋科夫、Ю.Л.亚科夫列夫、В.В.卡拉切夫、Ю.И.皮丘金、Л.И.扎斯拉夫斯基
前排左起：А.В.耶夫斯塔菲耶夫、А.А.波波夫、А.Л.多布罗斯科科夫、А.Ю.波林诺夫斯基、В.В.马雷舍夫、В.А.特韦列茨基
（伊戈尔·耶梅利扬诺夫档案室供图）

当飞机以 *Ma*=3 的速度飞行时，一些机体部件会升温到 300℃。为了保证在较长使用寿命的同时减轻重量，T-4 飞机所采用的材料和结构需要能够防止强度降低，并且保证温差应力(由于结构加热不均引起的)补偿。除此以外，针对机体蒙皮的升温，需要研究出能为机组人员创造正常温度环境的隔热材料。考虑到飞行高度和升温情况，燃油密封和气密封都需要使用新的密封胶。新型无线电材料的研制也同样复杂。这就需要大规模研制新的不锈钢、钛合

金、热强钢和一整套新型非金属材料，以及漆和黏胶。

"100"号飞机的材料选择工作始于1966年年中。1966年11月22日，"100"号飞机统筹委员会会议在副部长A.科布扎列夫主持下通过决议："责令A.T.杜曼诺夫（时任全苏航空材料科学研究院领导）和H.C.切尔尼亚科夫在1966年12月材料选择第一阶段工作结束后，于1966年12月5日前准备并确定共同实施计划，并于1967年1月15日前给出初步建议。"主要结构材料确定为钛合金和钢。

在此期间，国内冶金工业已拥有全苏航空材料科学研究院研制的高塑性钛合金OT4−1和OT4、保证强度级为900 ~ 950MPa的耐热结构钛合金VT−20（BT−20）。对于一系列零件而言，这些合金在自身重量效益上不可能完全取代铝合金，需要有强度更高的钛合金。全苏航空材料科学研究院研制了新一级（过渡型）的钛合金VT−22（BT−22）（见图1−41），其截面淬透性达200mm，可保证的强度范围为1 100 ~ 1 300MPa。

飞机用合金的选择和研制，存在以下决定因素：强度特性、耐热性、疲劳度和抗裂性。此外，新型材料的工艺性起着较大作用——焊接性、使用化学处理的可能性、冷/热变形时的可塑性等很多其他工艺指标。

▲ 图1−41　钛合金VT−22(BT−22)梁

（"全苏航空材料科学研究院"开放式股份公司供图）

而其中最重要的问题则是国内冶金工业是否能够制造各类钛合金半制品。如果要用钛合金VT-22(BT-22)制造机翼前翼梁，就需要4 000kg的锭料(而不止当时已生产的2 000kg锭料)。主翼梁毛坯的轧制只能在黑色冶金设备上进行；更轻的翼梁则用VT-22(BT-22)钛合金型材与后缘装配而成。在国内，全苏航空材料科学研究院和全苏轻合金研究院(ВИЛС)的工作人员率先掌握了这些半制品的制作工艺。

飞机发动机舱由VT-20(BT-20)钛合金制成，并采用了熔焊和接触焊工艺。据估计，对于合金而言，不需要通过焊接结构强制退火来释放剩余应力。在制造“100”产品时，这种工艺在很大程度上得到了印证，从本质上降低了焊接结构的生产难度。

在全苏航空材料科学研究院的参与下，结束了有关钛合金VT-22(BT-22)结合VT-20(BT-20)和OT-4焊接工艺的研究工作，并初步研究了含盐环境中钛合金的腐蚀情况。该合金获得了全苏国民经济成就展览馆金奖。

苏霍伊设计局还一起进行了VT-14(BT-14)和VT-14M(BT-14M)材料的对比研究。对这些材料制成的机翼中翼固定隔框部件进行了试验，从中选择了可塑性更强的材料VT-14M(BT-14M)。针对这些材料，还尝试了电弧焊(ААрДЭС)和点焊(ТЭС)熔焊法。

在标准统一化科学研究院(НИИСУ)参与下，全苏航空材料科学研究院研究了VT-16(BT-16)合金变形强化紧固件(见图1-42)的生产工艺。运用这种工艺便可在下诺夫哥罗德“法线”厂进行产品的大规模集中生产。该工艺荣获国家部长会议奖。

应该指出的是，在为T-4飞机生产钛合金半制品期间，不管是航空工业冶金工厂，还是黑色冶金工厂都开展了大量工作。

鲁斯塔维市的冶金工厂生产了用于飞机大梁的截面为160mm×270mm的钛合金梁。

全苏轻合金研究所为T-4飞机设计了带后缘的翼型模压法制造工艺。

上萨尔金冶金厂掌握了用于T-4飞机的VT-20(BT-20)，VT-22(BT-22)和VT-16(BT-16)等钛合金的全部品种(锻件、冲压件、棒材、型材、管子等)半制品。全苏航空材料科学研究院和行业内其他企业一起完成了有关T-4产品的工作。全苏航空材料科学研究院完成了不同用途的钛合金的研制工作，其中积极参与的工作者有С.Г.格拉尊诺夫、В.Н.莫伊谢耶夫、Е.А.波里索娃、Ю.И.扎哈罗夫、Л.Н.捷连季耶娃、К.И.索科里科夫、Г.Н.塔拉先科、Л.В.绍霍罗娃、Б.М.米哈伊洛夫、М.В.波普拉夫科、Л.В.格鲁兹捷娃和В.Н.卡卢金等。上萨尔金冶金厂对钛合金半制品生产工作做出巨大贡献的有И.Н. 卡加诺维奇、С.А. 库莎克维奇和В.В.捷丘欣等，还有全苏轻合金研究所的工作人员В.А.多巴特金、Н.Ф.阿诺什金和И.С. 波里金等，以及航空工艺科学研究所的工作人员В.С. 索特尼科夫和Я.И.斯佩克特尔等。

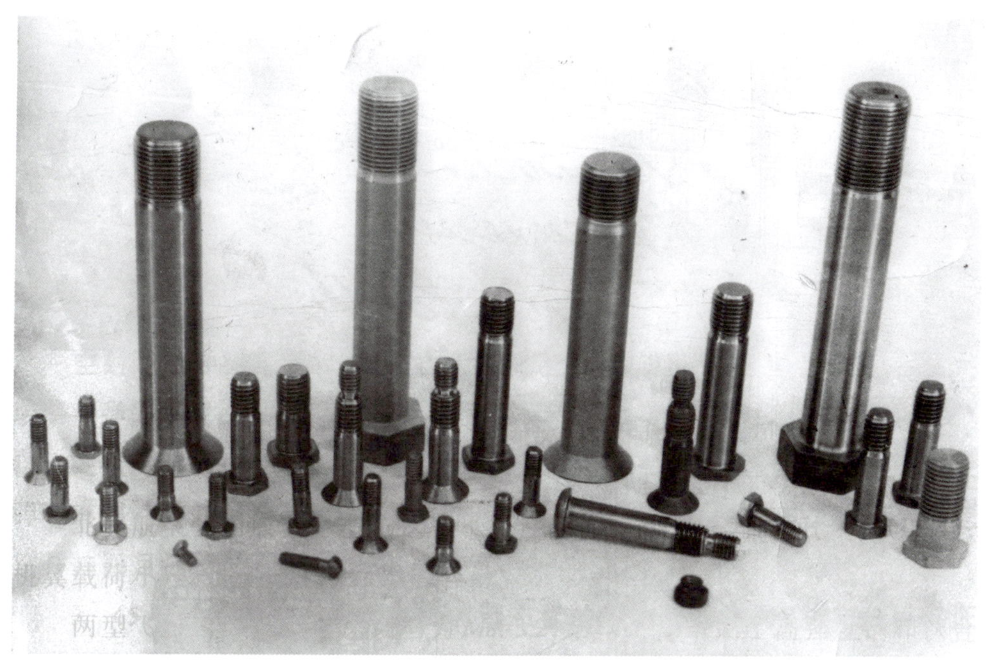

▲ 图 1–42 由钛合金 VT–16(ВТ–16)制成的紧固件
("全苏航空材料科学研究院"开放式股份公司供图)

参与T–4 飞机钛合金结构生产工艺研究的苏霍伊设计局的工作人员有И.В.阿尔古诺夫、И.А.瓦科斯和А.А.维谢洛耶等，还有图希诺机械制造厂的工作人员Б.И.杜克辛 – 伊万诺夫、А.В.波托巴罗夫和Б.М.乌斯京诺夫等。

上述合金零件的生产工艺与零件生产各阶段所采用的热加工形式相关，热加工形式有内应力释放退火、冲压加热、热处理硬化加工(使合金具备所需特性)。

上述加热会导致合金表面形成氧化皮和脆性的气体饱和层，它们会降低零件的结构强度和可塑性。这些饱和层有时无法通过机械加工来去除，因此带来了一个问题：要研究完全去除氧化皮和所谓“脆性的气体饱和层”的表面化学处理工艺。要保持合金的可塑性而不降低机械特性，并消除不同相成份的合金的氢渗。此工艺由全苏航空材料科学研究院工作人员В.П. 巴特拉科维、Л.Н.比沃娃罗夫瓦亚和Т.В.安东诺娃发明。与此同时，为了生产等强度复杂翼型零件，他们还面临研究板坯尺寸化铣（化学铣）工艺的任务，这种工艺不会降低机械特性，可保证表面的优质性能，并可消除合金的氢渗透，而不管其为何种相成份。该任务同样主要由В.П. 巴特拉科维、Л.Н. 比沃娃罗夫瓦亚和И.И.库列耶娃完成。

全苏航空材料科学研究院为T-4飞机研究了一系列牌号的高强度钢，并结合其在飞机结构中的工作特点，研究了半制品和零件的生产工艺过程。积极参与上述工作的全苏航空材料科学研究院主要专家有Я.М. 波达克、Ю.Ф. 奥尔热霍夫斯基、В.В.萨奇科夫、О.К.列维亚金娜、С.В.列普涅夫和А.Л.谢利亚沃等。

由于机体需要装载的燃油容量大，承力结构部件的使用应力较高，这就决定了结构材料必须使用防腐蚀高强度钢。

全苏航空材料科学研究院的科学家们成功研制出了这种钢。由于该材料机械特性较好，而且存在可行的工艺可将该材料制成零件和焊接件，因此能够确定出一系列飞机组件结构方案。

此外，还为承受高载荷的机翼油箱研究了防腐蚀钢VNS-2（ВНС-2）和VNS-5(ВНС-5)(参与者有Я.М.波达克、Ю.Ф.奥尔热霍夫斯基、Л.С.波波娃、С.И.比尔曼、Н.М. 沃兹涅欣斯卡亚)，它们具有高强度（分别大于1 150MPa 和1 500MPa)、断裂韧性、抗腐蚀性、耐循环载荷的高应力和耐热性。冶金工业厂还研究了熔炼工艺和获取锻件、型材、冲压件及板材的形变工艺。

另外，还为全焊舱主材的VNS-2(ВНС-2)钢研制了无须进行后续热处理的焊料。VNS-2(ВНС-2)钢的特点在于焊接时不会发生明显形变（这与马氏体转变温度低有关)，可用于制造外形复杂的高精度大型焊接结构，并可在野外条件下完成维修焊补。

针对机体承力构件组（翼梁、梁）开发了由VKS-3(ВКС-3)钢制成的大型半制品，以及相应的热处理方法，确保零件在高达450℃的温度条件下仍具有可靠的工作能力。一系列承力框和主起落架支柱梁由钢30ХГСН2А制成，其加工强度为1 600 ~ 1 800MPa。同时，还结合零件加载条件和应力集中情况，对其进行了工作能力、热处理规范的深度研究（B.B. 萨其科夫、C.B. 列普涅夫、M.Φ.阿列克欣科、Φ.Φ.阿若金和H.Г.波克罗夫斯卡亚）。

首先，针对寿命件——缓冲器作动筒、活塞杆、前起落架支柱梁，研制了强度为2 100MPa的高强度钢VKS－210（BKC－210）（Я.M.波达克、O.K.列维亚金娜和B.B.萨奇科夫）。并针对VKS－210（BKC－210）钢制成的大型零件研究了钢锭真空熔炼工艺、半制品形变工艺，以及可确保起落架组件工作能力的零件和毛坯热处理专用规范。

研制的这些材料可保证“100”号飞机组件的结构可靠，且有较高的重量效益。

此外，还制定了VNL－3（BHЛ－3）合金及其与VNS－2（BHC－2）相结合的焊接工艺，对大尺寸结构的VT－21L（BT－21Л）合金的焊接性进行了研究（由B.A.科斯丘克领导）。

制定了适用于管线系统的异种材质永久结合钎接工艺（由A.П.斯维多维多夫领导），与图希诺机械制造厂一起研究了受内压的钛合金焊接管线的振动强度和工作能力。

T－4飞机机体结构中首先运用了当时全新的耐热聚合材料：用于无线电系统的玻璃钢、密封胶、黏合剂、耐油橡胶和填充物等，在与飞行条件相对应的250 ~ 300℃高温条件下，这些材料均可长时间工作。

这些材料由全苏航空材料科学研究院和苏联科学院及化工研究所共同研制，成功运用在飞机天线整流罩、燃油箱、玻璃窗和机身其他元件结构中。

鉴于新型耐油聚合材料科研工作所具有的广泛意义，苏联政府决定组建超高速飞机耐油聚合材料联合科学委员会，由科学院院士库齐姆・安德里阿诺维奇・安德里阿诺夫领导，副手为全苏航空材料科学研究院院长阿列克谢伊・季霍诺维奇・图曼诺夫。

设计和研制这个独一无二的喷气式飞机的过程中，最重要和复杂的任务之一就是机头天线整流罩。其结构上除了对无线电技术性能的要求外，还提出了结构加温至300 ~ 350℃时需具备高强度特性的要求。全苏航空材料科学研究院工作人员（B.B.巴弗罗夫、Б.A.基谢廖夫、O.K.别雷伊、И.Φ.达维多娃和B.A.科萨列夫）研究了耐高热聚酰胺树脂（和塑料科学研究所一起）和以此为基础的玻璃布复合材料，这种复合材料在高温（300 ~ 400℃）条件下能够保持必要的无线电技术和强度特性。

他们还研究了独特的以耐热黏合剂浸渍的玻璃填料为基础的专用蜂窝结构。所研制的整流罩共有五层结构，其中壁板厚度小于 1.5mm 的中间层承载着主要的承力载荷。为了保护整流罩外表面，全苏航空材料科学研究院工作人员Э.К.康德拉绍夫和Л.А.布多莫研制了耐热、抗大气影响的有机硅层。

同时值得一提的还有全苏航空材料科学研究院工作人员В.А.扎哈罗夫、Г.Н.纳焦日娜和А.Н.娜索诺娃在有机硅树脂的耐热模压纤维工业生产中所做的研究工作。在 T-4 这一较“热”的飞机上所有的插头都是由上述材料制成。

在研制机身气密舱和燃油舱时，使用了专门研制的Виксинт(У-1-18，У-2-28 等）以及УЗОМЭС-5 等类型的有机硅基和聚硫基耐热密封胶。该工作在密封胶主管师Н.Б.巴兰诺夫斯科(全苏航空材料科学研究院)的领导下完成。在研制“100”号飞机时，必须要研制出工作温度可达 300℃的隔热隔音材料，以取代其他飞机上批量使用的工作温度为 60℃的材料。

全苏航空材料科学研究院的专家们在化学科学博士Н.С.列兹诺夫和科学技术副博士В.Г.纳巴托夫的领导下，根据技术任务书在超细玻璃光纤和有机硅黏合料的基础上研制出了密度为 10kg/m² 的材料，其牌号为 ATM-7。

多洛霍夫玻璃厂制定了ATM-7 材料的生产工艺，并在极短的时间内掌握了生产方法。ATM-7 材料对高速飞机有效隔热隔音功不可没。

由全苏航空材料科学研究院研制的上述材料及许多其他材料，如液压油、涂料和玻璃窗材料等，为 T-4 飞机附件的研发提供了保证。

与在T-4 飞机上使用钛合金及其他材料相关的所有设计和工艺方案，都必须在对预设模拟样件的一系列验证试验结果进行评审后，由飞机项目总设计师Н.С.切尔尼亚科夫做出决定。

制造T-4 飞机之时正值异型铸件、立体冲压和板冲压、焊接、钎焊等各项航空工艺技术蓬勃发展的时期。这期间，航空工艺科学研究所的科研人员集中力量研发用于生产新型钛合金和钢制零件、附件的全套工艺流程和专业设备，同时联合全苏航空材料科学研究院、全苏轻合金研究所、拜科夫冶金研究所及其他科研机构确定了钛合金的工艺特性，这对于确定铸造、焊接、造型、热处理和机械加工工序十分重要。

航空工艺科学研究所在这些方面的研究属于合金加工工艺理论基础的超前发展，科学的方法带来效率的提升，这在大型生产任务中得到充分体现。用于钛合金异型铸件的真空冶炼浇铸装置833D(833Д),DVL-250(ДВЛ-250),UGE-3(УГЭ-3)在原理上是新装置,实际上是根据现有的计算方法(在Е.Б.戈洛托夫的领导下)研制成的,可保证在安装完成后快速投入使用。这些装置不仅经受住了时间的考验,而且即便是到了现在也不亚于国外的先进产品。

同样如此的还有用于加热器接通装置ELU-20(ЭЛУ-20)电子束焊(在A.B.格拉西缅科的领导下研制)和热处理(在Я.И.斯佩克特尔的领导下研制)的生产工艺和制造设备。

T-4飞机的技术保障工作,为钛合金后续广泛应用于新型航空科技产品奠定了基础。

设计局的设计师们经常因为钛制机身结构的复杂性而绞尽脑汁。比如,T-4飞机的机载无线电电子系统重达4.8t,如何布置该装置是一个大问题:因为该装置的安装非常密集,导致机身钛制蒙皮上需要开大量口盖,而钛却“忍受不了”如此多的切口。这个问题同样通过“头脑风暴”得到了解决。有时候问题会以非常独特的方式得到解决,这都有赖于研制工作的领导者H.C.切尔尼亚科夫善于应变。

在研制燃油系统的时候,为了在这些直径不到2m的油箱内放置附件,必须穿过专门的口盖进入内部。但是,钛不能承受大的切口,而如果口盖较小,则只能通过体型瘦小且衣着单薄的人。这样一来,“胖”机械师要在冬季对飞机进行使用维护便成了问题。

机身工作的负责人基里尔·亚历山大洛维奇·库利扬斯基,一个足够胖的人,他断然反对在燃油箱中设置大口盖的想法。然而,纳乌姆·谢苗诺维奇非常简单地解决了这个问题——他将所有关心此事的人集中到装配车间,车间里立着几乎已是成品的飞机。站在那个引起争议的口盖旁,他认真地听所有人说,然后说道:“基里尔·亚历山大洛维奇,现在当着我们的面,如果你能钻进油箱然后再钻出来,我就不会再讨论关于增大燃油系统维护口盖的问题了。”于是,库利扬斯基无话可说,同意了增大口盖尺寸。

飞机设备舱的设计工作仍在进行。根据Л.И.邦达连科的建议设计的无线电电子设备舱,其口盖位于机身下方。沿着6m长的设备舱摆放着一些“架子”,其上安装由众多单独的成品排列组合而成的全部无线电电子设备。这些单独的成品尺寸符合ARINC西方标准。故障检查系统是自动的,精确至组件级。

在先前研制的“组合式”布局的基础上，1965 年夏，苏霍伊设计局开始了第 2 个草图方案的设计。此方案的布局方式是机头不可弯、舱盖呈楔形凸起、驾驶舱串联，其他方面与后来的“100”号飞机大同小异。

1966 年 3 月，初步设计方案完成，并提交给空军和苏联航空工业部审阅。

航空工业部总局第一副局长Э.В.利塔尔耶夫主持 T-4 飞机项目评审。

与此同时，航空工业部同研制人员商讨并确认了T-4飞机制造的初步日程表。

1966 年，完成了初步设计并开始发图工作。T-4 飞机初步设计方案三视图（见图 1-43）。

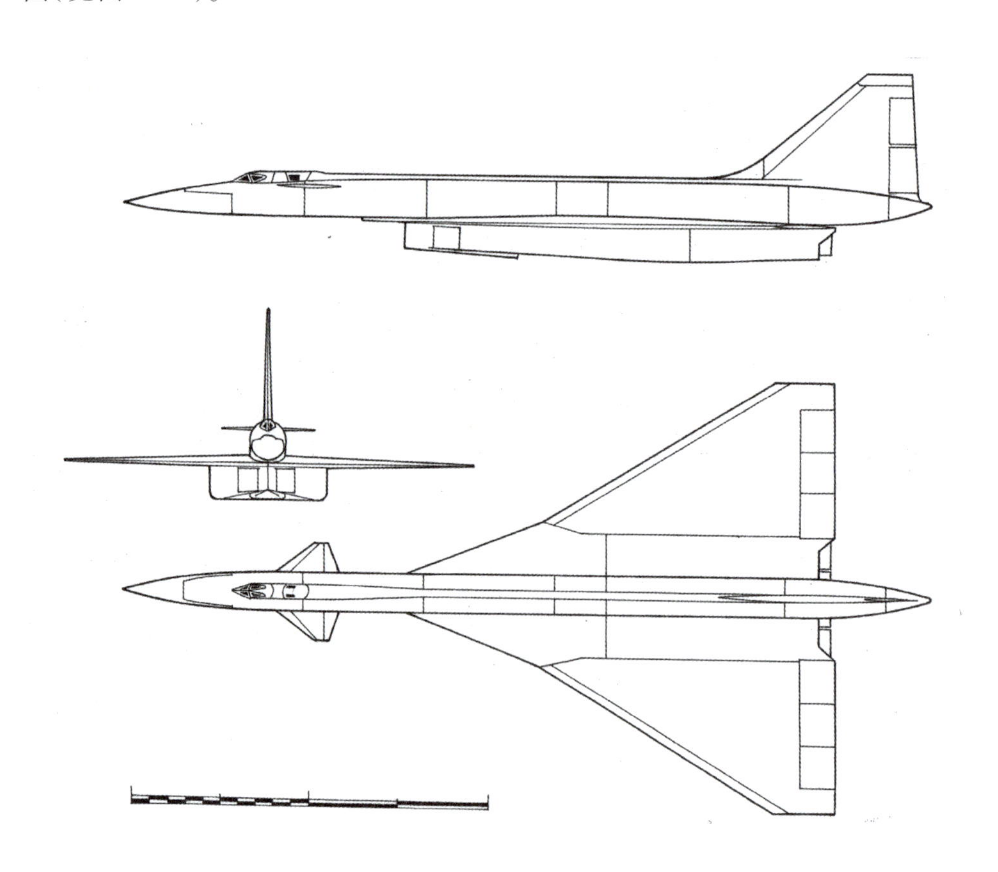

▲ 图 1-43　T-4 飞机初步设计方案三视图
（图 1-19 中的№46）
（尼古拉·戈尔久科夫供图）

在获知对初步设计方案的意见后，设计局对其进行了修改完善。

由于在机身直径为2m的飞机上凸起的舱盖产生了较大的迎面阻力，因此决定采用可弯折的机头。在22 ~ 24km高空飞行时，能见度差，周围一片漆黑，此时要抬起机头进行仪表飞行。而在着陆时，机头向下弯折，飞行员在座舱内将获得极好的视野。风挡玻璃尺寸较大，设计局由此给它起了个“无轨电车玻璃”的绰号。苏霍伊设计局的C.C.巴拉霍夫斯基负责可弯折机头的工作。

飞机机头弯折的方案遭到军方的激烈反对，只有B.C.伊留申（见图1–38）立即接受了这一新生事物，并且在他的帮助下才使军方相信，这种设计不会对飞行员造成影响。但与此同时，B.C.伊留申坚持要加装前视潜望镜，以便在机头弯折装置意外锁死时获得前方视野。

经过一系列改进工作，终于完成了现今为人所熟知的T–4飞机布局，飞机的气动外形也最终得以确定。

草图设计一完成，设计局就开始制造全尺寸样机（见图1–44）。正是在这一年，完成了发图，而图希诺机械制造厂开始致力于生产鸭翼和升降副翼的控制系统调试台架。

▲ 图1–44　1967年，T–4飞机样机在“库伦”试验工厂车间
（苏霍伊设计局供图）

在已批产机型的基础上组建了空中试验台，进行了大量的研究。

为研究机翼几何扭转对带前端弯曲和升降副翼下偏的机翼气动特性的影响，在苏–9飞机的基础上制造了两个空中试验台（分别命名为100Л–1和100Л–2），并在其上安装了一种外形复杂的机翼，该机翼布局有根部边条和尖头式翼型，与T-4飞机机翼(翼尖不弯折)和苏-15飞机机翼(翼尖展平、襟翼偏转,见图1-45)相似。其中,在"100Л-1"空中试验台(见图1-46)上完成了20余次飞行,而在"100Л-2"空中试验台上完成了飞行试验阶段,共15次飞行。

设计局在苏-7飞机的基础上设计了"100LDU(100ЛДУ)"空中试验台(见图1-47),用于对装有电传操纵系统的T-4飞机的驾驶特点和操控性能进行飞行评估。为了降低空中试验台纵向静稳定性并实现其操控性,在苏-7飞机头部装配了两个水平面作为"减稳装置"。"100ЛДУ"空中试验台可在T-4飞机飞行前,对电传操纵系统的稳定性和操控性进行全尺寸评估和调试。"100ЛДУ"空中试验台大量的研制和装配工作由设计局主管设计师B.A.纳乌莫夫完成,飞行结果的评估工作由B.Б.古特尼克完成,试验主管工程师由飞行试验研究所的Б.В.布尔采夫担任。

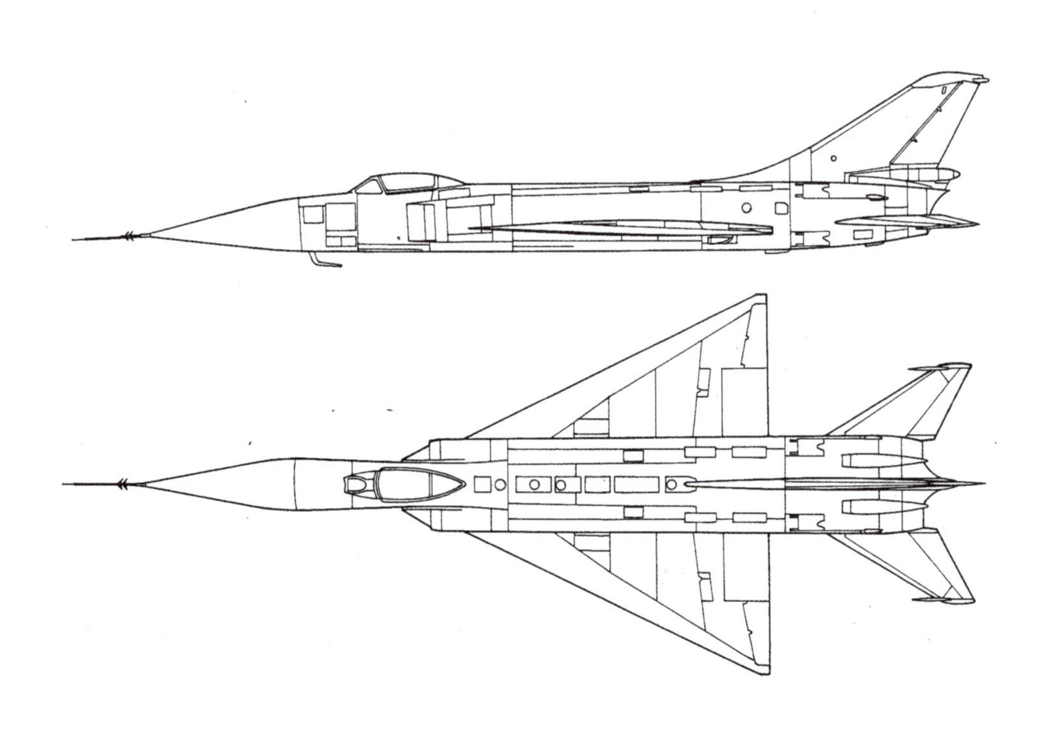

▲ 图1-45　机翼翼尖展平的苏-15空中试验台方案
(尼古拉·戈尔久科夫供图)

▲ 图 1-46 在(以苏-9 为基础的)“100Л-1”空中试验台上对 T-4 飞机进行了不同机翼方案的研究
(康斯坦京 · 科斯明科夫档案室供图)

（a）

（b）

▲ 图 1-47　在（以苏-7 飞机为基础的）"100LDU（100ЛДУ）"空中试验台上进行电传操纵系统的研究
（a）试验现场；（b）鸭翼
（苏霍伊设计局供图）

1.5 1967年第一架试验机“101”号的设计文件编制

1966年12月，在订货方规定的期限内，苏霍伊设计局向空军提交了T-4攻击侦察机的样机。空军总司令下令指派了样机小组，从1967年1月17日至2月2日对飞机样机、机载无线电电子设备、武器和飞机的飞行技术性能进行了研究。

样机小组研究了T-4飞机的两种方案——攻击型和侦察型。这两种类型可通过在同一个飞机平台上安装可拆卸式武器和设备实现，并且侦察设备可布置在机体内或可更换的吊舱内。

提交给样机小组的飞机为“鸭式”气动布局，平尾前置。飞机机身为鸭翼头部承力的大长细比机身，尾部为垂尾外翼。三角形机翼在平面上沿前缘有后掠拐点。飞机为带有前支柱的三点式起落架布局。其动力装置的特点在于，全部4台发动机都位于机翼和机身下方的同一发动机舱内，也就是实现所谓的“组合式布局”。

向样机小组提交的全尺寸样机，其长度为43.7m，翼展22m。机翼面积为291m^2。从前缘到拐点的后掠角为70°，拐点之后为60°。后掠式薄翼具有对称的翼型，相对厚度为2.7%。机身直径为2m，长度43.7m。

根据专家的计算，T-4飞机的正常起飞重量应为104.6t，超载方案最大重量为122.9t。

T-4飞机不带外挂油箱以3 000km/h的巡航速度飞行的航程应为6 200km。

样机小组的结论中写道，T-4攻击侦察机的研发是一项最重要的国家级任务，旨在用新型有效的攻击侦察设备装备空军。结论指出，由总设计师提交给样机小组的T-4攻击侦察机在飞行技术性能（见表1-5）、武器和机载无线电电子设备组成方面，都基本符合苏共中央委员会和苏联部长会议的№1098-378决议，以及空军的战技要求。

表 1-5　T-4 飞机飞行技术性能（根据 1967 年样机小组的数据）

参数名称	参数值
工厂代号	"100"
发动机型号	RD36-41（РД36-41）
发动机设计单位	П.А.科列索夫设计局
发动机数量	4
总加力推力（H=0，Ma=0）/kgf	64 000
机长/m	43.7
翼展/m	22.0
停机高度/m	11.2
轴距/m	10.3
轮距/m	5.9
机翼面积/m²	291
机翼前缘后掠角/（°） ——拐点前后掠角 ——悬臂梁后掠角	 70 60
机翼展弦比	1.72
机翼根梢比	7
翼型相对厚度/（%）	2.7
副翼面积/m²	21.7
最大起飞重量/t	122.9
正常起飞重量/t	104.6
空机重量/t	43.2
燃油重量/t	57.0
鸭翼面积/m²	6.45
垂尾面积/m²	35
正常起飞重量时的机翼单位面积负载/（kg · m⁻²）	360
正常起飞重量时的推重比	0.61
巡航飞行速度/（km · h⁻¹）	3 000
最大飞行速度/（km · h⁻¹）	3 200
实际飞行高度/km	22 ～ 24
混凝土跑道起飞滑跑距离/m	900
混凝土跑道着陆滑跑距离/m	1 150

同时，样机小组的结论还包括在苏霍伊设计局和图希诺机械制造厂进行的T-4飞机研发工作相对规定的期限略有延迟。为此，样机小组拟定了一系列措施，以加快T-4飞机的研制进度。

1967年，发布了制造7架试验批T-4飞机的决议(6架用于试飞，1架用于静力试验)。

第1架试验机“101”号拟用于研究机载系统、确定最大飞行速度时的稳定性和操控性，以及确定“100”号的飞行技术性能。“101”号T-4Y试验机的飞行技术性能(见表1-6)和重量特性(见表1-7)。

表1-6 “101”号T-4试验机飞行技术性能(1973年状态)

参数名称	参数值
机组人员数量/人	2
机长/m	44.5
翼展/m	22.0
机翼面积/m^2	295.7
停机高度/m	11.195
全伸长状态的前主轮距/m	10.357
主轮距/m	5.88
在起飞重量条件下且无副油箱时的翼载/($kg \cdot m^{-1}$)	434
巡航飞行速度/($km \cdot h^{-1}$): ——超声速状态 ——高空亚声速状态 ——近地亚声速状态	 3 000 950 900
最大飞行速度/($km \cdot h^{-1}$): ——高空 ——近地	 3 200 1 150
飞行高度/km	20 ~ 24
航程/km: ——无副油箱 ——带副油箱	 6 000 6 500
发动机类型	RD36-41
发动机数量/台	4

续表

参数名称	参数值
发动机台架推力(H=0,Ma=0)/kgf: 一最大状态 加力状态	 4×10 850 4×16 000
在起飞重量条件下且无副油箱时的推重比	0.5
无副油箱时的起飞重量/kg	128 000
内部油箱中的燃油重量/kg	69 000
最大起飞重量/kg	136 000
最大作战载荷重量(不超过)/kg	19 000
起飞滑跑距离/m	1 500
着陆滑跑距离/m	1 100

表 1-7 "101"号飞机的重量特性

参数名称	参数值
空机重量(带配重 1 340kg)/kg	57 720
飞机载荷/kg,包括: ——飞行员 ——领航员 ——滑油 ——氧气 ——氮气	605 100 100 200 41 164
含载荷的飞机重量/kg	58 320
飞机燃油重量/kg	46 550
无重心配重时的飞机起飞重量/kg	56 680

"102" 号试验机用于综合导航系统的研究,而 "103" 号则用于导弹实弹发射研究。

"104" 号试验机用于研究炸弹武器使用、导弹发射的问题,并完成一系列评估轰炸机航程性能的试验。

"105" 号飞机计划用于研究综合无线电电子系统,而 "106" 号飞机用于攻击侦察机的整体性研究。"100C" 飞机用于静力试验。

同时还谈到了配装原子能发动机的飞机方案,以及以T-4飞机为基础的多功能飞机的研制工作。

1966 年，T-4 攻击侦察机的初步设计周期结束。设计局的方案部发布了第一架试验机的指令性文件，该试验机在设计局中的编号为“101”号。“101”号的发图工作从 1966 年起，持续了整个 1967 年，于 1968 年结束。但是中翼和机身油箱的第一批图纸早在 1966 年底就交给了图希诺机械制造厂。

在 1966 年至 1967 年期间，基本上完成了大部分与飞机系统研究相关的试验台的设计。例如，在 1967 年，建成了飞机电传操纵系统液压机械试验台、升降副翼和鸭翼控制试验台、双发共用进气道的发动机装置试验台，而液压系统、控制系统和起落架综合试验台等也处于建设中。

同时还启用了进气道自动控制试验台，以及用于试验和研究自动系统САУ-4 的电传操纵和航路控制系统、燃油系统的试验台（见图 1-48）。在АСДУ-3ОА 自动电传操纵系统试验台上完成了发动机的试验，在热试验台上完成了软油箱模型试验。

▲ 图 1-48 “100”号的燃油系统全尺寸试验台
（苏霍伊设计局供图）

1967 年，雷宾斯克发动机制造设计局制造了 4 台并组装了 3 台 RD36-41 发动机。2 台发动机（47-01 和 47-02）进行了台架试车，试车中完成了最大转速输出、无加力状态和最大推力低于 94%的加力状态下的性能录取，并测量了发动机转子径向止推滚珠轴承的轴向力。这些试验是在检查压气机各级工作叶片应力时进行的。

进气道和RD36-41发动机的工作是在图拉叶沃(发动机试验基地)C-22(Ц-22)亚声速风洞中的动力装置验证机(PMCУ见图1-49)上进行的。

▲ 图1-49 T-4飞机动力装置工作模型(PMCУ)试验台
(苏霍伊设计局供图)

从1968年起,在图-16飞机基地组建的空中试验台上进行了RD36-41发动机亚声速状态试验。雷宾斯克发动机制造设计局制造的RD36-41发动机的研究和试验工作,是在苏霍伊设计局由伊里亚·马伊谢耶维奇·扎克斯领导的小组进行的。

试验结果分析显示,压气机在所有基本状态下都能保证满足空气流量要求,且发动机上也实现了预期的无加力最大推力。截至1967年末,发动机工作小时为33h。

1967年年中,在图-22ЛЛ空中试验台上研究了机头雷达天线的布局和布置方案(见图1-50)。

在伊尔-18、图-104B、安-12飞机基地组建了一系列试验室，用于研究T-4飞机无线电电子设备系统，其中包括飞机的综合无线电电子系统和综合导航系统、无线电导航传感器、气动加热条件下的导航和通信天线、通信系统和线路研究、照相与红外系统以及导弹武器。作战使用部部长索洛蒙·伊利伊奇·布扬诺韦尔参加了“100”号的瞄准系统的研发。尤里·格奥尔吉耶维奇·鲁德尼茨基担任方案部领头人。

▲ 图 1-50 T-4 飞机天线电磁兼容性全尺寸试验台
（苏霍伊设计局供图）

1968年，由于“海洋”综合无线电电子系统和“旋风”系统研究工作量增长，也为了在131科学研究所中对研究工作进行更好地集中和协作，对研究工作的管理机构进行了重组。任命A.H.拉巴诺夫为“海洋”综合无线电电子系统和“旋风”系统的主管设计师；B.Φ.奇斯佳科夫为“进步”雷达的主管设计师；任命B.A.卡茨为“海洋”综合无线电电子系统地面自动化检测系统的主管设计师。

重组后，“海洋”“旋风”的试验设计工作面扩大。20世纪70年代末，在加特契纳市的131科学研究院试验工厂制造了“进步”雷达、“鱼叉”雷达导引头的样件，交付给第一批T-4试验机和X-45导弹，并基本完成了其生产技术文件编写。

1969年，在生产单位制造了用于T-4飞机的自动控制系统、电传操纵系统和推力自动调节器。第一套系统装到了飞机上。在此要提一下工厂经理Γ.M.格里戈里扬的重要作用，他对所有工作的执行进行了严格的管控，并在十分紧张的期限内保证了全部系统的制造。

得到自动控制系统、电传操纵系统和推力自动调节器综合系统后，苏霍伊设计局开始通过自动装置在全尺寸试验台上模拟整个飞机控制回路。其间对电传操纵系统СДУ-4 和推力自动调节器予以了特别的关注。参加了苏霍伊设计局这项工作的有：早先就参与了上述系统研发的Ю.И.申芬克利和В.А.瑙莫夫，以及118设计局代表В.С.亚申、А.В.耶戈罗夫和С.Д.耶夫列因诺夫。

模拟试验获得了良好的结果，所有系统装机开始地面调试。

基于大量在中央空气动力学研究院风洞中气动模型吹风试验数据的计算结果，以及后来的试飞情况均表明，计算和试验结果均符合飞机的实际性能要求，尽管如此，苏霍伊设计局还是拟定了一系列措施，旨在对T-4攻击侦察机的航程有质的提升。

苏霍伊设计局计划采用更完善的机翼中间平面变形规律，改进其翼型。

为增大航程，采取措施减少进气道入口总压损失，优化机身头部形状，在亚声速状态升降副翼同时下偏。

增大发动机推力，机上单独的成品实施预定减重计划，增加机上燃油储备，均可增大飞机航程。

实施以上全部措施所带来的总体效果可将飞机航程提高35%~40%，达到*Ma*=3的速度。

1.6 1970—1972年T-4飞机试验机的制造

设计工作中遇到的同样重要的工作还有T-4飞机起落架的研发。起落架设计文件的制定、起落架的组装和试验交由直升机和飞机起落架试验设计局完成，其领导人是伊戈尔·亚历山大洛维奇·别列日内。起落架的制造确定由А-7654工厂（现为萨马拉“航空附件”开放式股份公司）完成，领导人为厂长С.А.科普诺夫。

设计研究工作基本上是在莫斯科的苏霍伊设计局完成的，因为这样可以将飞机的研发工作期限尽可能压缩，并且能够有效地解决在工作中发生的问题，及时与总设计师系统的起落架、液压、电器、载荷团队协商解决方案。这样的设计工作模式经证实完全有效，并在之后常用于起落架乃至其他飞机的设计工作中。曾主持过所有工作的主管设计师即为项目负责人，分别有B.B.伊格纳季耶夫、Б.Д.拉宾诺维奇、Ю.Г.瑟罗米亚特尼科夫和Е.Л.克佩伊涅尔。考虑到T-4飞机在自身技术特点方面的独特性，以及机上诸多决定都是第一次用于飞机制造，所以必须考虑气动加热对结构的影响。因此，И.А.别列日内给设计局提出的首要任务是：

——在设计起落架的过程中，应考虑在结构中尽可能多地布置传感器，以测量试飞过程中极其重要的参数；

——构建综合地面试验系统，用于起落架的运动学研究，包括对外部载荷进行模拟；

——要在苏联第一次实现起落架的配套供货，起落架上要装备电动液压装置、机轮、前轮转弯系统和检查记录系统；

——在国家级附件制造层面上，第一次在结构中使用超强钢 VKS-210（BKC-210）全冲压框架和梁。

在完成这些任务的过程中，设计局在И.А.别列日内的领导下，与苏霍伊设计局的全体人员，以及多个业界主导研究院：中央空气动力学研究院、全俄航空材料研究院、航空工业生产工艺、生产组织科学研究院和全苏轻合金研究院进行了紧密合作。苏霍伊设计局当时的主管设计师是И.И.兹韦列夫（机轮）。

设计文件完成编制后，被转交到批生产厂进行零部件生产和制造准备。这项工作在批生产厂是在主工程师Б.А.瓦赫和И.К.季齐、主工艺师В.Т.斯塔雷金和А.М.科列索夫、生产主任Д.В.罗德金、主冶金师И.Б.列温等的领导下进行的。

在生产准备过程中，进行了大量试验设计工作，研究VKS-210（BKC-210）钢制成的真实样件的焊接、热处理工艺过程，以及电镀工艺过程。

所有设计文件转交批产厂，完成生产准备并开始零部件的制造。同时，在设计局所组建的生产基地开始制造和装配运动台。逐个装配好的零部件从批产厂转入总装，并在设计局进行试验。总装和试验工作实际上是昼夜进行的——很多技术专家，包括项目总设计师、主管设计师都是夜以继日地工作。最终，第一套起落架完成总装和试验，所有系统装配完毕。这之后遇到了第一次（幸运的是这是唯一的一次）命运的打击——主起落架在试验台上出现了结构缺陷:起落架轮轴架的转向系统传动装置功率不够,系统功能不正常。飞机试飞的开始和试飞过程都充满危险。于是,总设计师与И.А.别列日内一起做出了一个决定——在不收起落架的情况下开始第一阶段试飞,并同时在结构上寻找方法,以排除所出现的缺陷。为了在试飞过程中对起落架进行维护,设计局成立了专门的分部,由В.И.霍霍托沃率领。

发动机舱在图希诺机械制造厂装配图1-58“102”号飞机发动机舱在图希诺机械制造厂装配。排除主起落架转弯系统故障的任务顺利完成,制定了有关在批产厂安装新部件的补充加工文件,装配了新的主起落架,并在运动试验台上成功进行了调试。改进的起落架作为飞机组成部分预先进行了调试,包括起落架收放系统调试、起落架在舱内的“安置”、起落架结构与机体元件之间间隙不足的隐患排除、飞机找平,之后开始了全面试飞。所有调试完成后,总设计师签署了起落架全面完成试飞准备工作的证明。

在准备试飞期间,批产厂还制造了多套起落架用于静力、落震和静力转向试验,而设计局则在西伯利亚基地和中央空气动力学研究院进行了飞机开始试飞前要求完成的全部试验。

T-4航空作战综合体的大量工作是在航空系统科学研究院完成的,其中包括以下内容:

——数学模拟,确保了空气动力复杂飞行轨迹的选择,以及控制与稳定系统参数的选择;

——“阿尔贡”机载数字计算机的调试;

——“干线”导航与自动控制系统试验台上的半实物模拟,系统中包括了惯性导航系统、机载数字计算机和自动驾驶仪;

——主动雷达导引头在带2个运动支架的双级试验台上的半实物模拟(见图1-51),以调试导弹自动目标导引段的目标选择模式;

——飞机综合无线电电子系统作为座舱组成部分的半实物模拟,座舱带全套显示和控制系统,信息控制系统真实设备位于设备舱,包括要模拟“航母”型目标工作条件的“进步”雷达;

——X-45导弹发射准备过程的半实物模拟,使用带全套标准设备的试验弹。

图1-52所示为台架上的X-45导弹头部。

▲ 图 1-51 主动雷达导引头双级半实物模拟试验台
（国家航空系统科学研究院供图）

▲ 图 1-52 台架上的 X-46 导弹头部
（国家航空系统科学研究院供图）

由于开展了这些工作，飞机首飞结果良好，其中X-45导弹以发射前进入导航和目标指示状态挂飞。航空系统科学研究院的工作人员参与了T-4综合系统的大量工作：E.A.费多索夫（见图1-53）、B.A.斯捷凡诺夫、П.Ф.克卢布尼金、И.В.洛格温诺夫、K.A.普普科夫、B.A.基斯利钦、Ю.Г.马卡罗夫、B.И.希罗琴科、B.B.因萨罗夫、B.И.切尔温、O.B.科缅丹特、З.Ф.加利茨卡亚、И.К.沃尔科夫、A.A.格列丘欣、Л.И.瓦恰耶夫、Б.П.托波罗夫、O.C.科罗季姆、Ю.A.别洛乌索夫和И.И.科波希尔科等。

▲ 图1-53　E.Л.费多索夫
（国家航空系统科学研究院供图）

1969年，在图希诺机械制造厂完成了“101”号飞机机身油箱部分与机头和中翼的装配，并进行了仪表舱和座舱的增压试验和气密性检查。之后拆下机头，送往苏霍伊设计局进行安装（见图1-54和图1-55）。此外，还进行了机身油箱部分、中翼和机翼前部与舱体的装配。与此同时，开始了液压、气动和燃油系统以及电子设备的安装，进行了前起落架的预装，获得了用于安装的主起落架，结束了零件的制造，并开始装配机翼、升降副翼和垂尾的可拆卸部分。

▲ 图1-54　“101”号飞机弯折的机身头部，苏霍伊设计局工厂
（苏霍伊设计局供图）

▲ 图 1-55 T-4 飞机(“100”号)在“库伦”厂进行装配
(苏霍伊设计局供图)

整个 1970 年都在进行“101”号第一架试验机各个系统的装配,一直到 1971 年才结束试验机的制造。同时进行了飞机系统车间调试和航空发动机的调试。

编制了飞机技术说明、使用手册、统一技术维护规程和飞行员手册;为航空工业部飞行试验研究所教学训练委员会准备了必须的资料。

由飞行员 B.C.伊留申和 H.A.阿尔费罗夫组成的试飞小组于 1971 年成立,并开始学习飞机及其系统的构造和使用。此外,还成立了基地首席专家组,以便进行 T-4 飞机试飞和调试。

从 1969 年至 1972 年,图希诺机械制造厂联合“库伦”试验工厂(见图 1-56)进行了“102”号试验机机体部件的制造(见图 1-57、图 1-58 和图 1-59),而“103”号飞机是从 1971 年开始制造的(见图 1-60)。总装以及系统和设备的安装在苏霍伊工厂进行。雷宾斯克发动机制造设计局生产的第二批 RD36-41 发动机装到了“102”号飞机上(见图 1-61)。1973 年年中,第二架试验机生产完毕。

同时完成生产的还有第三架T-4 试验机“103”号的附件,以及第四架试验机“104”号的零部件(见图 1-62)。

▲ 图 1-56　T-4 飞机（“101”号）在图希诺机械制造厂总装
（苏霍伊设计局供图）

▲ 图 1-57　“101”和“102”号飞机在图希诺机械制造厂的装配架上进行总装
（苏霍伊设计局供图）

▲ 图 1-58 “102”号飞机后机身在图希诺机械制造厂
（苏霍伊设计局供图）

▲ 图 1-59 “102”号飞机发动机舱在图希诺机械制造厂装配
（苏霍伊设计局供图）

▲ 图 1-60　在图希诺机械制造厂装配架上的“103”号飞机
（苏霍伊设计局供图）

▲ 图 1-61　T-4 飞机（“102”号）在“库伦”机械制造厂进行机头部分的安装工作
（苏霍伊设计局供图）

▲ 图 1-62 在图希诺机械制造厂的"104"号飞机机身
（苏霍伊设计局供图）

"101"号飞机的总装计划于1973年年初完成，并在1973年第3季度开始试飞。

同时还完成了计划安装在"102"号飞机上的T-4综合无线电电子和综合导航系统的技术方案，并进行了方案评审。

为保证T-4飞机动力装置的首飞和工厂试飞，1971—1973年期间，在M.M.格罗莫夫飞行试验研究所的№501号图-16ЛЛ空中试验台上进行了RD36-41发动机的提前试飞（主管工程师是Ю.И.克瓦斯科夫）。在图-16ЛЛ上研究了发动机在地面条件和空中的起动、无加力和加力状态下的工作状态、气动稳定性、加力燃烧室工作稳定性、低压燃油系统和滑油系统的工作状态等。

根据RD36-41发动机在№501号图-16ЛЛ空中试验台的试验结果，形成了正面的结论和建议，并转交给航空工业部教学训练委员会，这些建议的实施有助于飞机试飞安全的保障。

这一时期还发放了关于在机身下方安装2枚X-45空地导弹，以及"103"号试验机中翼增加燃油的技术文件，同时还缩小了外挂油箱的尺寸。

针对"103"号试验机还发放了更轻巧和工艺性更好的新垂尾的技术文件。

为确定"100"号的结构强度，在开始首架T-4试验机的试飞之前，一架

1972 年在图希诺机械制造厂制造的代号为“100C”的飞机被送往中央空气动力学研究院进行静力试验。

机身及其弯折前缘、座舱、鸭翼、升降副翼、前起和主起、发动机短舱、仪表密封舱和机体的一系列其他部件均进行了静力试验。

机身的弯折前缘连同座舱和仪表舱一起进行了热力试验，在恒温室中动力加热至 250℃。

静力试验的结果证明“100”号飞机机体结构具有足够的强度。在第一阶段试飞开始之前，进行了大量的静力试验，从而准许进行试飞，第一阶段试飞也得以安全进行。

1.7 T-4 飞机的试飞

1972 年，用于T-4 飞机“101”号试验机第一阶段试飞保障的研制试飞基地准备就绪（见图 1-63 ~ 图 1-66）。

由于苏霍伊设计局的试飞站不能用于像“101”号这种尺寸的飞机，也不能配置需要使用的设备，因此决定在B.M.米亚西谢夫电气机械工厂的基地开展试飞工作。该基地将其大型机库划分出一部分，还配置了辅助场地用于布置无线电设备、电子设备、机载测量设备的试验室，以及带发动机调试场地的动力装置试验室，安置了机组人员、工作分析小组和生产工段。

▲ 图 1-63 停放在茹科夫斯基市的飞行试验研究所的 T-4 飞机（“101”号）侧视图（苏霍伊设计局供图）

▲ 图 1-64　停放在飞行试验研究所停机坪的“100”号
机翼下站立的是主管工程师 A.C.季托夫
（苏霍伊设计局供图）

▲ 图 1-65　发动机试车场上给飞机加油（苏霍伊设计局供图）

▲ 图 1-66　停机坪上的 T-4 飞机
（苏霍伊设计局供图）

A.C. 季托夫任试飞主管工程师，Л.В. 谢罗夫任副主管，Г.Г. 季科夫任使用维护工程师，Е.К.库库舍夫（见图 1-67）任基地主管飞机试验的副主任。

▲ 图 1-67 Е.К.库库舍夫、Г.Г.季科夫、А.С.季托夫（从左至右）
（苏霍伊设计局供图）

1971 年 12 月 30 日，第一架试验机“101”号从苏霍伊设计局的总装车间运至研制试飞基地。飞机的研制试飞工作以及系统的调试耗时 4 个月。同时还进行了 RD36-41（РД36-41）发动机双发开车和全部开车。

1972 年 4 月 20 日，机组成员接收飞机进行试飞。

根据所研究的飞行前准备工作大纲，完成了 12 次滑跑，其中 4 次滑跑接近起飞速度，检查并分析了所有飞机系统的工作能力。另外还进行了 2 次中断起飞。

1972 年夏季曾发生多次火灾，当时森林和泥炭沼泽均起火，机场上弥漫着浓烟，能见度几乎为零，导致“101”号试验机的首飞一直延期，直到 1972 年 8 月 22 日才得以实现。飞机由苏联功勋试飞员、苏联英雄 B.C.伊留申和苏联功勋领航员 H.A.阿尔费罗夫(见图 1-68)驾驶。

▲ 图 1-68 “101”号飞机机组人员在首飞前
左起：领航员 Н.А.阿尔费罗夫、飞行员 В.С.伊留申
（尼古拉·阿尔费罗夫档案室供图）

这是飞机制造史上首次在实际飞行中使用电传操纵系统和推力自动控制装置。

第一阶段试飞中，飞机共完成了9次飞行，其中5次未收起落架。

完成的飞行显示，飞机在滑跑时的操控良好，简便易操作，飞机起飞时稳定性好，没有出现机头自发性偏航或上扬。机头下垂的结构使得视野良好，极大地简化了滑跑、起飞和着陆的完成，起飞角度易于保持，飞机离地平滑。机头抬起后，进入仪表飞行。安装在飞机上的潜望镜可观察前方空域。飞机爬升容易，不需要飞行员过多关注。平飞阶段飞机操控性良好，加速和突破"音障"平静，只能根据仪表看出通过M1的时刻，飞机加速性相当好。进场和着陆轻松完成。在进场着陆状态，有了推力自动控制装置，可将飞行员从发动机的操作工作中完全解脱出来。推力自动控制装置的控制机构使用十分方便，特别是在使用飞机操纵杆上的速度按钮时。飞机接地平稳，没有"跳动"的趋势或自发性低头。着陆滑跑时飞机稳定，操控性好，减速伞和机轮减速系统功能正常。图1-69～图1-76为"101"号飞机飞行及着陆各阶段图片。

▲ 图1-69　"101"号飞机正在起飞
（苏霍伊设计局供图）

▲ 图1-70　飞行头几分钟
（苏霍伊设计局供图）

▲ 图1-71　收起落架
（苏霍伊设计局供图）

▲ 图1-72　T-4（"101"号）在空中（仰视图）
（苏霍伊设计局供图）

▲ 图 1-73　飞机头部下垂
（苏霍伊设计局供图）

▲ 图 1-74　飞机头部抬起
（苏霍伊设计局供图）

▲ 图 1-75　“101”号飞机着陆
（苏霍伊设计局供图）

▲ 图 1-76　首飞后迎接飞行员
（苏霍伊设计局供图）

飞机电传操纵无故障，飞机操控性良好，并进行了飞机转机械控制的操作。在机械控制状态下，飞机可控，但要求飞行员投入更多的体力和注意力。

遗憾的是，新机试验时通常都会出现一些新问题：液压系统失效、起落架卡死、钢质油箱出现细微裂纹等，迫使试验工作周期性推迟。

1973 年 7 月 6 日进行的第 9 次飞行，结束了T-4 飞机的第一阶段试飞。之后飞机送去修复，并同时对获取的信息进行研究。T-4 飞机不同设计阶段主要飞行技术性能比较见表 1-8。

在试飞期间，还进行了 T-4 综合系统的进一步工作：

——为排除油箱细微裂纹，全俄航空材料研究院建议将 BT-5 材料替换为 BT-6；

——在伊尔-18L 上进行了 T-4 飞机综合无线电电子系统的飞行研究；

——在 1622-47 飞机（图-16 飞机）上研究了发动机的亚声速状态，并对发动机控制系统的改进给出了建议。

1972 年进行了配重燃油供油系统试验、不同环境温度条件下基于“萘基”燃油的应急空气系统输送试验、燃油本身的试验、T-4 飞机橡胶密封件和软油箱模拟器在接近使用条件下的试验。

在台架上研究了2套飞机主起方案，以确定飞机转弯和后退性能，同时检查了主起工作能力和寿命。

表 1-8 T-4 飞机不同设计阶段主要飞行技术性能比较

参数名称	1963 年订货方提出的战术技术要求	1966 年草图方案	1973 年 1 月状态
20 ~ 24km 高度飞行速度/(km · h^{-1})： ——巡航速度 ——最大速度	 3 000 3 200	 3 000 3 200	 3 000 3 200
巡航速度条件下的航程/km： ——无外挂油箱 ——带外挂油箱	 6 000 7 000	 7 000 7 300	 6 000 6 500
最大近地飞行速度/(km · h^{-1})	—	1 150	1 150
无外挂油箱的起飞重量/t	100	104.6	128
燃油储量/t	—	57.0	69.0
最大起飞重量/t	120	123	163

1.8 第二阶段试飞——T-4 飞机研制结束

在这一时期，苏联空军时役的中程轰炸机图-22已经过时，很少被安排出战。因此空军对“100”号的试验工作表现出极大的兴趣，并且实际情况已显示出，T-4 飞机应替换图系列飞机。

军方计划在头5年(1975—1980年)订购250架飞机。为此，在1973年，苏霍伊设计局开始按苏共中央委员会和苏联部长会议命令准备 T-4 攻击侦察机的批生产。

虽然此时图希诺机械制造设计局已与“海燕”机器制造设计局和苏霍伊设计局联合制造了7架试验批飞机，但图希诺机械制造设计局没有能力开展飞机的批产，其产能太小。

当时，有能力且能够拿下如此量级的批产的工厂唯有喀山飞机制造厂一家，因此在喀山开始了制造新飞机所需工装的准备。

就像在所有惊险小说里写的那样，“一切只是开始……”当航空工业部部长П.В.杰缅季耶夫得知像T-4这样昂贵的飞机，批产量如此之大时，他迫使军方停止计划并要求他们节制野心。而且喀山飞机制造厂也向苏霍伊转达：他们也不想图波列夫设计局失去他们最主要的制造基地。

П.В. 杰缅季耶夫把项目总设计师Н. С. 切尔尼亚科夫叫到跟前，对他说："只要我还活着，就不可能在喀山铁合金制造厂搞！记住了！"最后，部长没有让他们失望。

早前，А.Н.图波列夫就提过在图-22飞机基础上研发其改进型图-22М的建议。其理由是，图-22М飞机为铝制，铝制飞机本来就要便宜很多，并且其航程还比T-4更大，因此应当研发图-22的改型，也就是说，没有必要把全部制造都改过。飞机是有一些缺点，譬如飞行时间长和速度较小，但并不是那么严重。А.Н.图波列夫向国防部长А.А.格列奇科许诺，图-22М在两年内就能投产，而T-4飞机还有诸多问题，解决这些问题要花5倍以上的时间。按安德烈·尼古拉耶夫的话说，他的改进型飞机就是"抓在手里的山雀"，显然要好过"天上飞的仙鹤"。

图波列夫成功说服了格列奇科和空军，没有比研制图-22М更好的决定，而且喀山飞机制造厂正好也没有项目可做。因此，图-22М占用了喀山飞机制造厂的所有型架，当对其结构进行改进并开始国家联合试验[①]后，大批量飞机的制造工作全面铺开，此时图-22М的代号已改成图-22М2（拟于1976年交付列装）。1989年，就在获得新改进的外形后，图-22М2攻击机演变成了名副其实的战斗机。当然这已经是后话了……"100"号被喀山飞机制造厂"拒之门外"之后，П.О.苏霍伊多次向苏共中央委员会和苏联部长会议提出，在其他的飞机制造厂制造批产飞机。在这些较量持续的过程中，飞机的试飞工作仍在继续。

1974年1月22日，进行了第2阶段试飞的第1次飞行（总第10次）。期间，T-4飞机达到了12 000m高度，速度为Ma=1.36。

第2阶段试飞拟在最大起飞重量128t的条件下达到3 000km/h（Ma=2.8）的速度，并且"102"号飞机要装标准综合无线电电子系统开始试验。但是在1974年3月，所有工作暂时停止了。苏霍伊设计局对А.С.季托夫和Г.Г.季科夫的意见（见图1-77）与质询也没有任何回复。

[①]译注：原文ГСА疑有误，应为ГСИ: Государственное совеместное испытание（国家联合试验）。

ГЛАВНОМУ КОНСТРУКТОРУ

тов. ЧЕРНЯКОВУ Н.С.

После замены стоек шасси и отработки гидросистемы, в 3-й работе изделия шасси не убралось. В процессе работы произошло перетекание гидрожидкости из основной зеленой системы в аварийную желтую систему. В результате разрушения трубок и штуцера радиатора ТМР гидрожидкость почти всю выбросило наружу.

Проведенные доработки гидросистемы по документации отдела № 7 не обеспечили надежной работы системы. Если в 4-й работе изделия уборка и выпуск шасси произошли нормально, то в 5-ой работе шасси снова не убралось из-за перетекания гидрожидкости из зеленой системы в желтую.

Отказы гидросистемы показывают, что система не является доведенной, и что агрегаты гидросистемы и сама схема, не прошедши совместных стендовых испытаний не могут гарантировать и в дальнейшем безотказную работу шасси.

Считаю необходимым провести специальную стендовую проверку всех основных гидроагрегатов в условиях их работы в составе схемы гидросистемы изделия.

ВЕДУЩИЙ ИНЖЕНЕР
изд."IOI" [подпись] 23-04-73 /Титов А.С./

▲ 图 1－77 主管设计师 A.C.季托夫写给项目总设计师 H.C.切尔尼亚科夫关于飞机试验时的故障的信函原件
（亚历山大·季托夫档案室供图）

这期间，П.В.杰缅季耶夫和H.C.切尔尼亚科夫之间进行了一次谈话。航空工业部部长建议在图希诺机械制造厂制造一批飞机数量为50架，并同时进行工厂的基础设施扩建以便开展飞机的制造。原本是部分设施需要进行改造，但实际上整个工厂都要进行改建，这不仅在时间上，还是在资金上都是不可行的。

20世纪70年代中期，批产厂启动了米格-23战斗机项目，这是头号任务，因为当时苏联已没有现代战斗机。

在这次谈话中，国防部部长П.В.杰缅季耶夫建议在图希诺机械制造厂停止T-4项目计划，并组织生产米格-23的机翼，实际上也就是减少"劳动标杆"企业的工作任务，这样就能够保证战斗机所需的生产量。A.A.格列奇科表示同意……

研发"100"号的反对者中还包括苏霍伊设计局的工作人员：苏霍伊的副职E.A.伊万诺夫、项目总设计师H.Г.济林和E.C.费利斯涅尔，他们认为，T-4飞机不是设计局所擅长的领域。

在苏霍伊设计局，"100"号项目的反对者和拥护者分别被称作"黑方"和"白方"。C.И.布扬诺韦尔、O.C.萨莫伊洛维奇（见图1-78）、H.C.切尔尼亚科夫等可以列入"白方"。

▲ 图1-78 奥列格·谢尔盖耶维奇·萨莫伊洛维奇和列奥尼·伊万诺维奇·邦达连科查看"101"号飞机模型（1996年摄于莫斯科）
（伊利达尔·别德列特金诺夫供图）

П.О.苏霍伊去世后，Е.А.伊万诺夫成为设计局的总设计师，他对“100”号的态度在很大程度上使该项目走到了尽头。

“101”号飞机试验工作陷入无所事事的境地，所有的质询有如石沉大海，研制试飞工作最终不得不终止，所有专家也撤回莫斯科（证明 T-4 飞机试验结果的信函见图 1-79）。1976 年 1 月 28 日，苏联航空工业部发出第 38 号令（见图 1-80），“100”号项目的工作就此终结，而基于苏共中央委员会和苏联部长会议于 1975 年 12 月 19 日下发的№1040-348 决议，此命令意味着决定研发图-160 飞机。

1975 年，“101”号飞机被送往空军蒙宁诺博物馆永久停放（见图 1-81），并一直保留至今。“102”号飞机的一部分曾陈列于莫斯科航空学院的机库内，但后来被切割成块熔化了。部分完成组装的“103”号飞机也遭受到了同样的命运。1976 年，苏霍伊设计局呈报了 T-4 飞机开支的预算，按当年的价格竟有 13 亿卢布。上层一片哗然。但是这最后一点情感波动也不会给“100”号带来任何改变了……

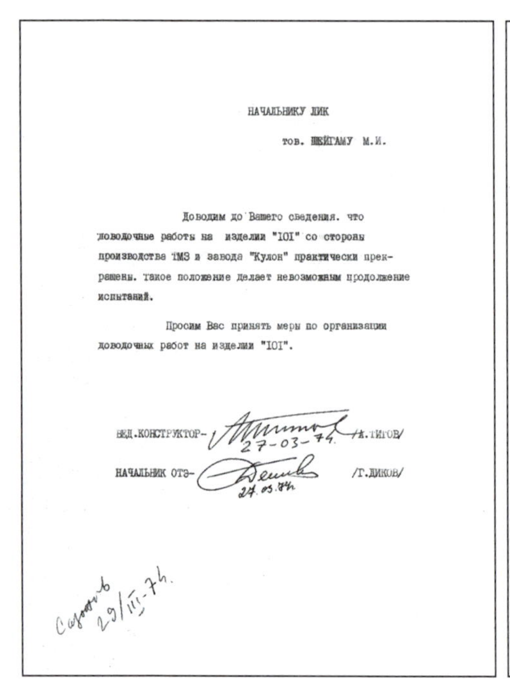

НАЧАЛЬНИКУ ЛИК

тов. ШЕЙГАМУ М.И.

Доводим до Вашего сведения, что доводочные работы на изделии "IOI" со стороны производства ТМЗ и завода "Кулон" практически прекращены. Такое положение делает невозможным продолжение испытаний.

Просим Вас принять меры по организации доводочных работ на изделии "IOI".

ВЕД.КОНСТРУКТОР- 27-03-74 /А.ТИТОВ/

НАЧАЛЬНИК ОТЭ- 27.03.74 /Г.ДИКОВ/

29/III-74

▲ 图 1-79　证明 T-4 飞机试验结束的信函原件
（亚历山大·季托夫档案室供图）

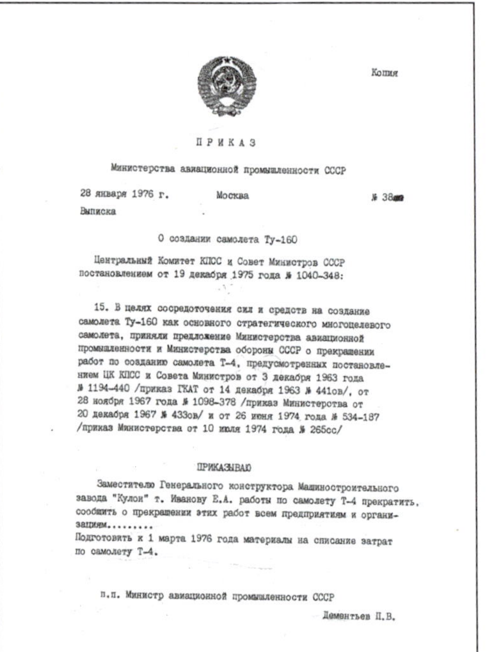

Копия

П Р И К А З

Министерства авиационной промышленности СССР

28 января 1976 г.　　Москва　　№ 38

Выписка

О создании самолета Ту-160

Центральный Комитет КПСС и Совет Министров СССР постановлением от 19 декабря 1975 года № 1040-348:

15. В целях сосредоточения сил и средств на создание самолета Ту-160 как основного стратегического многоцелевого самолета, приняли предложение Министерства авиационной промышленности и Министерства обороны СССР о прекращении работ по созданию самолета Т-4, предусмотренных постановлением ЦК КПСС и Совета Министров от 3 декабря 1963 года № 1194-440 /приказ ГКАТ от 14 декабря 1963 № 441ов/, от 28 ноября 1967 года № 1098-378 /приказ Министерства от 20 декабря 1967 № 433ов/ и от 26 июня 1974 года № 534-187 /приказ Министерства от 10 июля 1974 года № 265сс/

ПРИКАЗЫВАЮ

Заместителю Генерального конструктора Машиностроительного завода "Кулон" т. Иванову Е.А. работы по самолету Т-4 прекратить, сообщить о прекращении этих работ всем предприятиям и организациям.........
Подготовить к 1 марта 1976 года материалы на списание затрат по самолету Т-4.

п.п. Министр авиационной промышленности СССР

Дементьев П.В.

▲ 图 1-80　1976 年 1 月 28 日№38 号令副本
（俄罗斯国防部中央档案馆供图）

▲图 1-81 停放于蒙宁诺博物馆的 T-4 飞机（摄于 1995 年夏）
（伊利达尔·别德列特金诺夫供图）

第2章 工厂生产

2.1 图希诺机械制造厂

20世纪60年代初，图希诺机械制造厂拥有业务高度熟练的工人和工程技术人员团队、先进的生产基础设施。这些条件在很大程度上决定了上层领导会选择在图希诺机械制造厂制造试制批T-4飞机。

1964年，图希诺机械制造厂与苏霍伊设计局一同展开新飞机的生产准备工作。当时担任厂长的是Л.П. 索科洛夫，В.П. 波鲁宾诺夫斯基任总工程师，Ю.Я.赫里斯托耶夫任总工艺师，Б.И.杜克辛-伊万诺夫任总冶金师，П.С.阿法纳西耶夫任总焊接师，В.Г.瓦西连科、И.А.杰格佳列夫任副厂长，Е.И.马斯洛夫、М.Н. 瓦斯特里科夫任生产主任，И.К. 兹韦列夫、В.Д. 萨佩金任副总工程师（见图2-1和图2-2）。

由于T-4飞机的飞行速度，“100”号飞机机体的某些部位温度可达300℃，在这种情况下，对材料和结构的要求是强度不能降低、且能补偿由于结构受热不均而引起的热应力。这就促使了新型不锈钢、耐热钢、钛合金和大批新型非金属材料、油漆以及黏胶的大范围使用。

由于在焊接时形成了一些随机开裂，航空工艺科学研究院和全苏航空材料科学研究院在图希诺机械制造厂共同开展了钛合金的精加工工作，必须除去钛中的有害杂质（氧、氮、氢、磷和硫）。

А.В.巴兰诺夫、В.И.瓦西里耶夫、И.И.祖耶夫、И.Д.纳哈布采夫、В.Д.普列夫拉杜辛、Г.Т.库林琴科、Р.И.罗加乔娃、Н.Т.马哈尔托夫、Е.丘克洛夫、В.Н.卡普斯京、Н.М.什瓦尔茨、Н.Н.玛琳娜和А.А.邦达列夫等图希诺机械制造厂的工程师们从事了新材料研究的基础工作。

（a）　（b）　（c）

▲ 图2-1　图希诺机械制造厂时任部分领导
（a）厂长Л.П.索科洛夫（图希诺机械制造厂供图）；
（b）副总工程师И.К.兹韦列夫（伊利达尔·别德列特季诺夫供图）；
（c）总工艺师Ю.Я.赫里斯托耶夫（图希诺机械制造厂供图）

（a）　（b）　（c）

▲ 图2-2　图希诺机械制造厂部分专家
（a）总冶金师В.И.杜克辛-伊万诺夫；
（b）总焊接师Р.С.阿法纳西耶夫；
（c）Т.И.卡扎凯维奇
（图希诺机械制造厂供图）

图希诺机械制造厂吸纳了众多专家，以便缩短制造时间，并根据其现有的设备合理地进行生产准备。此外，还按照设计局项目总设计师Н.С.切尔尼亚科夫的倡议，与多个从事工艺加工的研究院所共同确定必要的科研工作范围。

自1964年底开始，总工艺师部的专家Р.Ф.法列叶娃、Б.В.博尔博特、Л.А.瑙莫夫和总冶金师部的专家П.С.阿法纳西耶夫、В.В.格林宁与设计局21部一起参与了结构工艺方案的制定，以便于在设计过程中能考虑图希诺机械制造厂现有的能力，并确定研究院所科研工作和未来工艺加工试验工作的方向。

根据图希诺机械制造厂开展的联合工作的结果，编制了标准设计工艺方案图册，它得到了图希诺机械制造厂总工程师和T–4总设计师的批准，并成为编制技术任务书的基础。技术任务书编制完毕后，便提供给图希诺机械制造厂设计部、各协作企业和航空研究所。

自航空工业部部长В.П. 杰缅季耶夫颁布法令后，根据Ю.Я. 赫里斯托耶夫的建议，确定了大型基础（主要）工装清单。用于装配、焊接和技术设备的装备和夹具工装均已按照年轻设计师Ю.Я.赫里斯托耶夫提议的“积木”原理实现了标准化，也就是说，可以快速拆卸一台设备并将其改装成另一台设备。此项工作由Б.А. 赫罗皮科领导的航空工艺科学研究院的设计师团队和图希诺机械制造厂的18部共同完成（机身焊接装置和纵向焊缝接台分别见图2–3和图2–4）。

▲ 图2–3　机身焊接装置
（图希诺机械制造厂供图）

▲ 图2–4　纵向焊缝焊接台
（图希诺机械制造厂供图）

勒热夫机床制造厂从苏联航空工业部承接了制造（用于点焊、滚焊以及熔焊的）自动焊接设备的订单，图希诺机械制造厂很快就拥有了新的АДСВ–6机床。

根据航空工艺科学研究院的方案，图希诺机械制造厂定制了用于中翼焊接的加工车床和特种转台。

两年里，图希诺机械制造厂与中央空气流体动力学研究院及苏霍伊设计局一直在共同寻求中翼、机身和机翼试验舱的最佳结构(机身油箱外部及内部结构见图2–5和图2–6)。

▲ 图 2–5　机身油箱试验件
（图希诺机械制造厂供图）

▲ 图 2–6　机身油箱内部结构
（图希诺机械制造厂供图）

1966 年，根据航空工业部部长的指令，在图希诺机械制造厂成立了技术委员会，着力解决在 T–4 飞机生产准备过程中所出现的问题。其成员包括图希诺机械制造厂В.П. 波鲁边诺夫斯基、И.К. 兹韦列夫、Ю.Я. 赫里斯托耶夫；苏霍伊设计局Н.С.切尔尼亚科夫、А.А.维谢洛夫；苏联航空工业部Э.В.利塔列夫；

航空工艺科学研究院C.И.列斯宁;全苏航空材料科学研究院Я.М.波塔克、С.Г.格拉祖诺夫、Е.А.鲍里索娃、В.П.巴特拉科夫和Л.Я.古尔维奇等人。

1967年,图希诺机械制造厂首批T-4飞机验证机图纸进厂。与此同时,工厂还研制了(用于长度不超过7m零件的)表面抛光装置,实现了用于生产大尺寸焊接结构(零件不超过6m)的焊接设备和夹具的现代化改装,修改了机械加工和切割的工艺程序。总之,图希诺机械制造厂的所有机械加工机床都围绕钛合金进行了现代化改装。П.В.茹拉夫廖夫、С.П.马尔琴科夫、А.И.科洛米耶茨以及В.И.瓦瓦金等人参与了这项工作。

在部长Т.И.卡扎凯维奇(见图2-2)和副部长Ю.И.阿利什塔德特的领导下,图希诺厂新技术室完成了大量的工作,其中包括机械化设备的设计、程序设计、科研工作、冲切等。

图希诺机械制造厂和苏霍伊设计局共同编制了计划网络图,将规划工作的顺序进行优化调整,以节约工作时间、降低成本等。

图希诺机械制造厂完成了全部机床的自动化,并对工序和操作进行程序设计,研制了可用光电法从试样台读取零件参数的车床,以及数控仿型铣床。程序控制实验室主任М.С.阿鲁琼尼扬、设计局局长В.И.伊什尼克等人在制造厂解决了这些问题。

此外,图希诺机械制造厂还联合全苏航空材料科学研究院的Г.Л.霍达罗夫斯基共同研发了一系列独创的工艺流程:使用研究院Л.Н.皮沃瓦罗娃和Е.А.鲍里索娃研制的钛合金铸造毛坯(在加热前涂覆特殊绝缘层或在常规介质炉中加热);在国产数控机床上广泛采用钛合金和不锈钢制板、框、梁加工的程序;研发以磁带为载体的程序计算和记录设备;进行钛合金和不锈钢制叶状零件酸洗和化学铣切;制造钛合金和不锈钢制的薄壁管材(苏霍伊设计局的А.И.富尔曼从事该工作),并在装配条件下对其进行焊接和电焊;使用金刚石工具和设备进行焊接点边缘抛光;制造用于前、侧、后机身以及中翼和机翼装配(见图2-7和图2-8)和焊接的带内部焊接设备的标准型架;在真空热处理炉中对钛合金型面和面板进行热处理和热定型(热矫正);按步距移动附件或焊接设备对型面、外壳和面板进行自动点焊;对附件纵向和环形焊缝进行自动焊接;使用跟随系统对非标准圆形的横向环形焊缝进行自动焊接;在焊接前拉伸零件并采用穿透焊接的方法对T形型面进行自动焊接;制造用于燃油系统、液压系统、电气无线电系统及其他系统研制和检查的全套试验、检测设备。

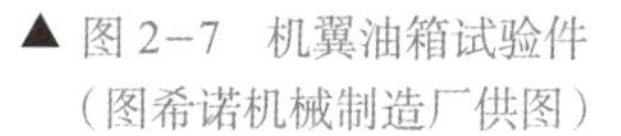

▲ 图 2−7　机翼油箱试验件
（图希诺机械制造厂供图）

▲ 图 2−8　机翼
（图希诺机械制造厂供图）

图希诺制造厂进行了工厂改建，建成了一个独一无二的面积为 15 000m² 的热电综合体，能够加工长达 10m 的零件。机械车间的面积增加了 1 倍，冲压车间、附件装配车间、机身机翼装配车间的面积增加了 0.5 倍。改建组组长H.T.阿罗夫和土木工程师B.B.普里索夫积极参与其中。

业内的科研院所（航空工艺科学研究院、全苏航空材料科学研究院、全苏轻合金研究所等）、巴顿焊接研究所、全苏工具（金刚石）科学研究所以及全苏航空工业部技术总局的其他科学技术单位参与完成了以上及其他工作。

在参与这些工作的单位职员中，值得一提的有全苏航空工业部技术总局局长Г.M.科舍列夫、副局长Ю.M.布拉利斯基，航空工艺科学研究院总工程师H.M.维德科尔及其副院长Б.H.罗曼诺维奇，萨韦利耶夫厂厂长И.A.潘科夫及该厂的总工程师A.H.基谢廖夫，勒热夫厂厂长M.П.库列肖夫及该厂总工程师B.П.萨尔丘克等人。

2.2　“海燕”机械制造设计局

1965 年，KБ−82 设计局从图希诺机械制造厂（苏联航空工业部 1309 号企业）中分离出来成为独立的 4705 号企业（自 1967 年更名为“海燕”机械制造设计局），并帮助苏霍伊设计局研制 T−4 飞机及其附件和台架试验件的结构和工作图纸，进行试制批的生产，并在图希诺机械制造厂生产飞机样机时进行设计跟踪。项目总设计师A.B.波托帕洛夫再次被任命为该企业负责人(见图2-9)。

▲ 图2-9 A.B.波托帕洛夫
(“海燕”机械制造设计局供图)

在同苏霍伊飞机设计局和图希诺机械制造厂开展联合工作的第一阶段,“海燕”机械制造设计局成立了专门从事飞机课题的КБ-1设计局,汇聚了从企业中挑选出来的近100名业务能力最强的设计师。两年后由于设计工作范围的扩大,这一数量实际上已翻倍,人员主要来自定向培养莫斯科齐奥尔科夫斯基航空工艺学院夜学部、图希诺机械制造厂中等技术夜校的高年级大学生和中学毕业生。

项目副总设计师马克西姆·格里戈里耶维奇·奥尔洛和主管设计师鲍里斯·伊万诺维奇·梅尔兹利亚科夫领导该设计团队,后者在权利上相当于前者的副手——首席设计人员按技术任务书的不同项目完成设计文件并发放时,他们进行技术指导。

首先,确认了“海燕”机械制造设计局的工作范围,并拟定了工作清单和完成日期。然后再根据双方协调一致的文件制定计划网络图,这样无论是在编制设计文件时,还是在器材生产和试验时,都可根据网络图进行组织和检查工作。在苏霍伊设计局生产T-4飞机时,网络规划和管理系统首次应用于航空工业领域。负责人是苏霍伊设计局的Д.Н.博布雷舍夫,以及“海燕”机械制造设计局的Е.Л.塔塔尔斯基。

当时航空业内还缺乏全焊接结构、“热”密封舱的生产经验,因此,决定由苏霍伊设计局牵头,和生产T-4飞机的图希诺机械制造厂共同研制机身舱段、发动机舱和机翼的结构工艺方案。在“海燕”机械制造设计局设计师的参与下,这一工作在短期内得以完成,加快了图希诺机械制造厂的生产准备。

“库伦”厂和图希诺机械制造厂主管工艺师专家,在领头企业苏霍伊设计局设计部部长基里尔·亚历山大洛维奇·库里扬斯基和强度部部长谢尔盖·瓦西里耶维奇·奇明诺夫的技术指导下,研制了主要受力部件——框、板等的结构以及各舱段总图。

后来,这一团队通过额外招募“海燕”机械制造设计局的设计师得以壮大,并开始了发图工作，而团队的领导人由主管设计师А.И.泽姆布拉托夫担任。

首批验证机机身、发动机舱和油箱挂梁工作图纸的编制和发放完全由И.М.克洛奇科夫所领导部门的设计师们来完成，而强度计算由В.М.列别杰夫所在部门的专家们来完成。

考虑到结构的新颖性，苏霍伊设计局制定了庞大的地面试验计划，"海燕"机械制造设计局为实现这一计划做出了巨大的贡献。

В.М.特罗伊茨基、В.И.格里申、О.Н.奥霍特尼科夫、А.С.尼洛夫、Н.И.穆拉维耶夫在苏霍伊设计局主管设计师Ю.В.奥斯塔波夫（中翼）、Б.М.拉宾诺瓦奇（机翼）和Ю.А.里亚贝什金（机身）等的直接技术领导下完成了图纸绘制，强度计算，试验大纲编制，还有一系列试验舱、钛制承力紧固面板、机翼和进气道（见图2–10），以及单面紧固件的结构试验工作。

此外，"海燕"机械制造设计局的设计师们还设计了布局、结构受力原理图，以及发动机控制系统、进气道调节机构控制系统、测量系统的原理图和安装图。发放了用于调试进气道起降性能的动力装置验证机试验台的工作图纸。

▲ 图2–10 飞机进气道部分的试验结构
（"海燕"机械制造设计局供图）

还研制和生产了飞机的附件和系统，并在台架上进行了试验：

——动力装置模型，装配了2个克里莫夫厂生产的、比例为1∶3的ТВ2–117直升机发动机，在中央航空发动机制造研究院的Ц1А试验台上对进气道在跨声速和超声速条件下的飞行性能进行调试；

——СВ–100，用于进气道自动调节系统调试的试验台；

——ПУ–45—Х–45导弹发射装置，同时作为振动应力作用条件下导弹发射安全性调试台；

——位于图拉耶夫的隔热屏热试验台；

——平尾和副翼等的试验台。

在进行T-4飞机结构方案设计工作的同时，"海燕"机械制造设计局还在苏霍伊设计局主管专家的领导下进行了原理图、布局的设计，以及电气无线电设备、测量系统的装配和安装图纸的发放工作。弗拉基米尔·亚历山大洛维奇·卡尔尼洛夫主管的设计部专家们完成了此项工作。

接下来，在新组建的由Л.И.科尔奇克和А.И.捷普洛夫领导的专业部门和首架飞机测量系统的使用保障部门集中进行了测量系统的工作，以及后续架次飞机的设计文件的发放工作。在这些工作中做出较大贡献的设计师有О.А.戈良尼茨基、М.Ф.萨夫龙诺夫、А.В.杜纳耶夫、М.С.阿鲁琼尼扬、В.И.科瓦廖夫、Ю.А.阿里莫夫、Г.Г.克留奇科夫和В.С.科罗廖夫等。此外还开展了大量的试验台电气设备、动力装置模型、动力装置验证机的研制工作，及"椭圆体（ОВАЛ）"的科研工作。

部门设计师们在伊尔-18飞机的基础上组建空中试验台，并编写了相关的技术文件。该空中试验台用于调试无线电技术设备，在В.М.米亚西谢夫试验机械制造厂组建完成。

T-4作为侦察机使用时，专业设备应当置于吊舱内。В.С.戈洛弗列夫、В.Б.杰什金、Б.С.克利缅科夫、В.И.库拉科夫、Ю.Г.穆什卡列夫、С.М.杜尼杜科夫、В.И.巴维洛夫斯基、Е.В.拉扎列娃、Г.Л.卡利库塔、В.В.伊格纳托娃和В.Ф.萨哈罗娃等设计师完成了吊舱布局、装配图纸、吊舱和舱内设备的实验模型图纸的设计工作。

КБ-1设计局的А.В.茹奇科夫、Ю.П.耶利谢耶夫、В.И.库利科夫、Р.Д.万丘林、Ю.С.古罗夫、Н.К.道托维姆、И.Г.津科夫斯基和А.Я.沙罗夫等设计师完成了吊舱结构和舷窗保护舱门机构的研制工作。

随着标准件生产和研制工作的展开，项目副总设计师比尔·格奥尔吉耶维奇·库克索夫和部门领导德米特里·米哈伊洛维奇·霍列夫率领的各部门光电设备专家为T-4飞机做了大量工作，他们保证了生产设计跟踪，后续积极地参与了在航空系统科学研究院（НИИАС）进行的机载设备综合调试工作。

1965年，"海燕"机械制造设计局雷昂纳多·尼古拉耶维奇·谢利万诺夫所主管的理论室专家们参加了在苏霍伊设计局进行的计算理论和研究工作。

1968年，当首批试验机的生产工作在图希诺机械制造厂全面铺开时，牵头企业的设计跟踪小组连图希诺机械制造厂的生产问题都无法保证有效地解决，更别谈及时修改设计文件了。项目总设计师H.C.切尔尼亚科夫和A.B.波托帕洛夫(见图2-9)决定在“海燕”机械制造设计局成立图希诺机械制造厂生产设计跟踪部门，由主管设计师康斯坦京·尼古拉耶维奇·季托夫领导，后来主管设计师维塔利·伊万诺维奇·波克热夫尼茨基接管工作，直至1975年工作完全结束。他们为该部门的建立开展了大量的工作，并为图希诺机械制造厂提供工作设计文件，有效解决生产中发生的问题。新部门的主要任务是研制用于生产标准型飞机的全套设计文件，并编制了大量的初步文件。

1970年，成立了综合设计小组，负责在飞行试验研究院跟踪“101”号飞机的试飞，弗拉基米尔·伊里伊奇·维诺格拉多夫担任小组领导，其主要任务是在试飞过程中有效提供设计文件和实施设计变更。此外，在Л.И.科尔奇科、О.И.奥霍特尼科夫、О.А.戈良尼茨基、В.С.科斯左夫和Ю.И.阿利莫夫等专家的领导下，在试飞过程中还研制了监控记录系统，测量了温度动、静载荷并对其结果进行了分析。

除了T-4飞机的设计工作，“海燕”机械制造设计局还制造了大量用于地面试验的试验件、紧固件、模型和试验台(其中包含前面提到的МСУ、СВ-100)，并为实验室试验工作提供生产保障。

在项目副总设计师沙亚(亚历山大)·达维多维奇·戈利什德恩的领导下，通过试制的方式掌握了蜂窝式钎焊钢结构的工业生产方法，为了将这些结构广泛应用到T-4飞机进气道中还开展了工艺准备工作。此外，制造了带调节板的进气道全尺寸试验件。

阿斯科利德·伊万诺维奇·延多古尔领导的部门从事蜂窝式钎焊结构研制的设计和试验工作。М.Я.戈芬、Э.Л.丘叶娃、В.И.库利科夫和A.穆济卡等设计师做出了主要贡献。

对于此前并没有飞机研制工作经验的“海燕”机械制造设计局的设计师和其他专家而言，和苏霍伊设计局在T-4飞机项目上开展的共同工作是其成长为高水平专家(设计师、技术计算员、工艺师、试验员等)的宝贵经历。正是得益于此，后来成立了能够设计出更完美结构的、具有创造力的设计团队，这在研制“暴风雪”号航天飞机时得以证实。

第 3 章 T-4 飞机技术性能描述

3.1 气动布局

T-4 飞机的气动布局为鸭翼布局。采用大长细比机身、垂直尾翼、可弯折机头（在亚声速飞行状态下、空中加油时以及起降阶段可改善飞行员在座舱内的视野）；翼面为带拐折三角翼，前三点式起落架。

动力装置为 4 台 RD36-41（РД36-41）发动机，安装于翼下发动机短舱中，称之为“组合式布局”，能够降低飞机的气动阻力，并利用发动机短舱与机翼间的有利干扰来获得更高的升阻比（见图 3-1）。

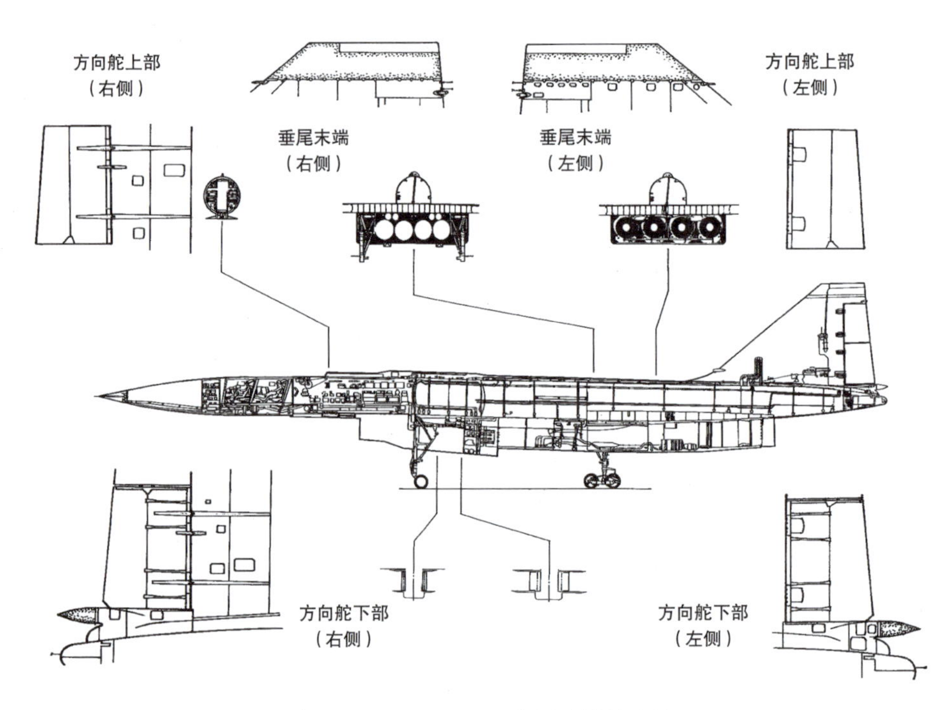

▲ 图 3-1　T-4 飞机布局图（侧视图）
（尼古拉·戈尔久科夫供图）

飞机的纵向操纵通过升降副翼和鸭翼实现，横向操纵通过升降副翼实现，航向操纵通过方向舵实现。在起降阶段，鸭翼与升降副翼协同作用。在其他状态下，鸭翼则主要用于飞机的纵向配平。

得益于研制阶段开展的大量气动性能研究，T-4飞机具有优异的超声速和亚声速性能。尤其是为了选择机翼的最佳形状，开展了大量工作，通过对机翼平面形状的设计，保证了亚声速向超声速飞行状态转换时飞机焦点偏移量较小[①]。

同时还对各种翼型进行了研究，并从中选取适合T-4的翼型，其中最能够满足要求的是Y5尖端翼型，在现有相对厚度为2.74%的条件下，其超声速阻力最小。

为了获得需要的亚声速性能，翼尖采用了上弯处理，使得尖端翼型在亚声速状态下的升阻比较普通翼型提高了近一个单位，亚声速状态下的飞行技术性能也得到了显著改善。通过机翼中心面形变和绕流研究得到了翼尖上弯机翼的数据。

根据获得的结果，1969年，帕维尔·奥西波维奇·苏霍伊与纳乌姆·谢苗诺维奇·切尔尼亚科夫决定对已基本完工的飞机的翼尖进行改进。

升降副翼在亚声速飞行状态下偏转会影响飞机升阻比的提高。当升降副翼的偏转角度较小（约5°）时，可以最大程度提高升阻比，升阻比又会影响飞行时的航程。

T-4的升降副翼不仅可用于提高升阻比，还可作为横向和纵向通道控制机构、配平机构和同步下偏机构。下偏是飞机控制中的新技术，可在执行所有其他控制功能的同时提高升阻比。

在选择T-4机翼布局时还有一项单独的工作——对可偏转翼尖的研究。翼尖下偏会对航向稳定性产生影响，还能改善气动弹性性能。然而，由于T-4飞机的翼型较薄，所以未安装可偏转翼尖。

为减小跨声速包线范围内以及飞行马赫数$Ma > 1$时的飞机阻力，在设计飞机几何外形时采用了飞机横截面的面积律设计。

[①]译注：当飞机从亚声速向超声速过渡时，焦点向后移动，这将导致飞机失去平衡，而通过翼型的选择能够减少配平损失。

在研制“100”号飞机的气动布局时，其抖振问题尤其受到关注。在苏-9空中试验台上采用丝线法以及压力传感器对机翼绕流进行了研究，从获得的数据能够弄清，该现象在何种状态下会对T-4飞机造成影响。

在进行飞机研制时，在发动机进排气系统的研究上投入了特别多的精力，包括发动机短舱及其布置、进气道和喷口。

苏霍伊设计局与中央空气流体动力学研究院首次在国内应用中为T-4飞机研制了自起动混合压缩式超声速可调进气道，其计算马赫数 Ma=3。该型进气道可以在整个马赫数范围内保证较高的总压恢复系数。同时还研制了混合压缩式进气道程序调节系统、可调超声速喷口（能在整个飞行包线范围内保证较高的有效推力）、从附面层（在进气道前与机翼下表面融合）向发动机提供冷却空气的系统。

得益于较小的纵向稳定性裕度和较大的鸭翼，T-4飞机的气动布局可保证飞机纵向配平升阻比较大。T-4飞机详细布局图如图3-2所示，全视图如图3-3所示。

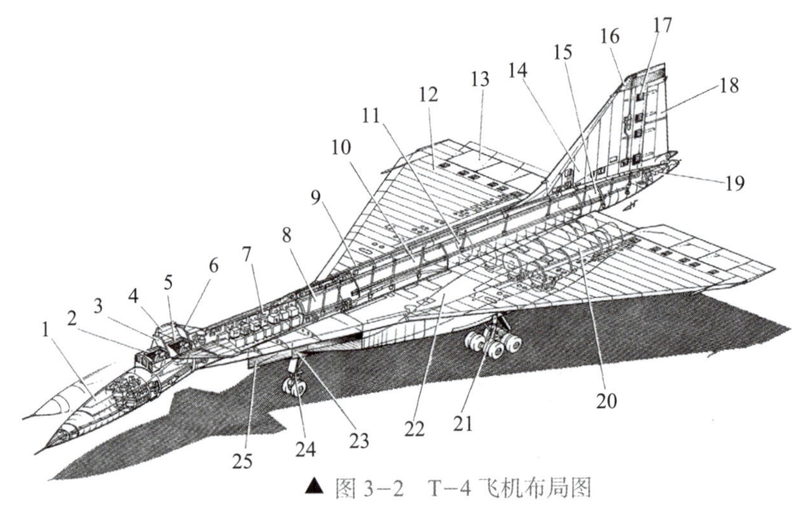

▲ 图3-2 T-4飞机布局图

1.可弯折机头； 2.前舱（飞行员）； 3.前舱折叠舱盖； 4.鸭翼； 5.后舱（领航员）； 6.后舱折叠舱盖； 7.无线电电子设备舱； 8.燃油箱舱（4Ф）； 9.纵向整流蒙皮； 10.燃油箱舱（5Ф）； 11.燃油箱舱（6Ф）； 12.外翼； 13.升降副翼段； 14.垂尾； 15.尾部油箱； 16.垂尾透波翼尖； 17.方向舵操纵助力器； 18.两段式方向舵； 19.减速伞装置； 16.垂尾透波翼尖； 17.方向舵操纵助力器； 18.两段式方向舵； 19.减速伞装置； 20.加力式涡喷发动机RD36-41； 21.主起落架支柱； 22.中翼； 23.进气道调节板； 24.前起落架支柱； 25.进气道垂直安装压缩斜板

（尼古拉·戈尔久科夫供图）

(a)

(b)

(c)

(d)

▲ 图 3–3　莫尼诺市博物馆中的 T–4 飞机全视图
(a)前视图；(b)1/3 前视图；(c)1/3 后视图；(d)右视图
（伊利达尔·别德列特金诺夫供图）

3.2　飞机工艺分段

T–4 飞机的工艺分段（见图 3–4）有利于在大规模批生产时进行飞机组装，有助于缩短飞机的制造周期。

飞机组成划分为附件、隔舱和壁板，使钻扩孔和铆接工作实现了最大程度的机械化。

由于在飞机结构中增加了钛合金及高强度钢材的用量，制造工艺流程与传统方式有很大的差别——焊接工作量增大。

飞机机体在工艺上划分为以下部分：机身、发动机短舱、机翼、鸭翼、垂尾、主起落架和前起落架。

机身部分划分为以下工艺段：可弯折机头、座舱、设备舱、中部油箱舱、尾舱以及减速伞舱。

机翼由中翼、2 个带有后缘增升装置的外翼、机翼左右前缘（边条）组成。

发动机短舱由前部（包括进气道斜板、辅助进气门、防喘进气口和进气道调节板）、下整流罩、中部（含油箱）、进气道结构以及发动机短舱尾部（下表面装有舱门，用于保证发动机的更换和维护）组成。

垂尾由垂尾中部、翼尖、背鳍和方向舵组成。

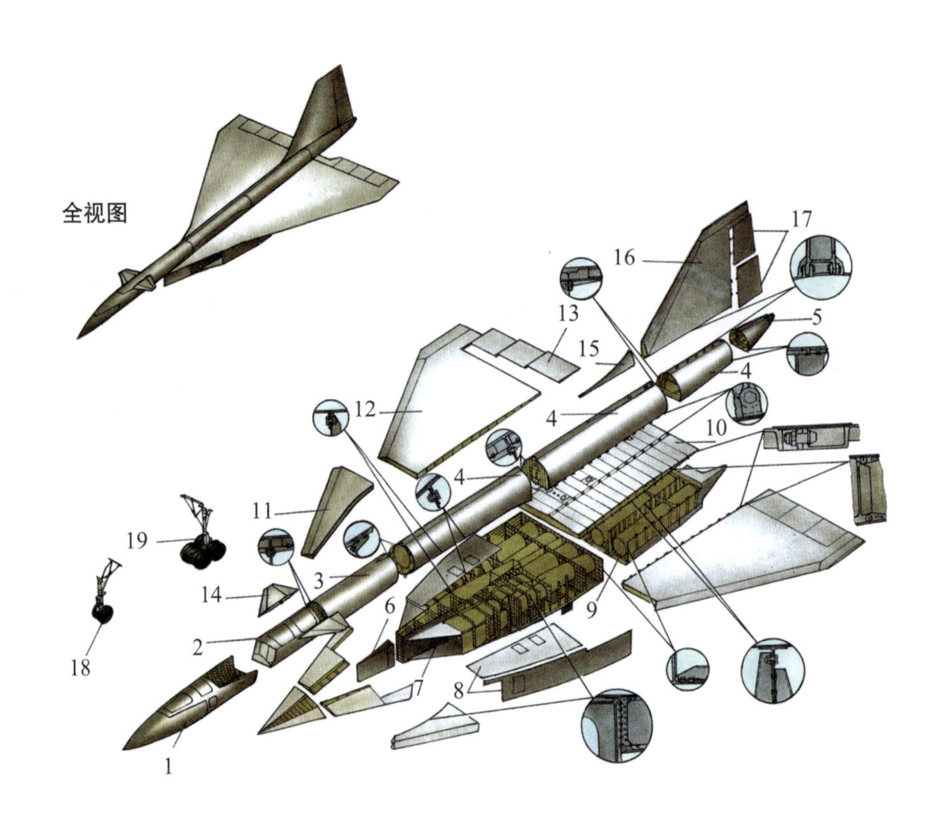

▲ 图 3-4　T-4 飞机工艺分段

1.可弯折机头；　2.座舱；　3.设备舱；　4.燃油箱舱段；　5.尾舱；　6.进气道斜板；　7.进气道；　8. 进气道调节板；　9.发动机舱段；　10.中翼；　11.机翼前缘；　12.外翼；　13.升降副翼段；　14.鸭翼；　15.背鳍；　16.垂尾；　17.方向舵段；　18.前起落架支柱；　19.主起落架支柱

（尼古拉 · 戈尔久科夫供图）

3.3 机身布局与结构

圆形截面机身为半硬壳式，由7个主舱段组成。在可弯折机头的透波整流罩下方安装有雷达天线和无线电电子组件，在整流罩端部安装有空速管。在可弯折机头座舱前壁前部安装有火控系统的驾驶导航组件机柜以及环控系统附件。

在前机身处安装有可弯折机头固定接头及其液压作动器。

在可弯折机头处计划安装空中加油管。

在座舱段上部串列安装着飞行员座舱和领航员座舱。座舱内安装有飞机控制机构、发动机控制机构以及瞄准和驾驶导航设备仪表。

设备舱和座舱的密封性通过在铆钉和螺栓接缝处使用密封胶来保证，工艺法兰盘对接处的密封性通过耐热密封垫来保证。

每个座舱都装有折叠舱门，用于应急离机和机组人员登机。

在座舱下部的舱室内安装有机组人员生命保障系统以及冷却和环控系统部件。在座舱下部的舱室内还安装有可弯折机头的悬挂接头。

机身横向构件由板形和拱形普通框及承力框构成。普通框由Z型截面的钛合金型材组成。座舱壁板的承力框为单壁板结构。作为密封舱壁板的隔框同样为带有加强承力构件的单壁板结构。

主要的飞机无线电电子设备安装在设备舱中（位于座舱后部）。为保证无线电电子设备在长时间超声速飞行中的工作性能，设备舱为密封式，整个舱表面涂敷耐热涂层。机身设备舱截面为直径2 000mm的圆形。

设备舱全长6 746mm。设备舱的横向构件由22个普通中间框构成，框间距为300mm。

在设备舱两侧分数层安放有综合无线电电子设备组件和飞机电气系统组件。大部分组件都分门别类地放置在单独的一层/两层/三层模块格架上，这样可以极大地减小无线电电子设备的安装重量和占据的机上体积。此外，将组件集中安装在格架上可以便于冷却空气集中冷却，同时还能缩短连接设备组件的线缆长度，达到减重的目的。

沿设备舱中部设置有“维护通道”，保证组件维护和更换时的可达性。

在设备舱上部沿对称轴线敷设有方向舵操纵钢索，下部两侧布置有环控系统部件和管路。设备舱中还安装有供氧系统的气化器。

大部分沿设备舱敷设的线缆都安装在设备舱底部两侧机柜的下方，大部分设备的模块格架都安装在机柜上。

“通道”顶部安装有电气系统组件。

环控系统的管路安装在设备舱下部两侧，隔热层的厚度为50mm。

设备舱中安装有无线电侦察系统组件、主动干扰雷达组件、红外定向仪组件、国籍识别设备、通信设备、飞机应答机组件、机载数字计算机组件、转换设备、动力装置控制组件、再生式自动记录器组件、自动检查系统组件、导弹控制设备组件、自动防滑装置组件以及进气道控制组件。此外，舱内还安装有部分雷达组件、天文惯性系统、近距和远程无线电导航系统。

机身工艺舱段4Φ，5Φ和6Φ为燃油箱舱。4Φ舱段为直径2 000mm的等直圆形截面，舱段前壁为球形，用于感受油箱余压。4Φ舱段的长度为9 750mm。5Φ舱段位于翼盒上方，底部平直。6Φ舱段的横截面与5Φ舱段相同，但几何尺寸较小。燃油箱之间通过管路连接。

在燃油箱舱的密封隔框处设有带密封盖的口盖，以保证油箱的维护性。

油箱上方为半圆柱形纵向整流蒙皮。蒙皮内安装有飞机的主要系统通道：电气系统和无线电电子系统的线缆、方向舵操纵钢索以及燃油系统管路。

后机身处为尾舱，舱内安装有四顶式减速伞装置。减速伞装置的舱门在放伞时向四周打开。

4台发动机组合安装在机身和中翼下方。

发动机短舱在工艺上被分为前后两部分。

发动机短舱前端为垂直安装压缩斜板，其左右两边装有可调进气门和进气道。前起落架舱设置在发动机短舱前部。在前起落架舱后部的两个进气道之间为设备舱，飞机系统部件安装其中。

在发动机短舱中部的两个进气道之间为消耗油箱。在发动机短舱中部两侧的中翼下方为左、右主起落架舱。主起落架舱门的活动方式使其在起落架支柱放下时也可关闭。

3.4 机翼结构与布局

T-4飞机的机翼（见图3-5）平面为三角形，前缘（见图3-6）弯折。翼型为对称翼型，相对厚度为2.7%。机翼性能参数见表3-1。

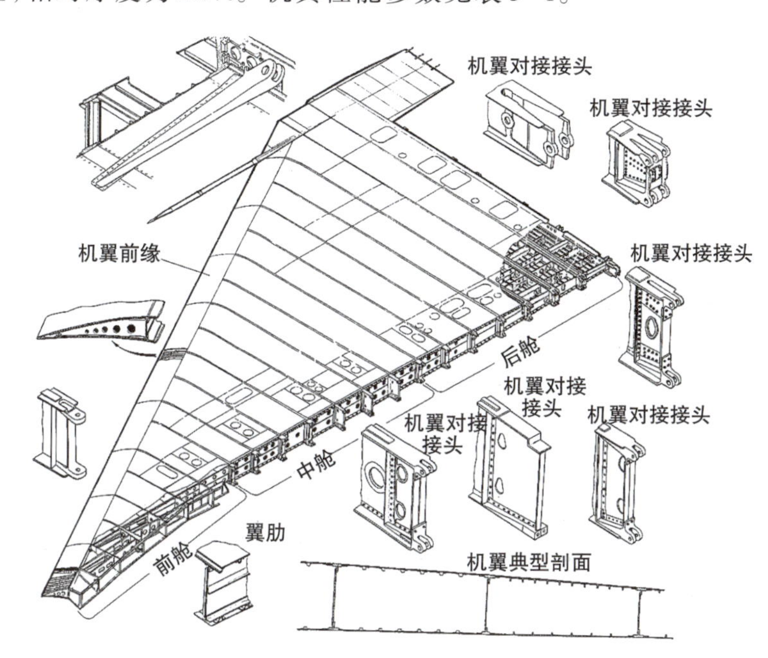

▲ 图3-5 机翼
（尼古拉·戈尔久科夫供图）

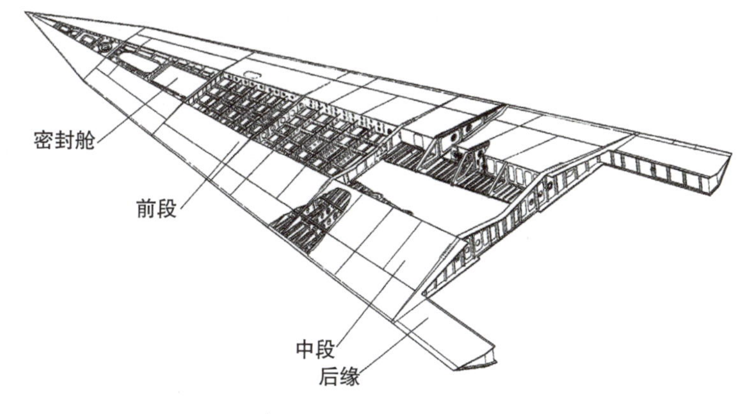

▲ 图3-6 机翼前缘
（尼古拉·戈尔久科夫供图）

表 3-1　机翼性能参数

参数名称	参数值
机翼总面积/m^2	295.7
展弦比	1.51
根梢比	6.86
翼型相对厚度/(%) ——翼根截面处 ——翼尖截面处	 2.35 2.74
升降副翼面积/m^2	22.09

机翼在工艺上被分为两部分：

——中翼；

——外翼。

中翼为多梁结构，横向构件（翼肋）密布，壁板作为蒙皮，由长桁支撑。

中翼分为两部分：

——密封的前部，用于安放燃油箱舱；

——非密封的后部。

燃油舱周围设有漏油检查和维修口。

中翼与外翼在承力梁组件部位采用螺栓对接，在壁板部位：上表面处采用对缝梳状接合板，下表面处采用承力带。

中翼上表面装有翼身对接接头，下表面装有主起落架固定接头和发动机短舱固定接头。

钢制主纵向承力梁为工字形截面。中间纵梁为桁架式结构，缘条为工字形截面。由 BHC-2 钢材制成的燃油舱上下壁板作为蒙皮，由长桁支撑。

中翼后部为非密封形式。非密封舱下表面经抛光处理，以提高其对工作发动机热量反射的能力。

每个外翼都由主段和前段组成，为焊接结构。外翼的构件由钛合金制成。外翼中不设燃油箱。

外翼结构采用两种类型的承力梁：

——整体模压式，工字形截面；

——带丁字形缘条的装配式。

非承力梁由截面为丁字形的缘条和壁板构成。

外翼段的上下壁板由蒙皮构成，蒙皮由紧密排列的长桁支撑。长桁与蒙皮通过接触电焊连接。

外翼的翼肋有整体模压式、拱形和板式。

外翼翼尖由两块壁板（由波纹板支撑）和翼肋构件组组成翼尖设置抗颤振配重（见图3-7）。

外翼的左、右升降副翼（见图3-8）均由3段构成，可上偏25°，下偏10°，每段都铰接悬挂于两点上，依靠液压作动器进行偏转。升降副翼的纵向构件由前梁和双壁组成，横向构件由紧密排列的翼肋组成。

苏霍伊设计局的研究表明，大后掠角薄型超声速机翼最合理的、能保证局部刚度的结构承力形式为多壁盒式结构，这种结构能承受弯曲、扭转和局部载荷。

上述机翼结构承力形式在正常温度和高温条件下均能保证强度和有效载荷。

▲ 图3-7　机翼抗颤振配重

（尼古拉·戈尔久科夫供图）

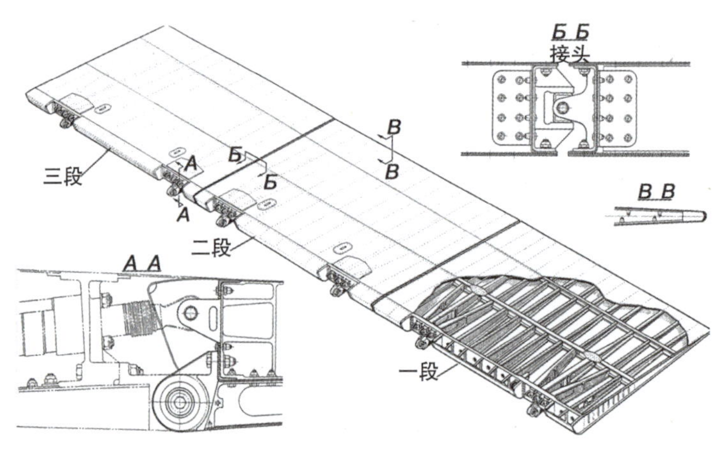

▲ 图 3-8　升降副翼
（尼古拉·戈尔久科夫供图）

3.5　垂尾结构与布局

飞机的垂尾部件平面形状为梯形，前缘后掠角为 51°，由垂尾和方向舵组成（见图 3-9）。方向舵按高度分为两部分，由安装在垂尾内的液压作动器控制。垂尾结构及性能参数分别如图 3-10 及表 3-2 所示。

▲ 图 3-9　垂尾
（伊利达尔·别德列特金诺夫供图）

液压作动器固定在垂尾的梁和方向舵的肋上。按结构承力方式来看，垂尾为多梁结构（见图3-11）。

垂尾和机身通过9根翼梁连接。垂尾翼梁为工字形截面，完全由钢材热压制成。部分翼梁由两部分组成：下部由钢材热压制成，上部由板、壁焊接而成。

方向舵上部和下部的结构相同。方向舵的骨架由翼梁、壁板、翼肋和翼尖组成。

垂尾中装有无线电电子系统的天线以及方向舵操纵系统的钢索和执行机构。

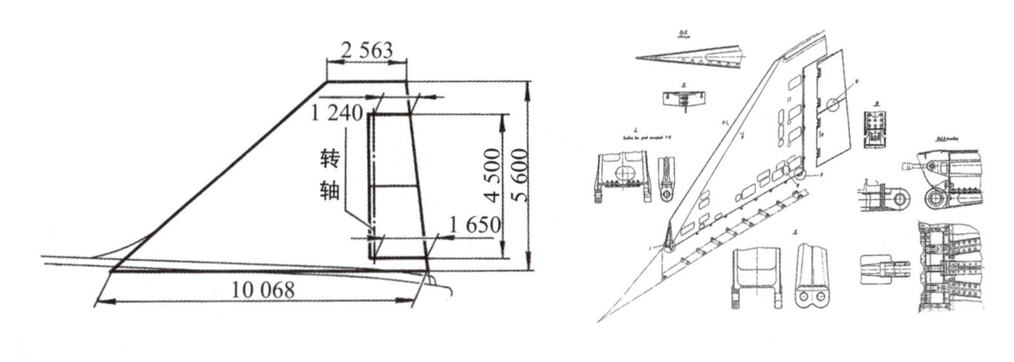

▲ 图3-10　垂尾结构-1

▲ 图3-11　垂尾结构-2

表3-2　垂尾性能参数

参数名称	参数值
垂尾面积/m^2	35
相对面积	0.135
展弦比	0.89
根梢比	3.92
翼型相对厚度/（%）： ——翼根截面处 ——翼尖截面处	 3.47 3.52
垂尾力/N	10.572
方向舵面积/m^2	6.5
方向舵相对面积	0.185
鸭翼前缘后掠角	51°20″

3.6 鸭翼结构与布局

飞机鸭翼(见图3-12)用于T-4飞机起降时的最优纵向配平以及平飞中升降副翼零偏时的配平,采用双余度电传操纵方式。

鸭翼平面形状为梯形,前缘后掠角55°(具体性能参数见表3-3)。鸭翼为全动式,直转轴,由可互换的左、右两个翼面组成。

鸭翼翼型为双梯形。每个鸭翼均由前缘、主盒段和后缘组成。中段由上壁板、下壁板、翼梁、翼肋、前墙和后墙组成。

▲ 图3-12 飞机鸭翼
(伊利达尔·别德列特金诺夫供图)

表3-3 鸭翼性能参数

参数名称	参数值
转动部分面积/m²	6.45
转动部分相对面积/(%)	2.27
展弦比	1.4
根梢比	4.38
翼型相对厚度/(%): ——翼根截面处 ——翼尖截面处	 5.42 4.73
鸭翼前缘后掠角	55°

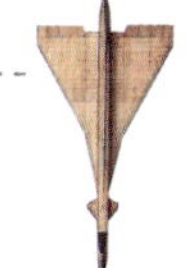

3.7 飞机起落装置

飞机起落装置为前三点式起落架（见图3-13 ~ 图3-15），适于在一级机场的混凝土道面使用。

主起落架支柱配备了装有4个刹车机轮的双轴轮轴架。每个机轮有2个轮胎。

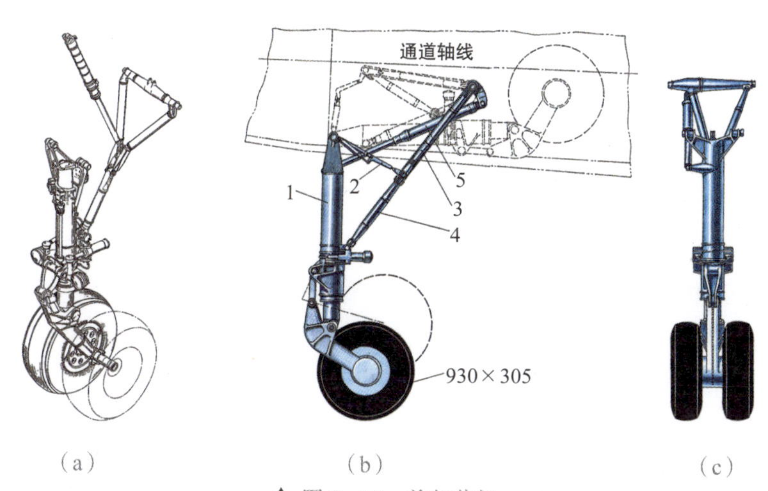

（a）　（b）　（c）

▲ 图3-13　前起落架

1. 减震支柱；　2. 上锁机构；　3. 上撑杆；　4. 下撑杆；　5. 作动筒

（尼古拉·戈尔久科夫供图）

（a）　（b）

▲ 图3-14　“101”号飞机前起落架照片

（伊利达尔·别德列特金诺夫供图）

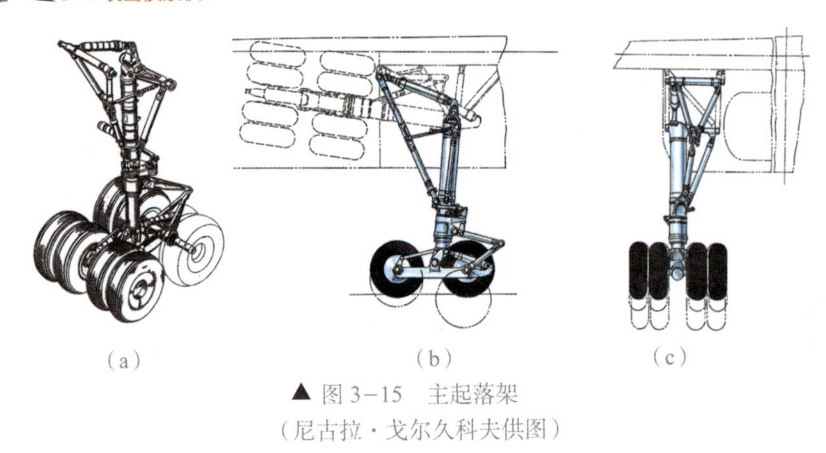

(a) (b) (c)

▲ 图 3-15 主起落架
（尼古拉·戈尔久科夫供图）

为了减小主起落架支柱(见图 3-16)在收起状态时占据的空间，采用了可将起落架轮轴架沿其支柱旋转 90°、后翻 70°的收起系统。

主起落架支柱的刹车系统具有通过液压系统驱动的主刹车装置、应急刹车装置和起动刹车装置。

为了缩短着陆滑跑距离，在飞机上安装了减速伞系统，该系统由 4 顶总面积为 100m^2 的减速伞组成。减速伞系统可在 280km/h 以内的速度下使用，效果良好。

(a) (b)

▲ 图 3-16 “101”号飞机主起落架支柱照片
（伊利达尔·别德列特金诺夫供图）

3.8 飞机发动机短舱结构

4台发动机的短舱悬挂于机身和机翼下(见图3-17)。发动机短舱在结构上分为前部和后部两部分布局图(见图3-18,几何特性见表3-4)。

▲ 图3-17 发动机短舱
(伊利达尔·别德列特金诺夫供图)

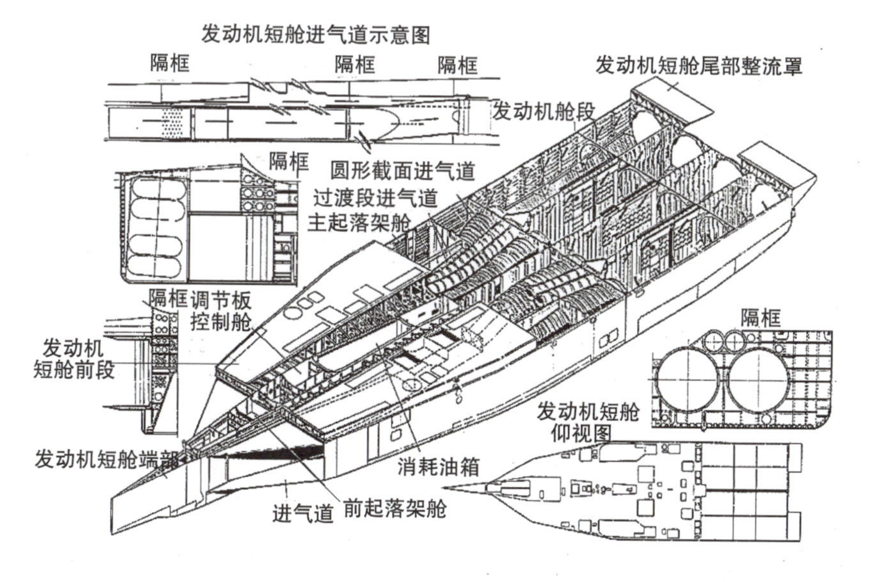

▲ 图3-18 发动机短舱布局图
(尼古拉·戈尔久科夫供图)

——前部，布置有进气道、设备舱、消耗油箱以及前起落架和主起落架支柱舱；

——后部，布置有4台发动机。

工艺上，发动机短舱前部分为以下工艺单元：分流器、进气道、进气门、隔框、上壁板和侧壁板、主起落架支柱固定接头；发动机短舱后部分为带有口盖的壁板（用于安装发动机）、侧壁板、防火隔板以及发动机固定接头。

表 3-4　发动机短舱几何特性

参数名称	参数值
距离翼弦平面的最大高度/m	1.9
最大宽度/m	6.4
至翼弦平面处的横截面积/m^2	10.6
发动机前的入口面积/m^2	2.52

发动机短舱与机身和机翼通过纵向承力墙、墙式隔框以及外形角材连接。发动机短舱开始于两个相互独立的、与机翼融合的进气道。截面为矩形的进气道入口被一块垂直安装压缩斜板（见图3-19）分隔。每个进气道（见图3-20～图3-23）的入口面积均可由活动板调节，以保证发动机在各状态下的稳定工作。

在发动机短舱尾部的发动机舱段入口之前，每侧进气道又分出2个截面为圆形的风道。

发动机短舱外部由上壁板、下壁板和侧壁板组成。每块壁板均由蒙皮构成，蒙皮由纵向（П形截面长桁）和横向（隔框）构件支撑。发动机舱段内只有横向构件——隔框。发动机短舱下壁板附近有2根翼梁，翼梁在发动机短舱前部合二为一。

▲ 图 3-19 “101”号飞机进气道前部(进气道中间为垂直安装压缩斜板)
(伊利达尔·别德列特金诺夫供图)

▲ 图 3-20 左侧进气道附面层吸除整流罩
(伊利达尔·别德列特金诺夫供图)

▲ 图 3-21 两个中间进气道附面层吸除整流罩
(伊利达尔·别德列特金诺夫供图)

▲ 图 3-22 "101"号飞机右侧进气道
（伊利达尔·别德列特金诺夫供图）

▲ 图 3-23 放气舱门(图中文字意为进气道)
（伊利达尔·别德列特金诺夫供图）

在发动机短舱上壁板和进气道上部设有辅助进气门。在发动机短舱(见图 3-24)下部有 4 个防喘口。发动机冷却通道与进气道上部相接。

空气通过位于发动机短舱上壁板的辅助进气门和发动机冷却通道输送。

带有安装接头的前起落架支柱舱位于发动机短舱前部的可调垂直板之

间。前起落架支柱的安装接头位于起落架舱的侧壁板上，侧壁板同时也是发动机短舱与机身连接的悬挂壁板。整流罩在发动机短舱前下部，结束于进气道附面层吸除系统的排气孔处。

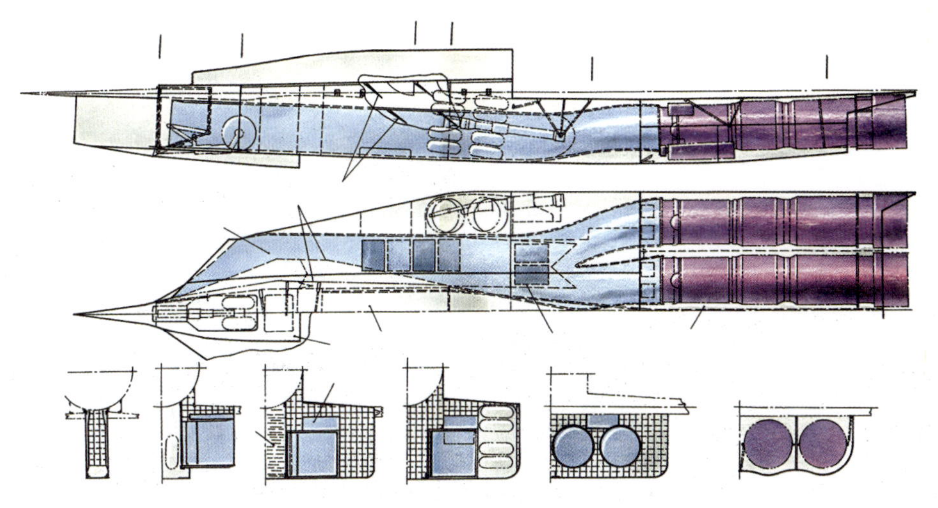
图 3-24 发动机短舱截面图(尼古拉·戈尔久科夫供图)

燃油系统的消耗油箱位于发动机短舱中部。

主起落架支柱舱位于发动机短舱侧壁板和进气道之间。

在发动机短舱中，发动机通过拉杆和框架与机翼下部和沿发动机短舱对称轴线布置的纵向承力墙连接。发动机的安装在发动机短舱下壁板口盖取下时进行。

发动机短舱为焊接结构。壁板、蒙皮、长桁、隔框的材料为钛合金与钢材，翼梁和前起落架支柱固定接头的材料为钢材。

进气道的平直壁板由标准铣切板制成，型材焊接于铣切板的筋条上。

进气道在消耗油箱和发动机短舱下表面处的结构为双壁式，而在其他部分，进气道由蒙皮与钛合金型材构成。

3.9 可弯折机头

可弯折机头(见图 3-25 和图 3-26)能保证飞行员在飞机起降时和飞行速度不大于 700km/h 时所需的视野。机头的上仰和下俯由旋转作动器通过减速器和2个液压马达来实现，其构件和偏转示意图分别如图3-27和图3-28所示。机头在地面和空中的上仰和下俯时间不超过15s。

试验时，为了在机头上仰状态下改善飞行员座舱的视野，专门安装了可以在600km/h速度以下使用的潜望镜。

▲ 图3-25 可弯折机头

（伊利达尔·别德列特金诺夫供图）

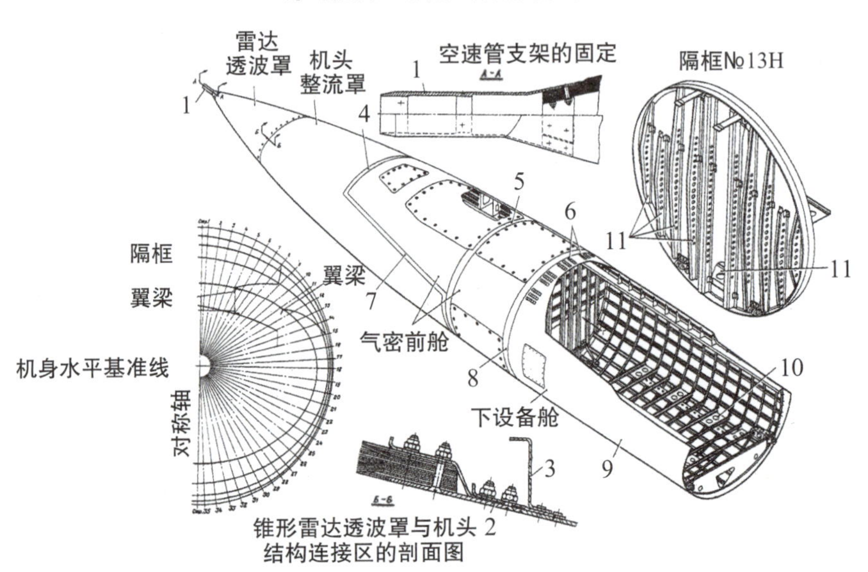

▲ 图3-26 可弯折机头结构

1.空速管支架； 2.机头后部加强边； 3.头部整流罩隔框； 4.头部隔框№ 1H；
5.隔框№9H； 6.冷却空气排气口； 7.固定带； 8.隔框№13H； 9.下设备舱蒙皮；
10.下设备舱孔板； 11.铣切承力梁

（尼古拉·戈尔久科夫供图）

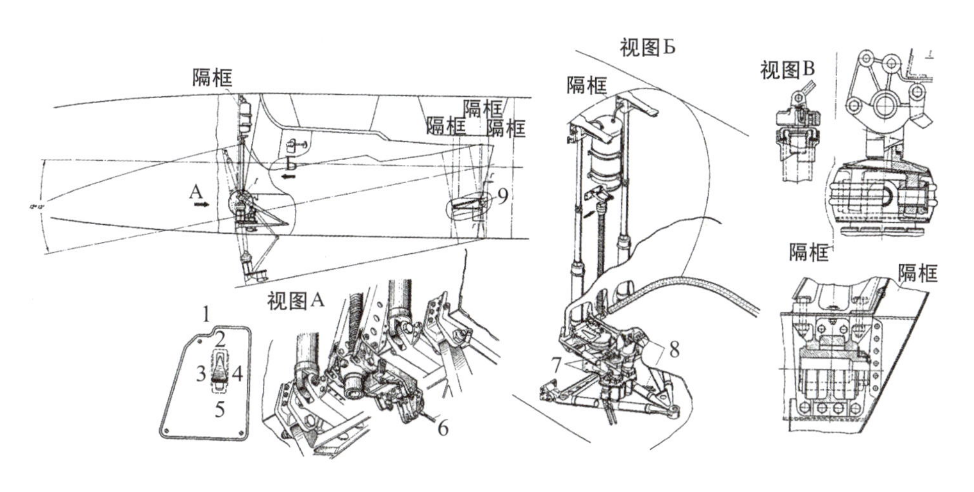

▲ 图 3-27 可弯折机头的构件

1.飞行员仪表盘左开关板； 2.开； 3.机头； 4.关； 5.关； 6.可弯折机头应急偏转把手；
7.黄色液压系统管路； 8.绿色液压系统管路； 9.可弯折机头转轴

（伊利达尔·别德列特金诺夫供图）

超声速飞行时

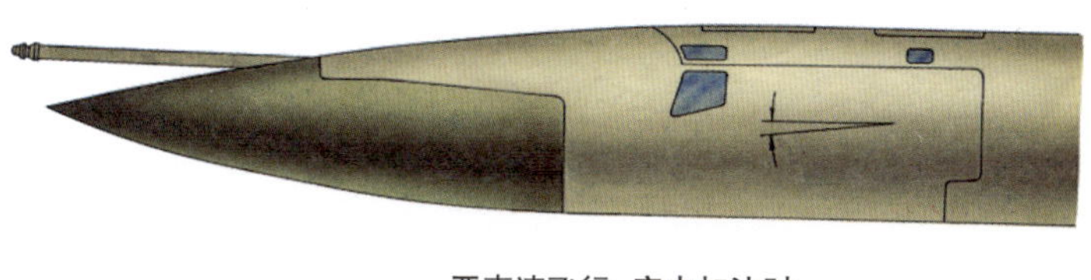

亚声速飞行，空中加油时
（偏转角度 6°30"）

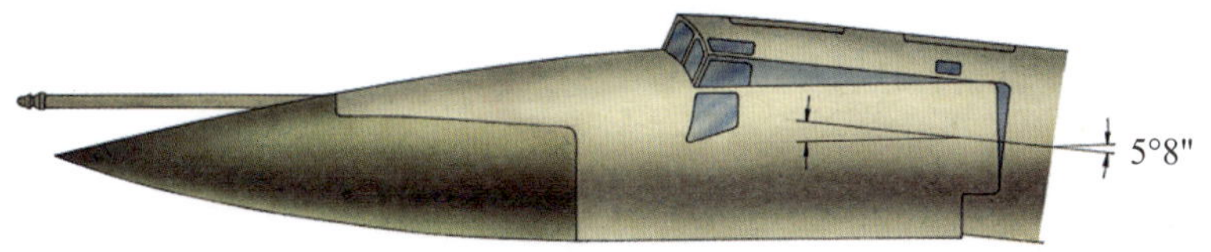

起降状态（偏转角度 10°）

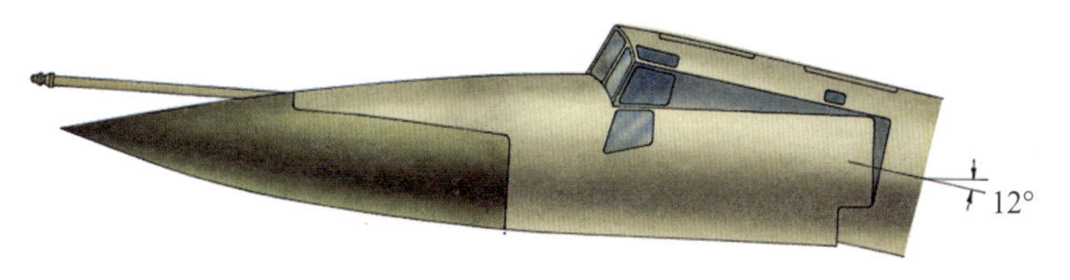

▲ 图 3-28 T-4 飞机机头在不同飞行状态下的偏转及其构件示意图（此图为“103”号飞机）
（尼古拉·戈尔久科夫供图）

3.10 飞行控制系统

"101"号试验机上安装有2套操纵系统：

——电传操纵系统；

——机械备份系统。

必要时，这两个系统可以局部同时在纵向和横向通道以及方向舵控制通道中进行切换。

电传操纵系统能够保证航向通道不稳定、纵向通道接近中间状态的飞机所需的稳定性和操纵性。

电传操纵系统的设计原则：四余度，使用自动控制装置提高静稳定性和动稳定性的监控方法和手段。

电传操纵系统是主要的飞机控制系统，能够保证要求的稳定性和操纵性。电传操纵系统的四余度设计可在任何故障连续两次出现时保证其工作可靠性，并且性能不降低。

为了获得规定的整个飞行包线范围内的稳定性和操纵性，电传操纵系统具有3种工作状态：阻尼状态（与机械控制系统协同）、起降状态和航路状态。

机械控制系统为常规式。每条机械控制系统通道中都装有钢索自动拉紧装置和系统转换机构，电传操纵系统和机械控制系统的同名通道具有共用的操纵感力装置和配平机构。

用于飞机纵向配平的鸭翼由备份机电驱动装置根据飞行员发出的控制电信号进行操纵。

得益于细致的电传操纵系统试验和飞行准备、高滑时的工作可靠性、电传操纵系统带来的优异的飞机稳定性和操纵性，飞机采用电传操纵系统实现了首飞。

"101"号试验机使用电传操纵系统（起飞时就接通）完成了所有飞行。

有关飞机驾驶性能和电传操纵系统工作情况的试验材料和试飞员反馈都表明，电传操纵系统的结构、控制律以及传动比修正律均选择正确，保证了飞机良好的稳定性和操纵性。

电传操纵系统的状态指示在其控制台和应急信号盘上显示。

装机前，电传操纵系统的设备均在专用液压试验台上经过试验和调整。此外，还使用电传操纵系统和机械控制系统进行了飞行动力学性能的半实物模拟，同时还在潜在故障模拟时检验了故障安全性。

在进行飞机飞行准备时进行了电传操纵系统的频率试验，录取了动力和运动性能、操纵感力装置的性能以及操纵线路的摩擦特性。此外，还在地面以及飞机首次滑跑时，在发动机运转条件下对操纵系统进行了试验和检查。

根据飞机地面试验和首次滑跑的结果，以及飞机布局的特点、舵面驱动装置的结构特点以及操纵台的特点（以操纵杆代替驾驶盘），电传操纵系统具有更好的摩擦特性，更加便利可靠。

在飞行试验中，电传操纵系统在阻尼状态（与机械控制系统协同）、"起降"控制状态和"航路"控制状态下进行了试验。同时，还对使用电传操纵系统和机械控制系统的飞机的稳定性和操纵性进行了评估。

试验资料表明，电传操纵系统工作状态的转换以及电传操纵系统与机械控制系统的转换既简单又平稳。SDU-4（СДУ-4）电传操纵系统能保证在所有飞行阶段，根据操纵杆和脚蹬的位移信号对飞机舵面实施操纵。

为了赋予SDU-4（СДУ-4）系统"操纵感"，专门增加了弹簧操纵感力机构。

为了提高飞机在由于火灾或机械损伤导致的紧急情况下的生存性，电传操纵系统的计算设备组件被分别安装在机身两侧。第1和第2备份通道组件安装在一侧，第3和第4备份通道组件安装在另一侧。

3.11 动力装置

动力装置包括以下系统：

——4台带进气道和供气通道的RD36-41发动机（见图3-29）；

——燃油系统；

——灭火系统；

——冷却系统；

——进气道防冰系统；

——发动机地面和空中起动系统；

——发动机进气道自动调节系统。

动力装置在飞机上采用组合布局形式，4台RD36-41试验型发动机和2条进气道，每条进气道服务于2台发动机。项目总设计师П.А. 科列索夫设计的RD36-41发动机是功率强劲的带加力燃烧室的单轴涡轮喷气式发动机。发动机拥有机械化程度很高的可调前后导向器为形式的压气机、涡轮冷却叶片和可调超声速喷口（见图3-30）。首次在国产航空发动机制造的实际工作中，在RD36-41发动机上采用了涡轮喷油加力燃烧室点火系统（“射流点火”）、使用加力泵的应急放油系统以及发动机自动遥控系统。

▲ 图 3-29　RD36-41 发动机（“土星”科学生产联合体供图）

▲ 图 3-30　安装在 T-4 飞机上的 RD36-41 发动机的喷口（伊利达尔·别德列特金诺夫供图）

为了保证发动机在飞机所有飞行高度速度状态下的工作可靠性，采用了针对设计飞行马赫数*Ma*=3 的带自起动功能的混合压缩式超声速可调进气道。

发动机使用的多状态可调超声速喷口有3个活动鱼鳞片齿盘，构成喷口亚声速段和超声速段，而不可调成型唇口则构成了喷口截面。该喷口能够在整个飞行速度范围内保证高效推力。

飞机上安装的每对发动机（左、右各一对）由一条共用的进气道供气，在亚声速段进气道由隔板分成两条通道。

发动机进气道为八级混合压缩式。为了保证发动机和进气道在最佳条件下协同工作，进气道具有调节板和排气口位置自动调整系统，能根据飞行状态和发动机工作参数的变化自主调整。

为飞机研制了将机翼下表面、进气道前的附面层空气引入发动机冷却通道的冷却系统。

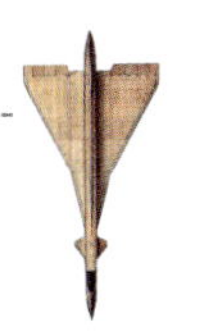

3.12 发动机推力自动控制系统

为了调节T-4飞机发动机在节流状态下的推力，飞机上首次安装了发动机自动遥控系统——АСДУ-30А，该系统既可由飞行员操纵，也可由推力自动调节器控制，在飞机下降和进场着陆时使用。得益于大量的数学模拟和半实物模拟工作，该系统自飞机首飞之时就投入了使用。

所采用的自动装置的显著特点是其对于发动机自动控制系统的指挥作用。

为了提高可靠性，自动控制系统有两套，并具备自检功能，可在设备和供电电路发生故障时接通备份子通道。

在下列情境下，可通过自动控制系统稳定飞行员设置的速度：

——因机头偏转和起落架放下而引起飞机构型变化时；

——从爬升进入平飞或从平飞进入下降时；

——飞机转弯时；

——在飞机下滑中规定速度变化时。

АСДУ-30А系统由两条传递油门杆动作的通道和应急通道组成，应急通道通过按钮控制。系统既可手动控制，也能根据推力自动调节系统的指令自动完成控制。

在所有地面试验和飞行试验过程中，该系统在无加力状态和加力状态下均实现了发动机的稳定控制。

在地面试验中，为了明确发动机的抗干扰能力，对4套АСДУ-30А系统进行了测试，既未发现外界电磁场对其有任何干扰，也未发现供电电压的变化对系统及其自检元件有任何影响。АСДУ-30А系统在发动机所有工作状态下运行稳定 。

3.13 飞机燃油系统

燃油箱舱布置在机身中。机身舱段承力构件的主要结构材料为ВНС-2钢材。

飞机燃油系统的组成：

——供油系统，保证燃油自动供给；

——地面和空中加油系统；

——应急放油系统；

——惰性气体增压油箱系统；

——通过输油来调整飞机重心的系统。

首次在实际工作中研制了带有液压涡轮泵的全新燃油系统，该液压涡轮泵用于向发动机供油、依次从油箱向消耗油箱输油以及输送用于重心调整的燃油。

此外，还为飞机研制了耐高温的燃油系统附件。

燃油的冷却能力可用于对环控系统中的空气、液压系统中的液压油以及发动机和电机驱动装置滑油系统中的滑油进行冷却。

3.14 “101”“102”和“103”号飞机的燃油箱

在“101”号飞机中，燃油布置于1Ц，2Φ，3Φ和2МГ四个燃油箱中。

“101”号飞机的机翼油箱未加油。飞机内部油箱的总油量为46 550kg。首架飞机上未安装副油箱。

第2架试验机“102”号的燃油除上述4个油箱外还存放在№ 3K油箱中。飞机的总油量为58 350kg。计划在“102”号飞机上使用2个容量各为4 435kg的副油箱。该油箱结构加上不能消耗的余油重量为565kg。

在第3架试验机“103”号上计划将内部油箱的油量增加到69 250kg。与第2架试验机相比，机翼油箱的油量增大，机翼前部油箱也加注了燃油。“103”号飞机也计划使用“102”号飞机的副油箱。飞机同时携带2个副油箱起飞的总油量为78 070kg。

“101”“102”和“103”号飞机上的油箱布置情况见图3-31，各油箱的油量情况见表3-5。

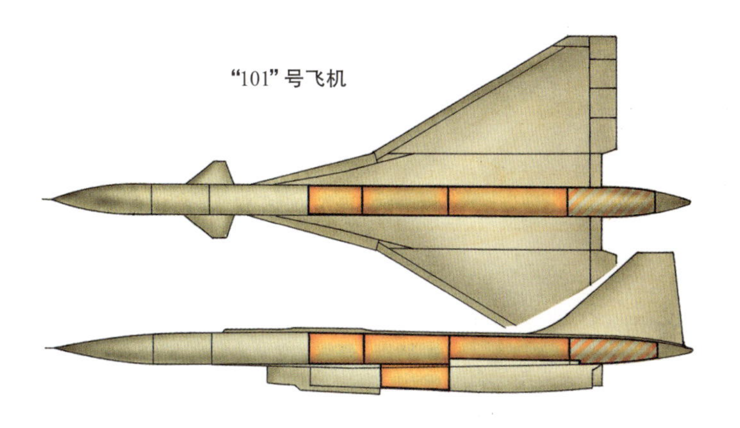

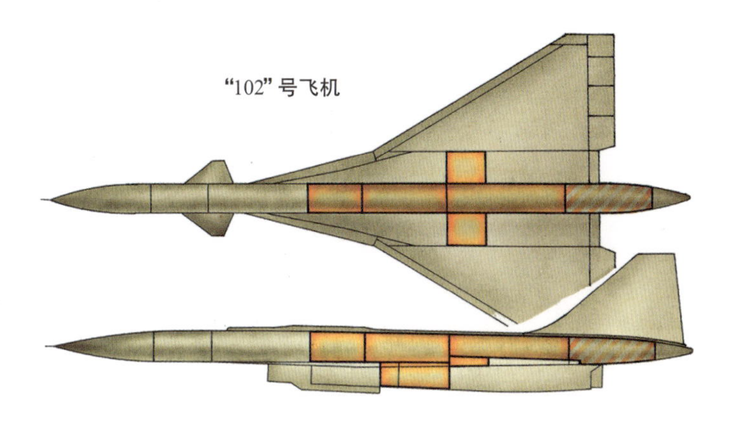

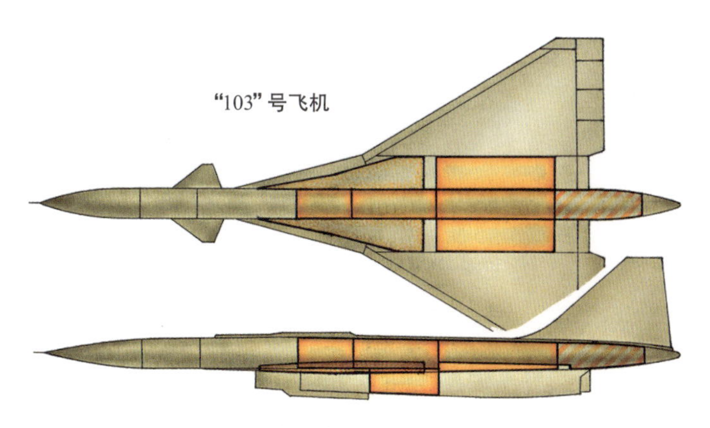

▲ 图 3-31 "101" "102" 和 "103" 号飞机燃油箱布置图（尼古拉·戈尔久科夫供图）

表 3-5　T-4 飞机油箱中的燃油分布

油　箱	燃油量*/kg		
	“101”号	“102”号	“103”号
1Ц	9 520	9 520	9 520
2Ф	15 030	15 030	15 030
3Ф	18 200	18 200	18 200
2МГ	3 800	3 800	3 800
3К	无	11 800	20 300
机翼前部油箱	无	无	2 400
4Ц**	6 505	6 505	6 505
燃油总重量	46 550	58 350	69 250
2 个副油箱(各为 4 435kg)	无	8 870	8 870
加上副油箱的燃油总重量	46 550	67 220	78 070

注：
*燃油密度为 0.835kg/dm³ 时的内部油箱燃油量。
**4Ц油箱——重心调整油箱，通常不加满。

3.15　惰性气体系统

苏联针对T-4飞机首次研制了液氮惰性气体系统，这极大减轻了该系统的比重(减至 3 ~ 4kg/m³)。

惰性气体系统中燃油箱的增压通过安装在飞机发动机短舱中的液氮气化器实现。燃油系统和惰性气体系统的工作性能和可靠性在专用试验台

"STN-100(CTH-100)"上进行了检验。试验中,上述系统工作正常,能保证发动机在各状态下的正常工作。

为了减小气化器中惰性气体的体积,采用了惰性气体(爬升时从燃油中分离出来的,因油箱中的压力减小)填充油箱燃油剩余空间的方法。为此专门研制了加油前将燃油中所溶解氧气置换为氮气的方法——"燃油气化法"。

3.16 救生系统

在飞机的第一和第二座舱中均安装K-36弹射座椅(见图3-32)。

K-36弹射座椅可保证所有飞行高度和速度(包括起降状态)条件下的安全离机。

救生系统也考虑了机组人员在地面时的应急离机——使用卡普伦绳离机,离机时绳子固定于机组人员的特种装具上。

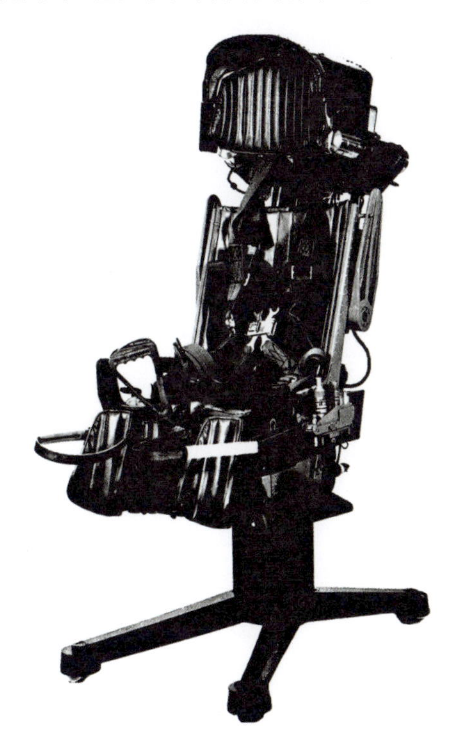

▲ 图3-32 T-4飞机的K-36弹射座椅
(苏霍伊设计局供图)

3.17 生命保障系统

生命保障系统包括供氧系统、环控系统和机组人员特种装具。

供氧系统由2台液氧气化器、调节器和一套机载通用型氧气表组成,用于在整个飞行高度范围内提供氧气。

环控系统包括三级空气冷却设备和规定参数自动调节系统。空气散热器和燃油空气散热器用于空气预冷。

在低空状态下,空气由涡轮冷却器冷却,之后再送入座舱和设备舱。在高空状态下,供给机组人员的空气由涡轮压气机装置冷却,而送往设备舱的空气则由涡轮风扇冷却装置冷却。

T-4飞机机组人员的主要装备是救生服。

机组人员救生服的供氧和通风系统能保证机组人员在密封座舱以及非密封座舱内的正常活动。

3.18 液压系统

"101"号试验机有4个自主系统(绿色、蓝色、棕色和黄色),用于飞行控制机构的工作、起落架收放、机头俯仰、进气道调节板控制、机轮刹车、前轮转弯控制等。系统工作压力为280kgf/cm^2。

液压系统采用由BHC-2钢材和钛合金制成的焊接管路。

该系统可在长时间高温作用条件下工作。

此外,还研制了全新的舵面驱动装置,其主要特点是动力组件和配电组件分布于不同的模块上,在飞机上的布局也相互独立。驱动装置可保证配电器在电传控制和机械控制条件下的工作,在故障连续两次出现时保持工作能力。驱动装置在薄型升力面上的布局不需要整流罩,其沿翼展方向的拉力采用多点式分布,可改善"升力面 – 驱动装置"系统的抗颤振性能。总体而言,T-4飞机的驱动系统相较于传统系统具有更好的重量特性。而且,模块化结

构可以将驱动设备和组件更好地组合在一起,减少制造损耗。

3.19 供电系统

飞机供电系统的基础是稳定电压为220/115V、频率400Hz的三相交流电。电源采用4台滑油冷却式同步发电机,每台功率为60kW。使用恒速液压驱动的发电机可保证频率稳定。

使用27V直流电和36V、400Hz交流电的用电设备的供电由4台整流装置和2个三相变压器支持。应急电源是3个蓄电池和变流器。

供电系统有4条成对布置在飞机两侧的独立通道,这4条通道自动互为备份,但又独立工作。较为重要的用电设备都与应急汇流条相连。不允许断电的设备同时与飞机两侧的配电装置连接。电网防过压和短路保护通过自动保护装置实现。

3.20 机载无线电电子设备

飞机机载无线电电子设备组成的选择取决于一系列因素:设备负责的任务量、飞行状态和剖面高度、作战区域。

由于飞机研制方案包括了导弹载机、侦察机和保障飞机(干扰机)等功能,因此机载设备的组成也会根据用途变化。所有飞机方案都需要的设备分为两大类:标准设备和外挂设备。

标准机载设备一直安装在飞机上,其组成包括综合导航系统、综合显示和告警系统以及综合无线电电子系统。

可更换的外挂设备根据飞机的用途来选装。例如,作为导弹载机时安装导弹武器、作为侦察机时安装侦察设备吊舱、作为干扰机时安装防空系统设备。

所执行任务量和机载设备的种类决定了其结构的综合性。这样,系统内部和各系统之间的功能联系和信息交换都可得到保障。

1.综合导航系统

综合导航系统用于在所有飞行高度和范围内全天候昼夜执行对地和对面作战任务，可保证：

——基于综合信息处理算法，自动进行飞机定位和确定导航参数；

——基于“在规定或最短时间内以规定速度进入规定地点”的统一算法，在起飞到着陆的各作战使用阶段实现自动或半自动控制；

——飞机间导航——编队组合、编队保持、编队解散、与加油机会合；

——自主式和无线电式导航信息传感器合理协同，以优化设备工作状态、提高准确性、可靠性和抗干扰性；

——获取有关导航和战术环境、设备工作性能以及紧急情况的信息；

——在飞行中持续自动检查综合导航系统，可切换至备份系统。

飞机的综合导航系统可持续对飞机进行空域定位、向自动控制系统发送导航数据、向机组人员提供所需驾驶信息、保证与其他系统的联系。

与综合无线电电子系统协同工作时，导航系统可保证：

——瞄准、程序选择、制导武器的准备和发射；

——执行轰炸任务；

——执行侦察任务、控制侦察设备和处理侦察信息；

——控制单机保护综合设备；

——控制无线电通信设备、信息压缩及编码；

——执行导航参数雷达修正任务；

——保证“前进”雷达的工作；

——检查综合无线电电子系统。

综合导航系统是由计算机连接的一组信息传感器，由2台并行工作的大型通用计算机“轨道-10”组成。该系统可执行综合导航系统、综合无线电电子系统以及综合显示和告警系统中的所有逻辑控制操作。

综合导航系统包括以下信息传感器：

——小型天文惯导系统，可进行自主天文导航；

——小型惯导系统，可向飞机自动控制系统（САУ-4）发送角度信息，若小型天文惯导系统具有角度信息，也可作为小型惯导系统的备份；

——多普勒速度和偏流角测量器[1]；

——近距无线电导航和着陆系统；

——远距无线电导航系统[2]；

——大气数据系统可提供空速和气压高度信息；

——高空和低空无线电高度表可提供相对高度信息，用于大高度飞行和着陆；

——飞机应答机可保证飞机在空管系统中的飞行。

2.综合显示和告警系统

综合显示和告警系统的设计是为了最大程度减轻机组人员执行逻辑操作和计算操作的负担。

所有的导航战术环境和驾驶信息均显示在电视扫描显示器上，而驾驶导航信息则显示在组合式飞行仪表上。综合导航系统的仪表被用作信息传感器。在电视扫描显示器上，以已飞过地区的地图为背景显示导航情况，并指示出计划航路图像和导航点——防空区、燃油量和飞机位置坐标。

电视扫描显示器与组合式飞行仪表安装在飞行员和领航员座舱内。电视扫描显示器具有5种工作模式：扫描、航路、攻击解码、编队以及导航点输入。综合导航系统控制台上的数字式显示是电视扫描显示器信息的备份。此外，还有一组备份仪表，用于在二级信息传感器（如航空地平仪、气压高度表、地平仪、升降速度表、马赫数表以及真空速表等）故障时确保飞机导航功能。

为了执行火控任务，在领航员座舱内安装有“前进”前视雷达的显示器。

飞机系统和机载设备系统故障信息显示在应急和告警信号灯光显示盘上。

所有提供给机组人员的灯光指示信号均有语音信息备份，由语音指令装置发出，既是事故实际情况，也是提示。

---

[1]译注：小型导航系统以及多普勒速度和偏流角测量器对于信息的处理可保证多普勒－惯性自主导航状态。

[2]译注：近距无线电导航和着陆系统以及远距无线电导航系统是飞机定位修正装置，同时也可保证飞机按规定航路飞行。但是应当注意，主要的飞机领航状态是自主导航状态。

3.综合无线电电子系统

综合无线电电子系统“海洋”的任务是探测目标、瞄准发射航空巡航导弹、雷达修正飞机定位、无线电通信、侦察和防御。

为完成上述大量的任务，综合无线电电子系统包括以下系统：

——X-45 航空飞航式导弹控制系统“旋风”；

——无线电通信设备；

——侦察系统“长剑”；

——防御系统“反击”。

“旋风”系统可保证：水面和地面搜索、与综合导航系统协同探测并确定目标（地标）的坐标、发射航空飞航式导弹以及国籍识别。

“旋风”系统的主要设备是“前进”前视雷达，其技术性能见表 3-6。

表 3-6 “前进”前视雷达技术性能

参数名称	参数值
对 RCS 为 10 000m² 的舰船的探测距离/km	550 ～ 600
扫描扇区/(°)	±100
坐标确定精度： ——距离/m ——方位角/(°)	 300 20
波段/cm	3
天线反射器尺寸/m	0.8×1.5

“旋风”系统的第二个部分是X-45 航空飞航式导弹的雷达自导引头“鱼叉”。

执行国籍识别任务的设备由询问机和应答机组成。

根据机组成员的任务划分，航空飞航式导弹的控制由领航员负责。

无线电通信设备系统用于飞机和地面指挥站、其他飞机以及侦察信息收集站进行无线电通信。

无线电通信设备可在分米波段进行飞机间的无线电指挥通信以及在短波波段进行远距离通信。远距离通信时，可进行电话对讲、收发标准信息、自动转发侦察信息。在上述各种情况下，接收和发送的信息都会加密（密码保护）。

机上通话装置可保证内部电话通信、转入外部通信以及收听语音信息。语音信息装置(RI-65(РИ-65))的任务包括向机组人员通报紧急情况、飞机系统和机载设备系统故障、极限状态以及发送提示。系统有2台录音机,用于记录机组人员的电话通信。手动控制由机组人员使用操作台进行,自动控制由BCVS-NK(БЦВС-НК)程序完成。

无线电通信设备系统的特点包括可进行加密电话和无线电电传通信,设有标准信息控制台,可保证机组人员转发格式化信息,如:“发现舰队,数量XX、距离XX、坐标XX”等。信息将连同飞机坐标同时发送。收到和发出的信息将记录在SU-38(СУ-38)数字打印机的纸带上并提供给机组人员。

“长剑”综合系统的侦察设备组成及其技术性能取决于侦察机的任务范围及其飞行剖面(如高空飞行)。此外,侦察设备的组成还取决于信息收集区域:陆地还是海上、侦察任务需在白天还是夜间进行。

高效侦察的开展只能通过在不同电磁波谱波长范围内(从微米波到米波)工作的设备系统来保证。以此为目的,为保证任务执行的系统性,确定了侦察设备的组成:

——共用无线电侦察设备;

——专用无线电侦察设备;

——专用雷达侦察设备(侧视合成孔径雷达);

——红外侦察设备;

——日间监视摄影设备;

——日间专用摄影设备;

——日间侧向远景摄影设备;

——日间地形测绘设备;

——夜间摄影设备(使用摄影照明弹FOTAB(ФОТАБ));

——全景-单景摄影设备。

上述所有设备均安装在4个可更换的吊舱内。此外,每个吊舱中还装有以下设备:

——“BUVM-R(БУВМ-Р)”装置:用于控制侦察设备、处理无线电侦察信息、连接导航综合系统的“BUVM-NK(БУВМ-НК)”装置和无线电通信设备系统、监控“长剑”系统设备的工作性能以及向飞机告警系统发送信息;

——坐标记录照相机FK-4(ФК-4),可记录侦察设备的工作情况(飞机坐标定位、角位置和当前时间)。

在对侦察飞行结果进行判读时,根据记录的信息可以确定探测对象的坐标(包括时间定位测量)。

无论T-4飞机为何种方案,其上始终都装有沿途辐射侦察设备“加琳娜”,其信息通过系统的无线电短波通道传送。

侦察设备研制过程中出现的问题之一是,当机身蒙皮上的光学窗玻璃被加热到300℃时如何保证其工作性能。为解决这一问题,专门进行了名为“椭圆”的科研工作,在工作过程中模拟了摄影设备通过受热光学窗进行工作的真实条件。

侦察任务执行时的重要一环是侦察信息的传递和传递的及时性。执行侦察任务时,若T-4飞机距离地面侦察信息接收、处理和判读中心较远的话,其无线电通道的传送能力受限。因此,来自专用无线电侦察和辐射侦察设备的侦察信息在机上处理后只能通过无线电短波通道传送。来自共用无线电侦察设备的信息记录在磁带上,来自摄影侦察和红外侦察设备的信息则记录在胶卷上。此外,来自专用无线电侦察设备的侦察数据记录在CY-38数字打印机的纸带上。

飞机在飞行中和机场着陆后传送的所有侦察信息都将在地面信息处理中心进行判读和处理。地面接收和处理中心是一个复杂的系统,由一系列接收、处理和判读无线电通道侦察信息的试验室组成。中心的试验室设置在22辆“乌拉尔”汽车上。

无论是何种方案,T-4飞机都必须能在苏联境外以及远离苏联的地方执行作战任务。这首先对防御系统承担的任务量以及设备的组成提出了明确要求。

防御系统“反击”的组成设备:

——单机防御设备,每种飞机配套方案中都有;

——集体防御设备,每种飞机配套方案中也都有;

——集群防御设备,安装在可更换吊舱中。

飞机的单机和集体防御设备:

——对照射己方飞机的防空雷达和歼击机进行探测的无线电设备;

——主动干扰机;

——探测(敌方)导弹发射并跟踪其轨迹的红外设备;

——对照射己方飞机的敌方防空系统目标指示雷达和目标分配雷达进行探测的无线电设备;

——针对敌方防空系统目标指示雷达和目标分配雷达的主动干扰机;

——箔条和红外弹自动投放装置;

——防御系统设备控制装置和机载设备连接装置。

根据信息设备(无线电侦察设备和导弹发射红外探测设备)的数据来看,在控制防御设备的同时,飞机还应当进行反导弹机动飞行。

安装在可更换吊舱中的集群防御设备:

——对照射己方飞机的防空系统目标指示雷达和目标分配雷达进行探测的无线电设备;

——上述目标指示分配雷达的主动干扰机,其波段拓宽并具备不同的干扰组合;

——用于加强飞机防御的箔条和红外弹辅助自动投放装置。

集群防御设备应当由单机和集体防御设备的共用计算机从机上进行控制。

“反击”防御系统的可更换吊舱计划安装在飞机上的侦察设备可更换吊舱处或航空飞航式导弹吊挂处。在这种配置下,飞机能够执行防御功能(干扰发射机)。

上述防御系统设备组成的目的是对抗潜在敌人防空系统的信息系统和火力对抗装备。

3.21 驾驶舱

飞机机组人员有2人——飞行员和领航员。座舱由非密封横向隔板分成两个舱,前舱中装有飞行员座椅,在隔板后的后舱中装有领航员座椅。

T−4飞机座舱布局的特点是未使用普通座舱盖。在巡航(超声速)飞行时,如要从座舱内观察外界,必须从侧窗或上部窗以及潜望镜观看。为了保证所需的前下方视线,座舱前端的机头为活动式,在起降阶段、空中加油和低空飞行时可向下弯折。

飞行员座舱内设有飞机操纵台，飞行员座舱（见图3-33）包括仪表板、控制台、驾驶杆、脚蹬和油门杆。领航员座舱（见图3-34）未配备飞机操纵机构，但装配了导航设备、火控设备并对飞控系统传感器进行部分备份，以减轻飞行员负担。第2架T-4试验机“102”号座舱如图3-35所示，“102”号飞机座舱内仪表板如图3-36所示。

机组人员工作时都身着飞行服，以保证在座舱漏气时仍能飞行。

（a）

（b）

（c）

（d）

▲ 图3-33 飞行员座舱

（a）仪表板；（b）左侧控制台；（c）右侧控制台；（d）座舱后壁

（苏霍伊设计局供图）

(a)

(b)

(c)

(d)

▲ 图 3-34 领航员座舱

(a)仪表板；(b)左侧控制台；(c)右侧控制台；(d)座舱后壁

(苏霍伊设计局供图)

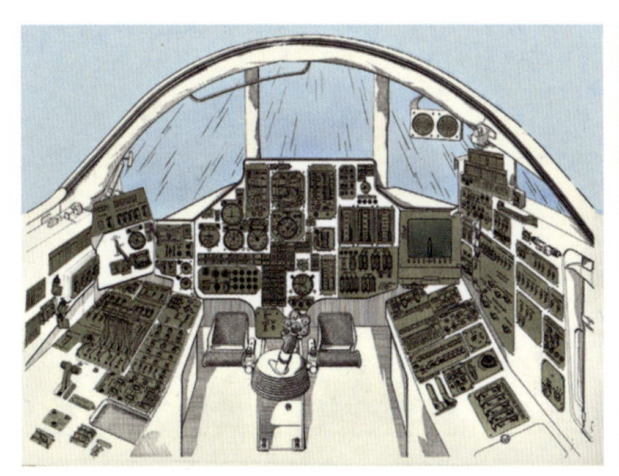

(a)

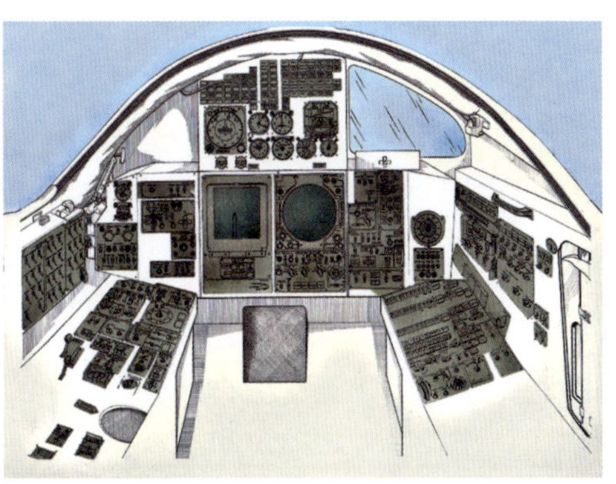

(b)

▲ 图 3-35 第 2 架 T-4 试验机("102"号)座舱

(a)飞行员座舱；(b)领航员座舱

(尼古拉·戈尔久科夫供图)

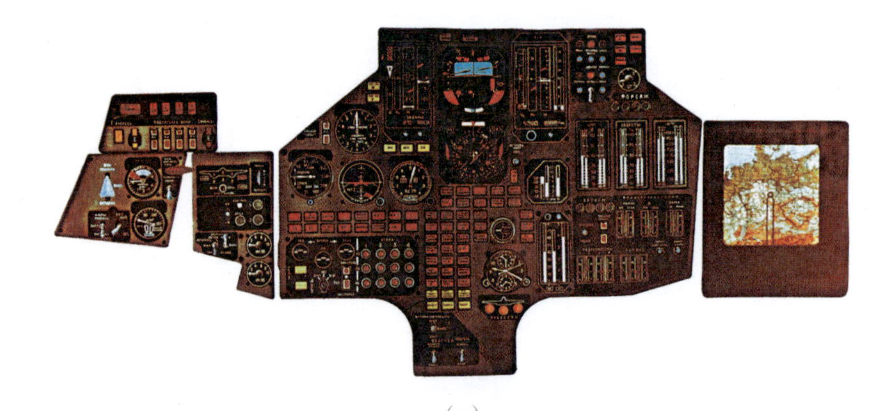

（a）

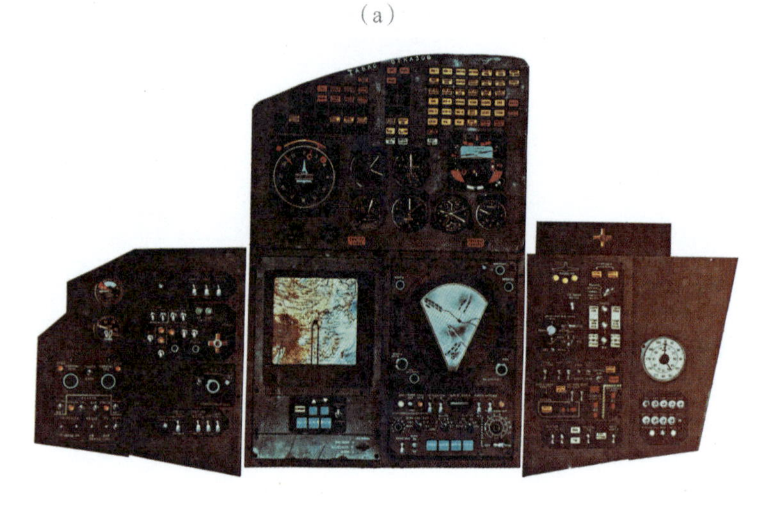

（b）

▲ 图 3-36 "102"号飞机座舱内的仪表板照片
（a）飞行员仪表板；（b）领航员仪表板
（苏霍伊设计局供图）

3.22 飞机研制时使用的材料和工艺流程

T-4 飞机的机体结构中采用了当时最新的高强度材料(见图 3-37)：

——钛合金:BT1-0,OT4,OT4-1,BT20,BT21Л,BT22;

——不锈钢:BHC-2 和 BHC-5;

——结构钢:BKC-210。

除了批产型钛合金 OT4-1,OT4 和 BT20 等,还在实际研制中使用了强度

超过1 000MPa的新型钛合金，在国内外均属首创。

强度为1 100 ～ 1 250MPa的BT22钛合金适用于制造高承载零件和截面不大于200mm的结构。

高强度钛合金BT16适用于制造紧固件，包括螺栓、螺钉、螺母和铆钉等。该种钛合金在强度为1 050 ～ 1 150MPa的热强或形变硬化状态下使用。

图纸上的BT16热强钛合金紧固件可以在机械制造厂生产。

BT16钛合金紧固件的广泛应用使得零件的重量相较于钢制紧固件减轻了近一半。

强度为600 ～ 700MPa的OT4-1和OT4钛合金用于制造T-4飞机的蒙皮。

由于BT20钛合金具有较高的耐热强度，因此发动机短舱使用了该材料来制造。

OT4钛合金用于机身座舱后舱和鸭翼结构中，BT20钛合金用于发动机短舱、垂尾和外翼结构中。

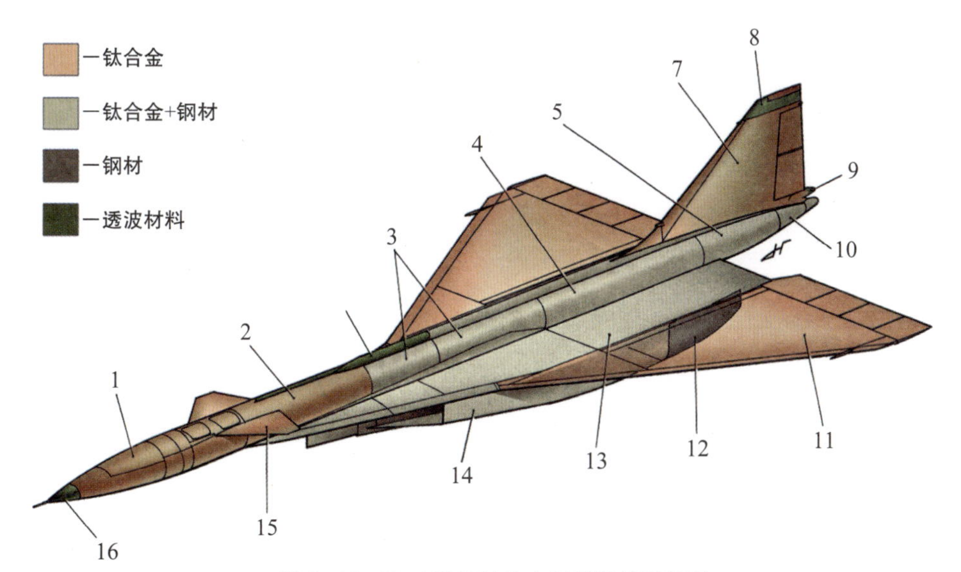

图3-37 T-4飞机结构中材料的使用情况

1.可弯折机头； 2.无线电电子设备舱(设备舱)； 3.透波整流罩；
4.燃油箱舱1Ц、2Φ； 5.燃油箱舱3Φ； 6.中央燃油箱舱4Ц； 7.垂尾；
8.垂尾透波翼尖； 9.透波整流罩； 10.减速伞舱； 11.外翼； 12.发动机短舱尾部；
13.中翼； 14.发动机短舱前部和中部； 15.鸭翼； 16.头部透波整流罩
(尼古拉·戈尔久科夫供图)

前起落架和主起落架支柱首次采用了强度超过1 900MPa的马氏体时效钢BKC-210。在发动机区域受热的发动机短舱大梁由经专门研制的程序热处理后的 BKC-3 钢材制成。为全焊接油箱研制了高强度耐腐蚀不锈钢 BHC-2，BHC-2不锈钢在热处理硬化状态下焊接，后续无须热处理，其焊缝强度与基体金属基本相同，使油箱告别了铆接结构，防止漏气的问题出现。此外，还进行了广泛的试验，以确定其在使用时长时间受热条件下的工作性能。

机翼中部和发动机短舱的结构均使用BHC-2不锈钢。

同时，结构中还采用了以下新型非金属材料：

——耐热聚酰胺黏合剂SP-6(CΠ-6)；

——耐高热弹性材料；

——橡胶材料、润滑油；

——液压油HS-21(XC-21)；

——“萘基”燃油；

——油漆涂层。

69%的机体表面为点焊板焊接而成的壁板；21%的机体表面为熔透板焊接而成的壁板；9.4%的机体表面为铣切板。

尽管采用了高强度材料，但T-4飞机每千克结构的制造工作量仍然比使用传统材料和传统工艺的苏-24飞机的每千克结构的制造工作量多25% ~ 30%。

3.23 地面维护设备

地面维护设备必须能在混凝土机场和土机场进行飞机维护，机场维护示意图如图3-38所示。

大部分地面综合维护设备都是专门为T-4飞机研制的。在编技术人员、维护小组以及技术维护部门的数量计划在国家和部队试验时再最后决定。

专门设计了特种架车，用于运输、升降和吊挂导弹、吊舱及副油箱。

为了操作外翼、鸭翼、升降副翼和垂尾等独立的舵面，在这些舵面上均安装有专用吊索接头。

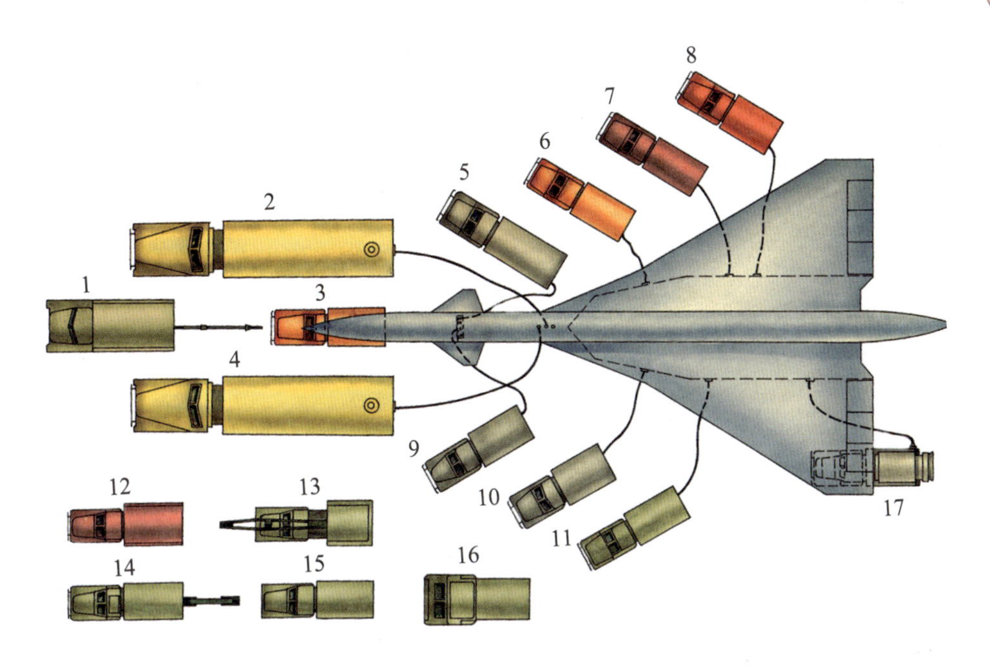

▲ 图 3-38 T-4 飞机机场维护示意图

1. 牵引车克拉兹-214 或AT-T； 2. 燃油加油车ТЗ-45； 3. 充氮车；
4. 燃油加油车ТЗ-45； 5. 特种车； 6. 液氮加注车ТРЖК-2УМ； 7. 液压装置；
8. 滑油加油车； 9. 液氮加注车； 10. 加水车； 11. 电动附件АПА-50；
12. 发动机加温器МП-300М； 13. 汽车起重机К-51； 14. 自行式维护台СПО-15；
15 . 组件升降装置； 16. 飞机表面积雪和积冰清理装置； 17. 空气起动装置
（尼古拉 · 戈尔久科夫供图）

飞机的结构上还设计有保险装置固定接头，以保证维护人员在飞机上表面作业时的安全。

飞机的结构设计使得起落架支柱舱的舱门在地面时也可打开，以保证舱内附件的可达性。

当主起落架和前起落架的气动系统损坏时，飞机的结构使其能够借助液压千斤顶进行起落架的收放。

飞机还配备了在发动机试车时保持其稳定停驻的装置。

计划用于飞机地面维护的设备主要分为以下 3 类：

——空军配备的设备；

——需与飞机一起交付进行试验的设备；

——同样需与飞机一起交付进行试验的特种设备。

空军配备的 T-4 飞机地面维护设备：

——汽车起重机 K-51,K-111;

——全套应急气压起重机 APGP-M(АПГП-М);

——自行式维护台 SPO-15(СПО-15);

——燃油加油车 TZ-30(ТЗ-30);

——滑油加油车 MZ-66(МЗ-66);

——机场制氧/制氮车 AKDS-70M(АКДС-70М);

——机场充氮车 VZ-20-350(ВЗ-20-350);

——机场飞机灭火器加注车 AZOS-1(АЗОС-1);

——水蒸发器 Ed-2M(Эд-2М);

——液氮气化装置 UGZHI-2M(УГЖИ-2М);

——发动机加温器 MP-300M(МП-300М);

——通用型空气压缩站 UKS-400PV(УКС-400ПВ);

——带空调系统和特种装具检查系统的飞行员用特种公共汽车 1711KS(1711КС);

——飞机牵引车 KRAZ-214(КРАЗ-214)。

地面维护试验设备:

——发动机空气起动装置;

——飞机蒸馏水加注装置;

——飞机表面灰尘和脏污清理装置;

——飞机表面积雪和积冰清理装置;

——地面空调车;

——机场移动式电动发电机组;

——全套自动检查装置;

——向燃油供给惰气的移动车;

——燃油系统惰气吹洗装置;

——移动式飞机液压系统调试、清洗和加注装置。

与飞机一起交付进行试验的特种地面维护设备:

——飞机前进牵引装置;

——飞机后退牵引装置;

——机轮轮挡;

——机翼液压起重机和机身液压起重机；

——可拆卸式组件升降装置；

——升降副翼、方向舵、平尾外翼、垂尾天线和折叠天线透波整流罩升降吊索；

——用于机组人员进出的折叠梯；

——用于维护发动机和进气道、接近机头、登上机翼、维护起落架和武器吊挂接头、进入设备舱的全套工作梯；

——用于运输、拆卸和放置带加力燃烧室的发动机的架车；

——用于取出包装箱内的发动机和加力燃烧室(或无加力燃烧室)的索具；

——下机身舱段托架；

——全套飞机燃油系统维护装置。

3.24 “101”号飞机测量系统

为了进行飞行试验，飞机上安装了可保证1 500次测量的测量系统。该测量系统能够记录气动性能参数、动力装置工作状态以及飞机系统主要工作参数。

主要记录设备是磁存储器，记录全部信息中约65%的信息，它极大地简化了对获取的信息的处理。

为了提高信息获取的可靠性，最重要的飞机参数均在示波器和自动记录器中备份记录。该设备中记录的是无须机器处理的参数。

测量系统包括航迹测量(以确定飞机的起降性能)以及构件温度和应力测量。

在飞行过程中，飞机性能通过遥测信息可视化显示装置(显示最重要的参数)来进行监控。

飞机上装有参数应急记录系统，用于记录和保存主要的飞机性能信息。系统由试验设备“测试机”组成，该设备能够以每秒一次的询问频率记录241个参数，还能保存最后2h的信息。

3.25 飞机武器

T-4飞机使用的武器包括“空 - 面”制导导弹X-45,X-2000,ТУС-2导弹、非制导轰炸武器、侦察设备吊舱、防御系统保护吊舱(见图3-39)。

为了增大飞机的航程,计划在飞机的外挂点上安装2个副油箱(2×4 435kg),总燃油量为8 870kg。

飞机的武器和副油箱安装在5个外挂点上,其中发动机短舱下3个挂点:飞机对称轴线上有1个挂点;飞机外翼下2个挂点(每侧外翼下1个挂点)。

飞机的最大作战载荷为18 000kg。

为了保证带炸弹载荷时的超声速飞行,计划使用专门的“炸弹武器吊舱”,其内部可安装口径250 ~ 3 000kg的航空炸弹。

吊舱具有复杂气动外形,以保证在所有高度和速度范围内可由飞机携带飞行。

T-4飞机侦察机方案所使用的侦察设备既可以安装在飞机上(正常情况下),也可以安装在发动机短舱中间(飞机对称轴线上)挂点上的专用吊舱中。

计划使用多种侦察设备吊舱:

——日间侦察吊舱K1,可以在高空和低空使用。该吊舱中装有通用无线电侦察设备、雷达侦察设备、红外侦察设备和各种照相机。

——夜间侦察吊舱K2,该吊舱的侦察设备同样包括通用无线电侦察设备、雷达侦察设备、红外侦察设备,以及能够在特殊条件下进行夜间拍摄的照相机。该吊舱设备可以在高空和中空实施夜间侦察。

——吊舱K3可保证共用和专用无线电侦察以及高低空摄影侦察。

——夜间侦察吊舱K4可使用航空摄影照明弹进行高空和中空摄影。

若进行夜间侦察,飞机下需安装3个吊舱;若进行日间侦察,只需安装1个吊舱。

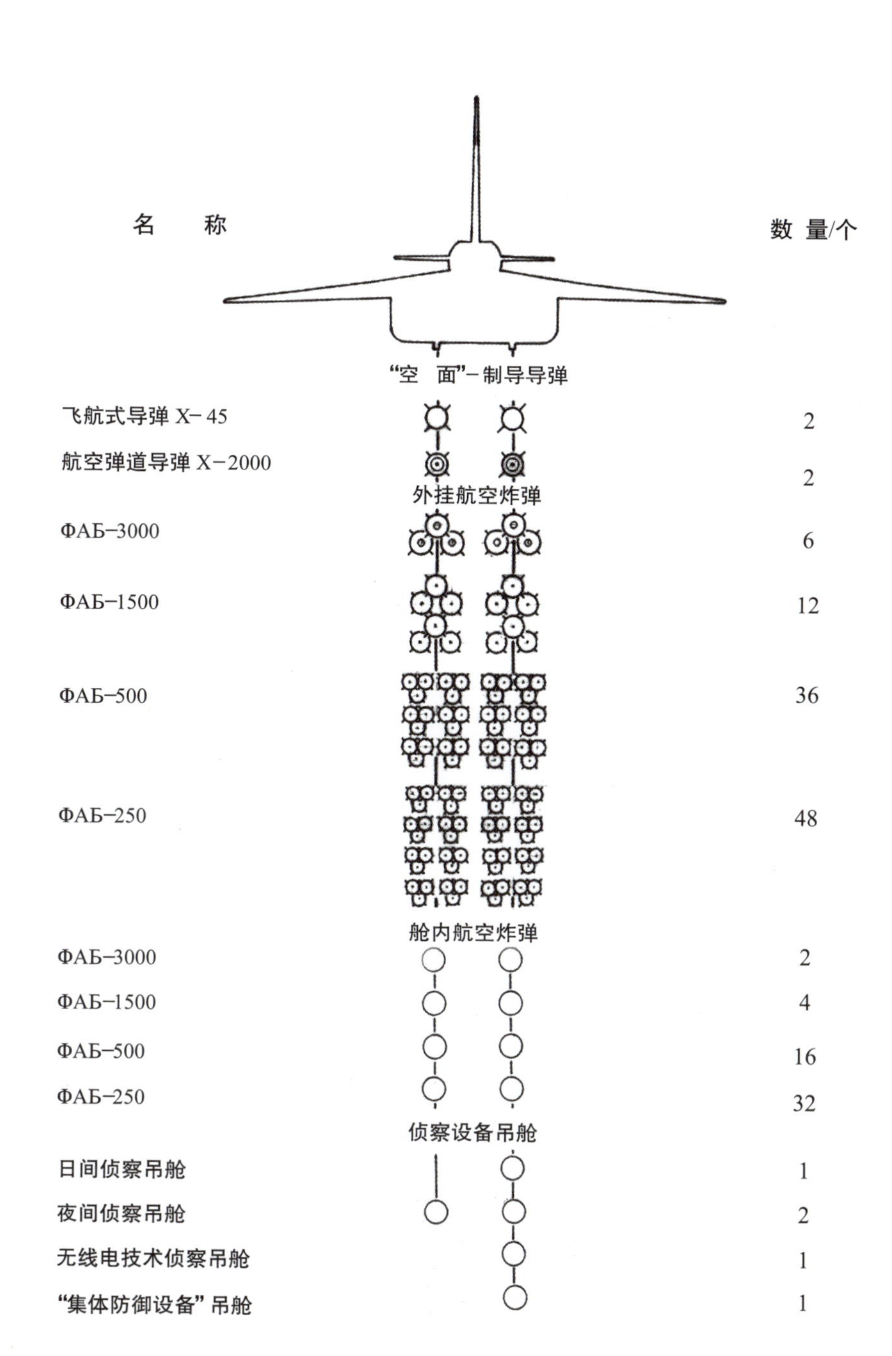

注:ФАБ意为航空爆破炸弹

▲ 图 3-39 T-4 飞机武器示意图
（尼古拉·戈尔久科夫供图）

第 4 章 T-4 攻击侦察机的后续发展

4.1 T-4 民用飞机方案

1961 年，苏霍伊设计局基于现有布局拟定了几个民用方案。所有这些方案归纳为三个可供选择的飞机动力装置布局方案，并按照带下单翼的“鸭式”布局完成。这些布局由Ю.В.伊瓦舍奇金设计（见图 4-1 ~ 图 4-4）。

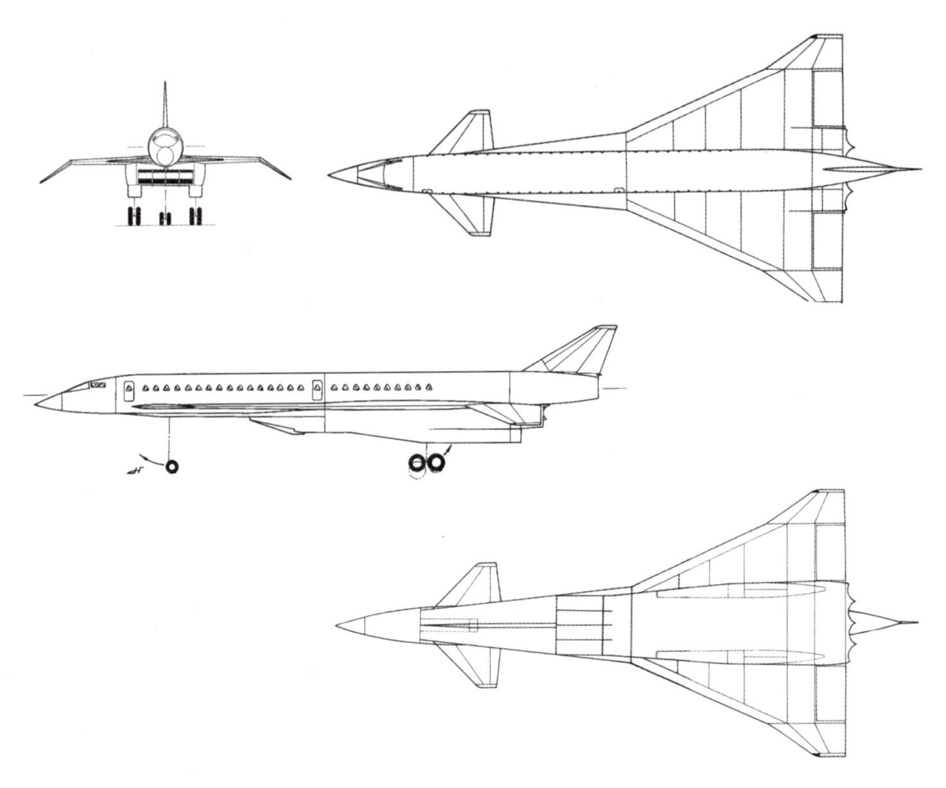

▲ 图 4-1 基于“鸭式”布局 T-4 飞机而设计的带鸭翼且发动机成对位于外翼下方发动机短舱的民机方案
（设计师Ю.В.伊瓦舍奇金于 1962 年第一季度研制的图 1-19 中的№2）
（尼古拉·戈尔久科夫供图）

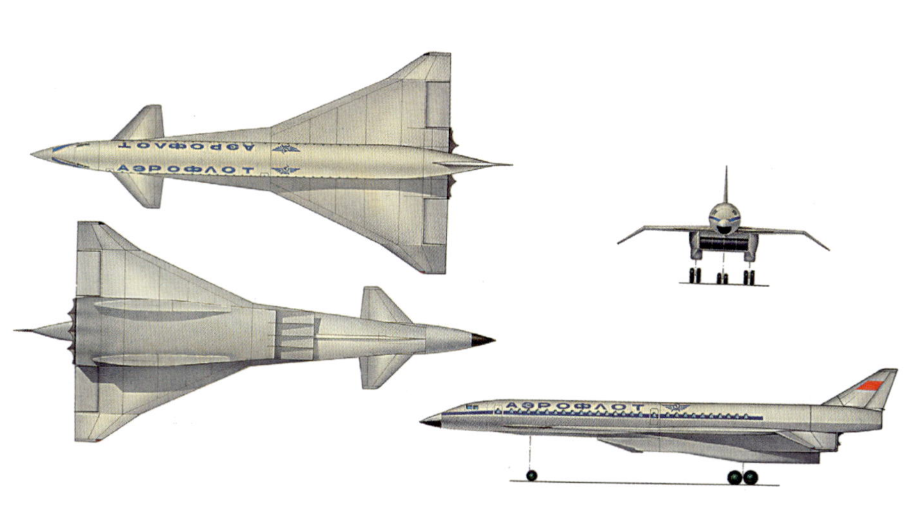

▲ 图 4-2　T-4 民机布局方案图
（图 1-19 中的№2）
（尼古拉·戈尔久科夫供图）

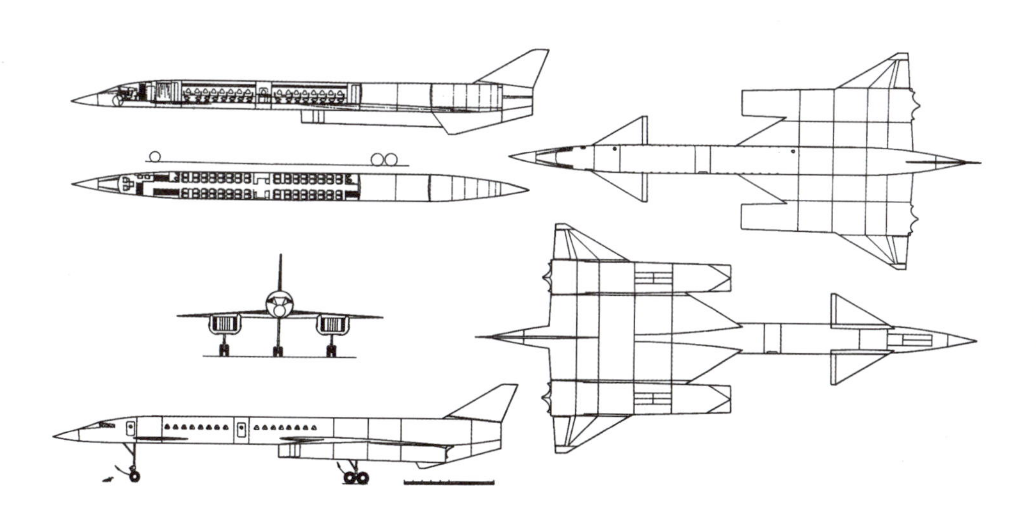

图 4-3　基于“鸭式”布局 T-4 飞机而设计的带鸭翼且发动机成对位于外翼下方发动机短舱的民机方案
（设计师Ю.В.伊瓦舍奇金于 1962 年第一季度研制的图 1-19 中的№3）
（尼古拉·戈尔久科夫供图）

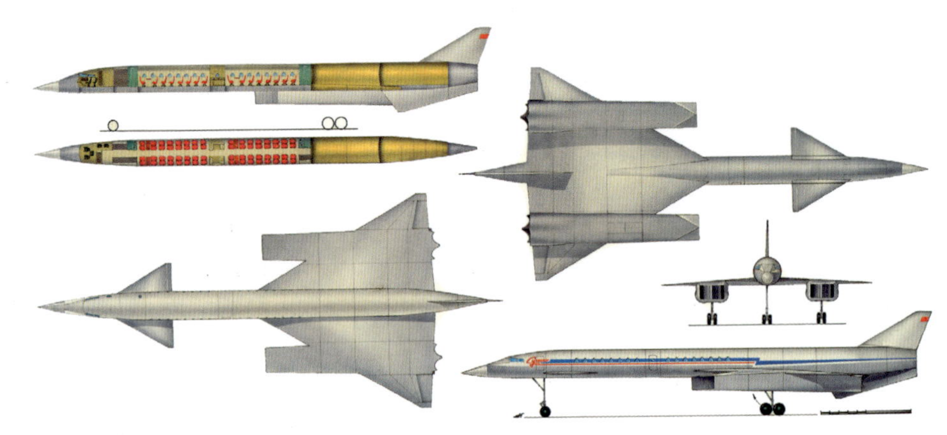

▲ 图 4-4　T-4 民机布局方案图
（图 1-19 中的№3）
（尼古拉·戈尔久科夫供图）

此项目无后续进展。

1.技术说明

（1）机身（方案Ⅰ、Ⅱ和Ⅲ）。

从工艺的角度，飞机机身分为几个重型舱段。计划在机身前部的无线电透波锥体下方安装雷达，雷达后方则布置无线电电子设备舱。飞行员座舱应位于无线电电子设备舱后的机身上部。

第一和第二驾驶员坐席按传统的“并排”方式布置，再沿飞机右侧向后布置领航员和无线电工程师坐席。在座舱盖前方为可弯折机头，在飞行中会遮住风挡玻璃。在起飞和着陆状态下可弯折机头应下放，以确保机组人员的前方视野。在座舱下方布置了带有两组双机轮的前起落架舱。沿飞机机身左侧设有前登机门、带衣帽间的行李舱和卫生间。

第一和第二客舱位于机身中央。主要方案中，每一个客舱可容纳 32 名乘客，计划设置 8 排座位，每排 4 个座位（两两分组，中间为通道）。在第一和第二客舱中间应有第二个登机门和技术舱（厨房）。第二个客舱末端设置一个小型衣帽间和卫生间。

机身尾部由 2 个燃油箱（其中第一个为消耗油箱）和减速伞舱组成。

(2)机翼和发动机短舱。

方案Ⅰ

机翼平面形状为后缘略微后掠的三角形。在每个外翼翼展中央,其下方布置了发动机短舱,用于安装两台发动机。由于发动机短舱离机身较远,而进气道伸出机翼前缘较长,所以无附面层吸除。

每个发动机短舱的进气道都装有带隔板的垂直斜板,隔板将进气道一分为二,分别对应一台发动机使用。主起落架沿每个发动机短舱的轴线布置,包括支柱以及每个支柱上4个机轮的轮轴架。从发动机短舱向外为外翼翼尖后缘增升装置,且包括副翼。机翼上布置有燃油箱。

方案Ⅱ

在此布局方案中,机翼的平面形状为梯形,且翼尖(约占半翼展的1/3)向下偏转。动力装置沿飞机轴线布置在机翼下表面下方的发动机短舱中。每台发动机均配有进气道和水平面可调的斜板。进气道位于机翼和机身表面附近,因此配有附面层吸除斜板,以将发动机短舱侧表面与机身隔开。

沿发动机短舱边缘设有整流罩,即所谓的"裤形整流罩",主起落架收在其中(包括四个机轮的轮轴架),同时,整流罩还起着辅助腹鳍的作用。

方案Ⅲ

飞机方案Ⅲ中,机翼沿前缘应有拐点,以构成大后掠角边条,机翼后缘同样也有拐点。动力装置的布置类似于方案Ⅱ,三块垂直隔板将进气道分成4条供全部4台发动机使用,进气道具有水平面可调的反向斜板,且未伸出机翼前缘。

(3)尾翼(方案Ⅰ、Ⅱ和Ⅲ)。

三个方案的飞机鸭翼平面形状均为三角形,布置于机身前部,并带升降舵。

全动垂尾位于机身尾部,面积较小。此外,方案Ⅰ中,在垂尾区域的机身下表面有固定腹鳍。

所有方案均开展了初步草图设计阶段研究。表4-1所示为基于T-4飞机的超声速民机的主要技术性能。

表 4-1 基于 T-4 飞机的超声速民机的主要技术性能*

在设计局的名称——民机“产品 100”	
参数名称	参数值
发动机数量/台	4
加力推力,台架推力/kgf	4×15 000
正常起飞重量/kg	110 000
高度为 19 000 ~ 23 000m 时的最大飞行速度/(km · h^{-1})	2 500 ~ 3 000
着陆速度/(km · h^{-1})	260
离地速度/(km · h^{-1})	285
航程/km · h^{-1}	4 900
起飞滑跑距离/m	1 800
着陆滑跑距离/m	1 500
最大有效载荷重量(乘客、行李、货物)/kg	7 500
主方案中的乘客数量/人	64
机组人员/人 (2 名飞行员、1 名领航员、1 名无线电工程师、2 名机上服务员)	6
注*性能同样适于方案Ⅰ、方案Ⅱ和方案Ⅲ。	

4.2 配备氢燃料发动机的攻击型侦察机方案

1963年，苏霍伊设计局基于“100”号飞机第一份初步设计方案研究了配备氢燃料发动机的飞机方案。

按计划，作为燃料的液态氢位于专用保温箱，并通过蒸发器以气态形式进入发动机装置。然而，尽管氢具有很高的比冲，但其密度很低，因此需要较大尺寸的保温箱，飞机将变得“臃肿”，继而导致飞机最大截面积和长度增加。与此同时，飞机在所有飞行马赫数下的气动阻力也将增至无法接受的值。因此，氢燃料作为能源使用是不利的。研究表明，这种燃料仅对重量大于300t的飞机有效。

此项目于此结束。

4.3 配装原子反应堆发动机的攻击型侦察机方案

1966年年底，苏霍伊设计局提议在T-4飞机基础上研制配装原子反应堆涡喷发动机的改进型飞机。应该说，类似的任务曾由多家航空设计局提出过。例如，图波列夫设计局基于Ty-135火箭运载飞机拟定了原子飞机方案；米亚西谢夫设计局研制了陆上飞机M-60、M-30以及水上飞机M-60M。

在设计局总体组中，该课题由O.C.萨莫伊洛维奇和Ю.B.伊瓦舍奇金负责。与核物理学家的共同工作和咨询进行了相当长的时间，而当计算完所有参数后，他们得出：该型飞机生物屏蔽体的重量为20 ~ 25t，在不同程度上，“100”号飞机原子反应堆发动机失去几乎所有优势。除了推力大和布局紧凑外，该发动机优势甚微，反而负面影响居多。其中最主要且最令人不满意之处在于辐射和较高的工作温度。

最终，关于该项目的工作，不管是苏霍伊设计局本身，还是其他设计局所涉及的，均于1967年年中中止。

4.4 远程多状态攻击型侦察机T-4M

1.研制史简述

T-4 飞机是单状态飞机，用于超声速且航程低于 6 000km 的飞行。

在设计“100”号飞机期间，针对当时(潜在对手的)防空手段进行了计算，军方对 T-4 这样的技术特性是满意的。但随着防空手段的发展，(潜在对手的)军力得到了提高，到了 20 世纪 60 年代中期，北大西洋公约组织的许多国家已具备足够的防空潜能来反击任何空中对手。T-4 可用作反舰飞机来击败舰载防空系统，但是作为攻击机使用时，地面防空综合体对于“100”号飞机而言则成为严峻的威胁。使用高空高速飞行剖面正面攻入欧洲的战术已不可用。

对手强大的防空系统，以及自身较小的航程降低了“100”号飞机攻击敌人的效率。

在T-4 飞机方案设计过程中，空军中央科学研究所对其战效进行了评估，结果显示，在现有防空水平下，100 架攻击机执行完任务后，总共只有 20 ~ 25 架飞机能返回机场。不管是装备上，还是财力上，这都是一笔巨大的损失。使用 T-4 综合体的新战术和其他飞行路线显得尤为必要。

针对美洲大陆，“100”号飞机最有效的使用方案是横穿北冰洋进行攻击：飞机以超声速飞抵北极中立区，然后以亚声速进入空中巡逻状态，必要时进行导弹发射，而无须进入敌方防空作战区。鉴于此，针对该型飞机提出了新的战术技术要求，计划以高亚声速长时间飞行，且航程为 14 000 ~ 18 000km。

为了以最小代价突破强大的欧洲防空系统，飞机应依据区域地形保持低高度飞行。

以上特性仅在多状态飞机上可获得。在 T-4 飞机上仅能通过安装变几何机翼来实现。

自 1967 年 1 月 17 日至 2 月 2 日T-4 飞机样机委员会召开会议后，军方对基于 T-4 综合体的多状态攻击机提出了战术技术要求。

1967 年 4 月，苏霍伊设计局已开始着手开展该飞机外形的研究(见图 4-5

和图 4-6）。新飞机命名为 T-4M（内部代号为“100И”）。图 4-7 所示为 T-4M 飞机三视图。

▲ 图 4-5　有关T-4M飞机初步方案文件的照片
（“苏霍伊”设计局供图）

▲ 图 4-6　T-4M 飞机样机
（“苏霍伊”设计局供图）

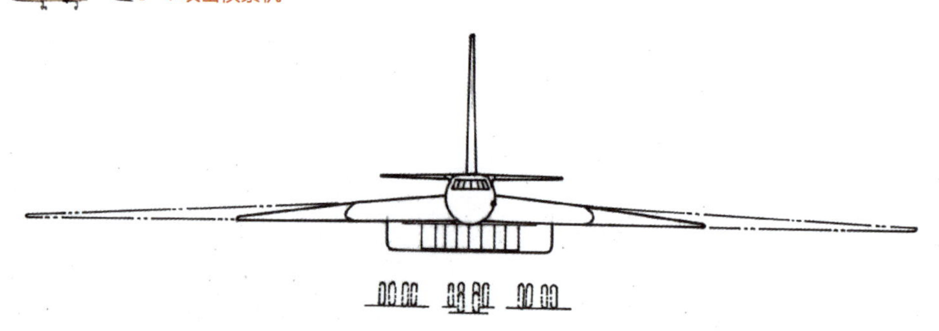

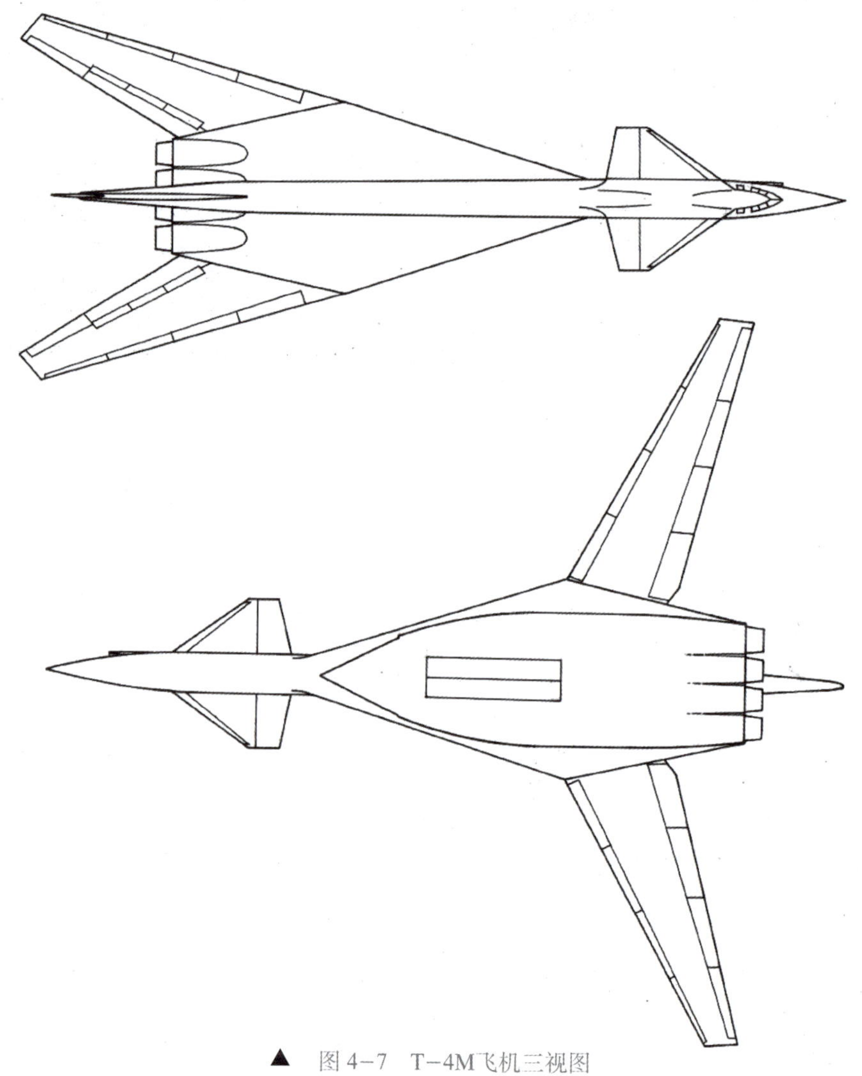

▲ 图 4–7 T–4M飞机三视图

（尼古拉·戈尔久科夫供图）

既然多状态飞机设定为T-4飞机的改型，那么在其设计过程中，除了总图外，无须重新制造什么。不管是气动布局，还是机载无线电电子设备的组成，T-4M飞机和"100"号飞机都基本相同。其区别在于，"100И"号飞机使用了变后掠翼，机身直径从2.0m增加到2.2m。由于燃油容量增加(按照技术战术要求，T-4M的航程为14 000 ~ 18 000km)，机身尺寸变得更大。机身直径的增加，使其可容纳第三位机组人员(第二驾驶员)。飞行可持续14h，这就导致了飞行员的物理载荷增加。因此，第二驾驶员的设置是必须的。

差不多整个1967年苏霍伊设计局都在致力于多状态飞机气动布局的研究。期间，拟定了9个布局方案，但没有一个让设计师感到满意。

苏共中央委员会和苏联部长会议在1967年11月28日的№1098-378决议中除了确定着手T-4飞机研制外，还规定了"双状态战略火箭运载飞机(航程16 000 ~ 18 000km，可用于侦察和反潜作战)的研究、试验和初步方案设计"。

那时，有关美国战略轰炸机B-1的一些数据已众所周知，因此可以说，1967年的决议是对美国飞机的一种回应。此时，苏霍伊设计局针对"100И"号项目的工作已开展了半年多，上述决议使得该创新性研究进入到优先级别。

1968年，有关"100И"号飞机布局选择的工作继续进行。这一年，在中央茹科夫斯基空气流体动力研究院开始了模型风洞试验。同时还开展了气动弹性模型的研究工作。

上述研究显示，与机翼弹性变形相关的效果并不理想。

因为外翼很大，所以为了提高亚声速时的升阻比，不得不将可变部分的展弦比设计得很大。机翼内收时，其末端下弯，升力减小。因此，飞机焦点前移[①]，飞机进入非常不稳定的状态。T-4飞机的电传操纵系统不但不能将这个不稳定状态"消化掉"，还会将飞机"反拉"。设计师们遇到了当时技术水平无法解决的问题(对于现代的电传操纵系统而言，这种程度的不稳定可轻易克服)。虽然曾提出了多个解决方案来解决这一复杂问题，但最终都未获得成功，因此必须寻求新的布局方案。T-4M飞机布局方案演变如图4-8所示。

[①]译注：当速度为1 200km/h时，焦点位移35%。

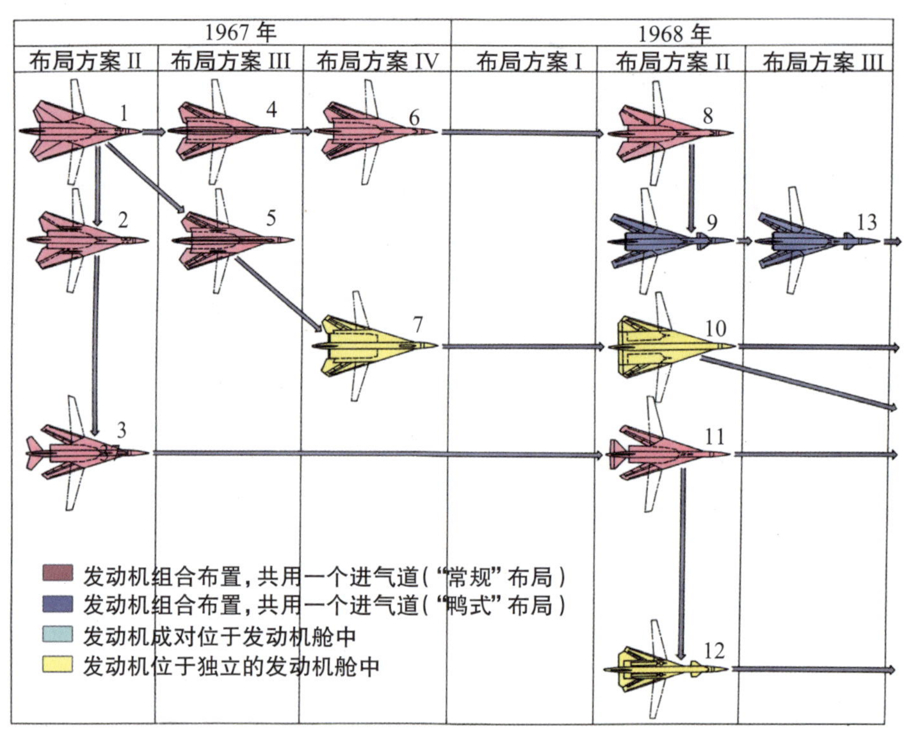

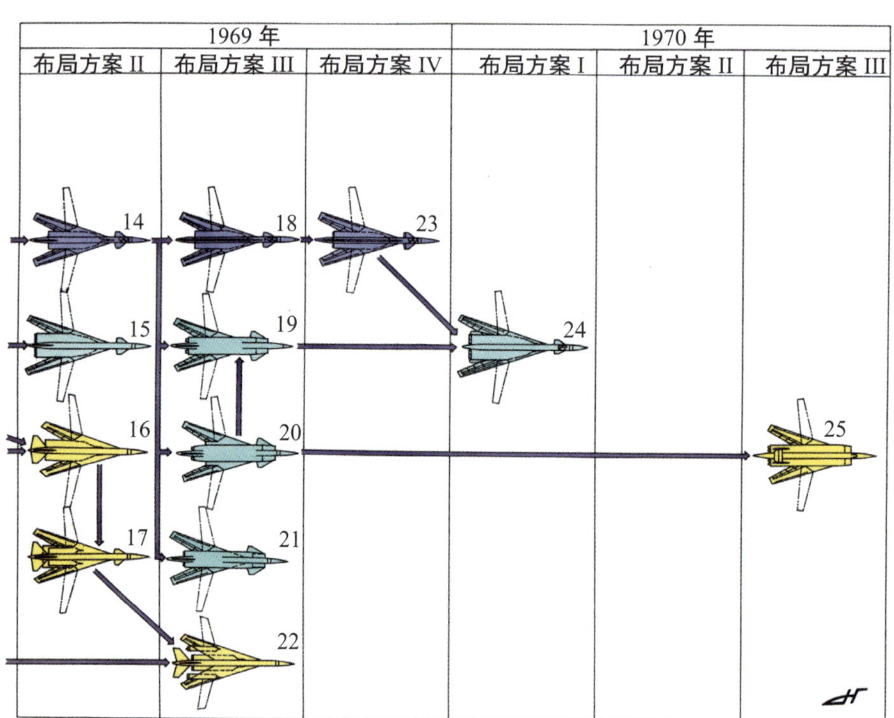

▲ 图 4-8　T-4M 飞机布局方案演变

附注：

（1）1—T-4M飞机设计方案，第2版，设计师Л.И.邦达连科，1967年7月；

（2）7—初期研究的T-4M布局方案，带全受弯升降舵，第9版，设计师Л.И.邦达连科，1967年12月；

（3）9—该T-4M布局是T-4飞机中较完善的一型，第13A版，设计师Л.И.邦达连科，1968年6月；

（4）18—1969年预先设计的T-4M飞机方案（见图4-9和图4-10），第13Г版，设计师Ю.В.瓦西里耶夫，1969年5月13日；

（5）24—该T-4M飞机布局是思维最缜密且最可行的一种布局方案，属"一体化"布局（见图4-11和图4-12），第29版，设计师Л.И.邦达连科，1970年2月。

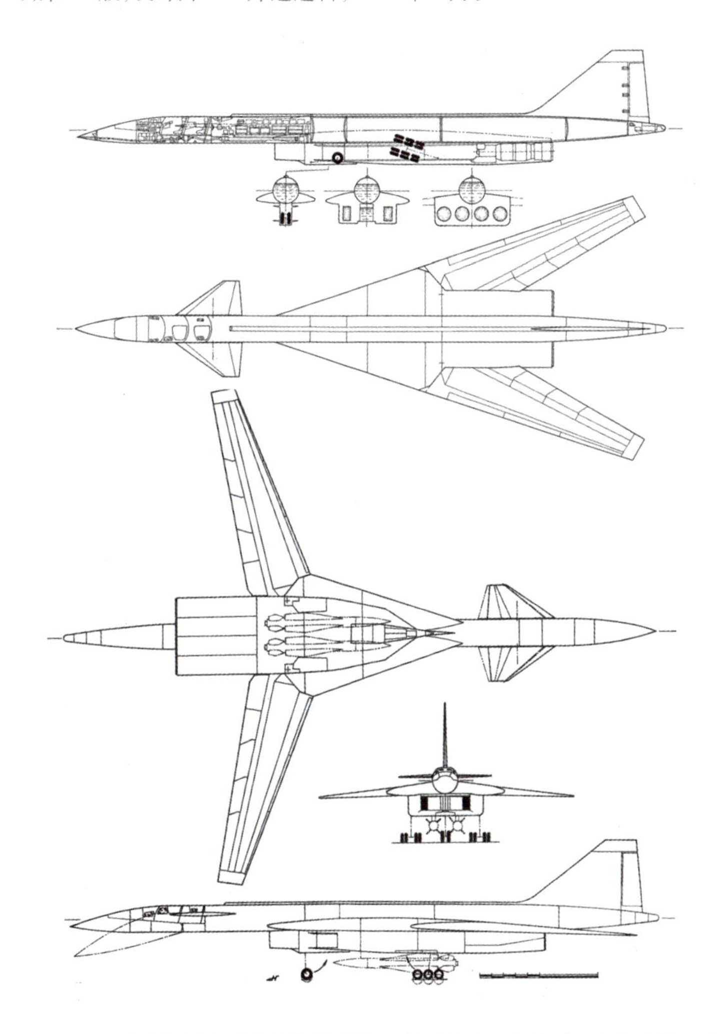

▲ 图4-9　基于"鸭式"布局而设计的带鸭翼且发动机（四台发动机）成对位于中翼之下的变几何机翼双状态攻击机T-4M方案

（设计师Л.И.邦达连科于1969年7月研制的图4-8中的№18）

（尼古拉·戈尔久科夫供图）

▲ 图 4−10　T−4M飞机布局方案图
（1970 年初步方案设计阶段的图 1−19 中的№27 和图 4−8 中的№18）
（米哈伊尔・德米特里耶夫供图）

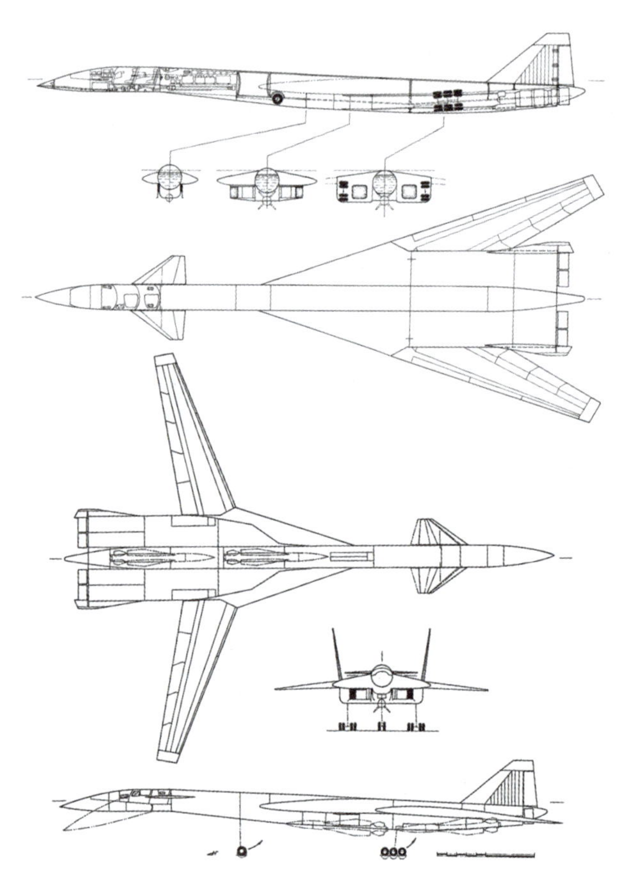

▲ 图 4−11　带鸭翼的“鸭式”布局飞机T−4M方案
（设计师Л.И.邦达连科于 1970 年 2 月研制的图 4−8 中的№24）
（尼古拉・戈尔久科夫供图）

▲ 图 4-12　T-4M飞机布局方案图
（图 1-19 中的№29 和图 4-8 中的№24）
（米哈伊尔·德米特里耶夫供图）

T-4 飞机的“组合式”发动机短舱不允许在机身内部布置武器，这使得飞机重量和尺寸急剧增加。显然，这也对所采用的布局不利。

1968 年 5 月 26 日，空军武装副总司令确定了双状态战略飞机预先方案设计的战术技术要求。根据这些技术要求，最大有效载荷增至 45t。作战载荷的增加使得飞机尺寸增加，T-4M设计方案与新的战术技术要求也不相符。然而，军方还不急于关闭T-4M项目。

1969 年，研究了空前数量的布局方案。最终，确定以图 4-8№13Г方案作为基础来提供T-4 飞机初步设计方案的补充材料。为了得出结论，补充材料和草图设计均递交航空工业部、国防部和同行业研究院所，包括中央茹科夫斯基空气流体动力研究院、中央航空发动机制造研究所、飞行研究所、航空材料研究院和航空工艺研究院。

然而，苏霍伊设计局并没有中断“100И”号飞机的工作，原因在前面已提到，即机翼弹性变形的问题始终无法解决。甚至在有了初步设计方案的补充材料后，设计局的专家们也未曾对此项工作满意过，设计思路仍在继续发展。最后的布局方案与早前方案有了较大不同，已接近于整体式布局的类型。

最终，未得出有关T-4M飞机初步设计方案补充材料的结论。

实际上，军方的想法中对战术技术要求的改变符合苏霍伊设计局的利益，因为这种改变使设计师们可中断让他们陷入困境的T-4M项目，并吸取T-4和T-4M飞机研制中积累的所有经验，着手研制新的飞机。

最终，"100И"号飞机的相关工作于1970年9月结束，其布局编号为32。总体设计部所有设计师（Л.И.邦达连科、Ю.В.瓦西里耶夫和Ю.В.达维多夫）在为期3年的T-4M项目工作中，完成了36个布局方案。图4-13所示为T-4M飞机布局图。

大量布局方案的设计和研究表明，在当时的科学技术水平下，要研制在布局和重量上类似T-4的多状态飞机实则不可行。

然而，并不能说在T-4M设计中开展的工作徒劳无益。要知道，它们将苏霍伊设计局引领到了一个新的技术水平。例如，在设计"100И"号飞机过程中获得了用于控制机翼滚转的新方法。

T-4M飞机为"无尾飞机"，从而产生了一个问题——在无水平尾翼的情况下怎么控制飞机的滚转？曾研究出所谓的"扰流板"，即安装于机翼后部上表面的薄板，当机翼后掠角变化时，薄板可通过曲轴联动机构顺着气流方向保持不动，并固定在机翼后翼梁上。为了控制倾斜，增设了液压作动器，用于控制"扰流板"的偏转角，偏转范围从0°到90°[①]，同时，液压作动器实际达到扰流器的状态，阻滞机翼上表面气流，减小其升力。如果一侧的"扰流板"在工作，那么另一侧的就会断开，反之亦然，以此实现滚转控制。

在T-4M项目研究过程中，解决了机翼转动部件与机身间裂缝遮盖的问题，这样可明显降低飞机的气动阻力，尤其是超声速飞行时。

T-4MC战略飞机首批方案的气动布局在很大程度上借鉴了T-4M飞机。

2.技术说明

(1)T-4飞机的继承性。

[①]译注：此处原文为900，疑应为90°。

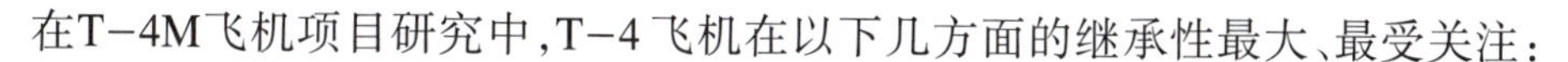

在T-4M飞机项目研究中，T-4飞机在以下几方面的继承性最大、最受关注：

——保留发动机装置、机载系统和设备；

——使用已掌握的材料和标准设计方案；

——使用成熟的工艺方案。

如此一来，所提出的飞行技术特性是基于工业已达到和掌握的技术方案而实现的。

(2)使用变后掠翼的优势。

T-4M飞机可能是世界上第一架变后掠翼飞机，适用于Ma=0～3的巡航速度。

在飞机上使用变后掠翼能从本质上扩大飞机的作战使用能力，其亚声速状态的远航程和长航时使飞机能在最短时间内从“空中巡逻”状态转攻敌方，较大的飞行速度和高度范围使飞机能在高低空顺利绕过和突破防空区域，并能广泛使用“高空—低空—高空”组合剖面攻击敌方。

具备亚声速状态的远航程和长航时，飞机就能成功地作为轰炸机和水鱼雷武器的载机使用。

(3)气动布局。

T-4M飞机的气动布局为飞行中可变后掠翼的“鸭式”布局。在设计“100И”号飞机时继承了T-4飞机研制中所得的基本原理方案，因此除了变几何机翼外，T-4M气动布局没有其他本质性的差别。

(4)结构和布局。

机身为半硬壳式结构，截面为圆形，包括通过桁条和横向构件组(普通框)加固的受力蒙皮。

机身从工艺上分为以下舱段：

——带前部透波整流罩的可弯折机头；

——座舱；

——设备舱；

——燃油箱；

——机身尾部。

T-4M飞机的工艺划分图，如图4-14所示。

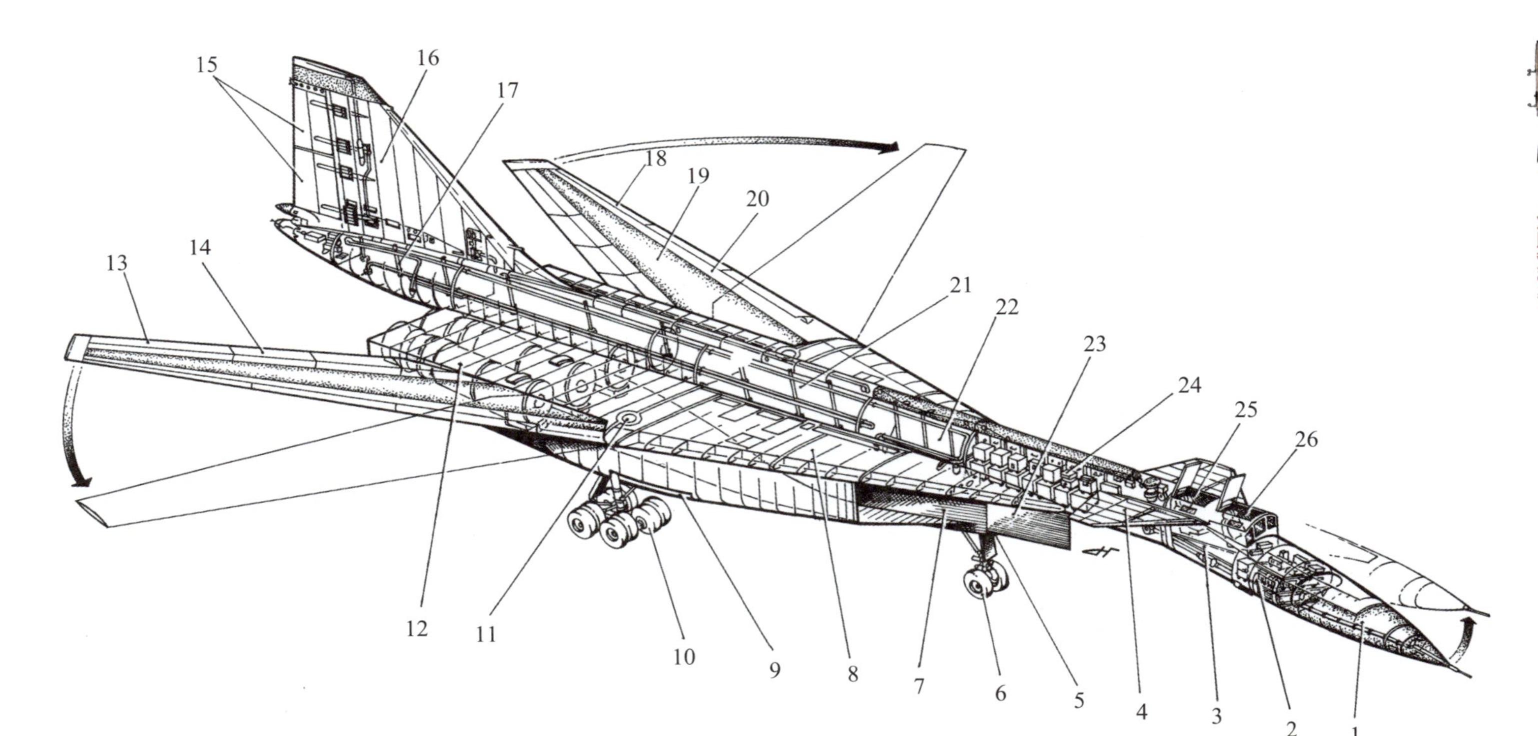

▲图 4-13　T-4M 飞机布局图

1. 可弯折机头；　2. 可弯折机头组件；　3.座舱；　4.鸭翼；　5.前起落架舱门；　6.前起落架；　7.进气道可调壁板；　8.中翼；
9.主起落架舱门；　10.主起落架；　11.铰接接头；　12.发动机；　13.副翼；　14.襟翼；　15.方向舵段；　16.垂尾；　17.油量表；
18.前缘缝翼段；　19.机翼可转动部分的燃油箱；　20.机翼可转动部分；　21.机身燃油箱；　22.燃油消耗箱；　23.进气道固定斜板；
24.无线电设备舱（后座舱）；　25.领航员座椅；　26.飞行员座椅

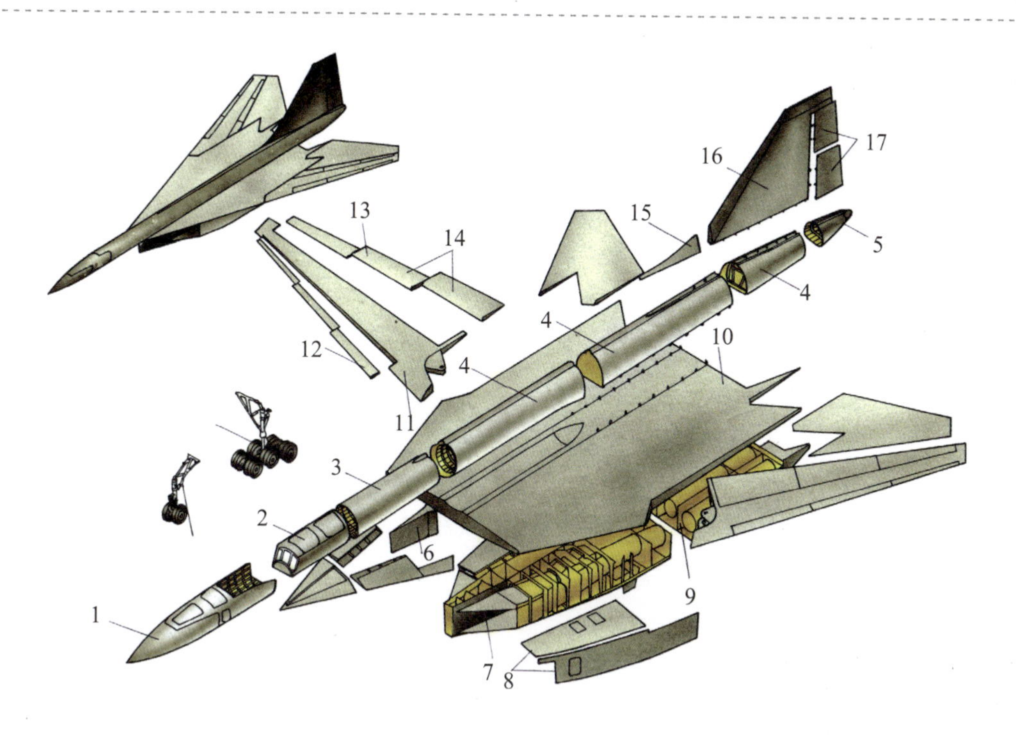

▲ 图 4-14　T-4M飞机的工艺划分图
（在初步方案中没有水平尾翼）
1.可弯折机头；　2.座舱；　3.机身仪表舱；　4.机身燃油箱段；　5.机身尾舱(含减速伞包)
6.进气道斜板；　7.进气道；　8.进气道壁板；　9.发动机舱段；　10.中翼；
11.可转动外翼翼盒；　12.伸出的前缘缝翼段；　13.副翼；　14.伸出的襟翼段；
15.背鳍整流罩；　16.垂尾；　17.方向舵段；　18.前起落架；　19.主起落架
（尼古拉·戈尔久科夫供图）

结构件最主要的连接方式是焊接。机身材料采用牌号为OT4 和BT20 的钛，以及 VNS-2(BHC-2)钢。

机身尾部设有减速伞包。机身上表面有纵向整流罩，覆盖飞机系统管线。

发动机短舱位于机身和中翼下方，始于两个相互独立的进气道，两侧进气道又过渡到两个矩形截面的空气通道。发动机舱段入口前的每一个空气通道再分为两个圆形截面。为了保证发动机在各飞行状态下工作的稳定性，每个进气道入口部分的面积由活动壁板调节。

发动机短舱和空气通道侧表面和上表面设有补气门，下表面设有防喘调节门。

在发动机短舱前部设有前起落架舱。

在发动机短舱中部设有燃油系统消耗油箱。前起落架舱和消耗油箱中间为进气道可调壁板控制系统。发动机短舱内设有中翼梁和斜支柱，中翼上还通过铰链连接了可转动的机翼部件。

在发动机短舱侧壁板和空气通道之间设有主起落架舱。主起落架支柱连接组件与斜支柱连接，而起落架收放作动筒连接组件与中翼梁连接。

发动机舱段位于发动机短舱尾部。发动机的安装应通过发动机舱段侧表面和下表面的折叠式舱口进行。

发动机短舱属于焊接结构。进气道入口部分由钛合金铸造。承力梁、翼梁和铰接头由VNS-5(ВНС-5)，VL-1(ВЛ-1)，VKS-3(ВКС-3)钢和VT-22(ВТ-22)高强度钛合金制成。

飞机机翼由固定部分和两个转动式外翼组成，每一个外翼都与中翼铰接。

盒形外翼由铰接组件、翼盒、机翼前部、前缘缝翼段、尾部、双缝襟翼段、副翼段和翼尖组成。每一个外翼的前缘缝翼由相互铰接的五段组成。前缘缝翼的运动应沿轨道进行。

每一个外翼的可折叠式双缝襟翼由相互铰接的三段组成。每段都沿两个轨道运动。副翼由两段组成。飞机上使用了全新的全动式外翼铰接结构。

全动式外翼翼盒是装有燃油的密封舱。翼盒结构包括上下壁板、翼梁和翼肋。每一个壁板都是由标准尺寸的VT-20(ВТ-20)独立板块通过氩弧焊对头焊接而成，独立板块上又通过接触焊法焊接了翼梁和翼肋带。

全动鸭翼安装于机身两侧的轴承上。每侧鸭翼包括三段前缘缝翼和两段襟翼，其偏转需借助三个液压作动器和摇臂来完成。前缘缝翼通过螺旋千斤顶在支架上偏转，襟翼则通过安装在鸭翼承力翼肋上的螺旋减压器沿导轨移动。

鸭翼的结构由壁板和骨架组成。

T-4M的垂直尾翼在几何尺寸和结构上和T-4飞机的垂直尾翼完全一样。

起飞着陆装置包括正常的三点式起落架和减速伞系统。

主起落架包括三个轮轴，可安装六个刹车机轮，每个机轮上安装两个840mm×290mm的轮胎。

T-4M上安装的前起落架与T-4飞机的前起落架一样，其上装有两个带起飞刹车装置和950mm×300mm轮胎的机轮。

在收上位置，起落架位于发动机短舱的隔热冷却舱段，并固定在其承力元件上。主起落架向前移动，利用液压作动筒－斜支柱收进舱内。

收放过程中，主起落架机轮轮轴架通过专用机构绕挂架轴转动。起落架的参数可确保飞机在混凝土跑道的一级机场大量使用，也能满足飞机在外场土质跑道机场（土壤强度为8 ～ 9kg/cm²）使用的要求。

（5）飞机系统。

飞机控制包括纵向、横向和航向控制，需通过飞机自动控制系统SAU-4M（САУ-4M）中的电传操纵系统来完成。纵向控制通过鸭翼来实现，横向控制通过位于可转动外翼的副翼来实现，航向控制则通过方向舵来实现。

座舱中设有两个控制席位，它们之间通过控制线路来联系。为了确保较高的可靠性，电传操纵系统应为四余度，那么，当出现任意类型的连续故障时，系统仍可正常工作。远程传输的执行机构为四通道舵机。

机翼变后掠角系统由液压动力操纵传动装置构成，该装置通过两个独立的液压系统、分配齿轮箱、传动轴和滚珠式螺旋变换器工作。

安装于发动机短舱的液压传动装置通过传动轴和分配齿轮箱将转动能量和扭矩传给滚珠式螺旋变换器，变换器又将转动能量转化为前进动能，将扭矩转化为轴向力。

外翼传动装置为逆向式，可固定在不同的后掠角。通过液压传动装置与变换器间的刚性机械以及传动轴可保证角位移的同步。

襟翼和前缘缝翼的收放系统与后掠翼变化系统类似，该系统由液压动力传动装置构成，该装置通过两个独立的液压系统、分配齿轮箱、传动轴和自锁式螺旋千斤顶工作。

襟翼和前缘缝翼传动装置为逆向式，可固定在不同的襟翼偏转角。传动轴固定在沿翼展布置的支架上。在外翼与中翼对接处传动轴可伸缩，并为花键接合。

襟翼和鸭翼前缘襟翼控制系统通过两个独立的液压系统、中央分配齿轮箱、前缘缝翼和襟翼的螺旋千斤顶以及传动轴工作。前缘襟翼螺旋千斤顶为自锁式，而襟翼的为非自锁式。控制系统为电动式，具有反馈功能。襟翼和前缘襟翼同时收放。

飞机液压系统由4个系统组成，假设分别为“绿色”“蓝色”“棕色”和“黄色”。

液压系统确保以下子系统的工作：

——起落架收放子系统和前轮转弯子系统；

——起落架、前起机轮刹车子系统；

——发动机进气道防喘进气门和壁板控制子系统；

——载荷转换机构控制子系统；

——机翼增升传动装置控制子系统，同时还有自动控制系统舵机、副翼、方向舵、水平尾翼操纵机构电源子系统。系统最大的液压功率为525马力[①]。

液压系统电源为8个安装在发动机上的交流泵和一个泵站。液压系统的正常压力为280kg/cm^2。因为液压系统附件分布区域内的环境温度可达到250℃，系统还安装了燃油散热器。

各舱环控冷却系统用于维持座舱内的生活条件和规定的舱内温度状态。

该系统可确保：

——保持座舱内的规定温度和压力；

——向密闭飞行服通风系统进气；

——维持气密仪表舱内的规定温度和压力；

——冷却起落架舱；

——冷却非气密设备舱；

——冷却液压系统工作液；

——向吊挂冷却系统进气和进水。

救生设备。各座舱席位均配备弹射座椅K－36。座舱座椅安装在托架上。在极限位置，托架通过风缸锁固定。托架位移的使用控制通过机舱侧壁上的手柄实现。

机组人员通过操纵弹射手柄从应急固定在极限后位的托架弹射而出。

每位机组人员都有一个舱口（向后上方开启）用于出舱。舱口的升降由气压作动筒完成。舱口盖的应急投放应使用舱口盖应急投放手柄或者座椅上的弹射手柄并通过高温气动抛放系统以及应急开锁系统来完成。

机身前部要确保通过座舱风挡玻璃的视野，其升降应通过两台由独立液压系统供电的液压马达来完成。机身前部的应急下降通过两台液压减震器实现。

机组人员生命保障系统。在密闭飞行帽中规定使用气体调节再生回路。

[①]译注：1马力=0.735kW。

密闭飞行服通过常用开路系统空气来进行增压和通风，而空气再生仅在密闭飞行帽中进行。

氧气以气态形式保存在气瓶中，当飞行中座舱漏气时氧气量应足以用来补偿。一旦要弹射，则自动切换至座椅上的应急气瓶供氧。

自动控制系统和T-4飞机的一样，用于飞机的手动、半自动和自动控制，由手动控制电传操纵系统和控制增稳系统组成。手动控制电传操纵系统可保证在各飞行状态下根据操纵杆或者脚蹬信号对飞机舵面进行控制。

T-4M飞机的稳频交流电供电系统和T-4飞机的相同。发电机功率可保证在一台发动机或者一台发电机失效时所有用电设备的全部用电。

(6)座舱。

飞机机组人员有3名，两名飞行员，一名领航操作员，均分布在座舱中，而座舱又通过非密封横向挡板分成两个舱。前舱中两个飞行员座椅相邻布置，挡板后面，即后舱左侧为领航操作员座椅。

座舱布局的特点也和T-4飞机一样，在于其舱盖不同于寻常的座舱盖。不同飞行阶段，可弯折机头的所有工作状态都与T-4飞机相似。当机头完全偏折时，座舱内侧向方位15°的下视场为24°。

每位飞行员都有一个独立的飞机控制席，包括了驾驶杆和脚蹬。一套操纵杆为两名飞行员共用，故布置在两座椅间的中央控制台上。飞行员座椅的布局和T-4飞机一样。

与“100”号飞机的驾驶员一样，该飞机机组人员应身着密闭飞行服工作，以此确保座舱漏气时仍可进行战斗操作。

(7)动力装置和燃油系统。

飞机动力装置安装在中翼下方的一个发动机短舱中，包括4台静推力均为16 000kgf的РД36-41(RD36-41)发动机。从原则上来讲，它与T-4飞机的发动机装置并无区别，包括了带垂直安装压缩面的可调式平面进气道，且每个进气道服务于两台发动机。

进气道自动调节系统在各使用状态下可保证进气道和发动机协调工作。每个进气道都有可调壁板和溢流门，为独立控制。壁板和溢流门的自动控制通过两个自主通道(主通道或者备份通道)实现。该系统同时还保证了壁板和溢流门手动控制的可能性。

“100И”号飞机中燃油分布在10个燃油箱中：5个位于机身的燃油箱、中翼前部的2个（左和右）燃油箱、位于进气道间发动机短舱的1个燃油箱、位于可动外翼的2个（左和右）燃油箱。

机内油箱的总燃油储备量为82 000kg。

飞机配备了空中加油系统，加油探管位于机身前部。空中加油需借助同类飞机或者基于伊尔-76的加油机来实现。加油应在1 200 ~ 1 300km的区域进行，且高度应为8 ~ 9km，速度对应马赫数应为Ma=0.75 ~ 0.8。这种情况下，加油机应提供不少于20t的燃油，且输油速度为2 500 ~ 3 000L/min。

应急放油是使用发动机加力泵并通过每台发动机上的专用集油管来实现的。

油箱增压系统用于维持余压，其目的是保证整个高度范围内燃油系统的无气蚀工作。使用氮气来进行油箱增压，其机上储备量为160kg。氮在飞机上以液态形式保存在气化器中，这样便能保证增压系统的重量最小。

（8）无线电电子设备。

T-4M飞机和T-4飞机的无线电电子系统基本相同。

T-4M飞机导航系统是T-4飞机导航系统的进一步发展。

T-4M飞机无线电通信设备系统不同于T-4飞机，它可保证无线电通信作用距离达到10 000km，并可确保3名机组人员的内外通信。

（9）飞机武器。

T-4M飞机的机载武器安装在发动机短舱下方的两个挂点上。其武器布置图如图4-15所示。

T-4M飞机计划使用X-45，X-2000和TUS-2（TYC-2）等“空 - 面”导弹，以及航空炸弹、航空鱼雷、一次性炸弹架和燃烧弹。

按计划，航空炸弹挂架有以下两种方案：

——主要方案，包括总重小于8 000kg的航空炸弹，这些炸弹放置在2个弹舱中，其外形尺寸与侦察设备的尺寸统一；

——补充方案，航空炸弹安装于多挂钩梁式外露挂架上，且炸弹载荷的最大重量不到18 000kg。

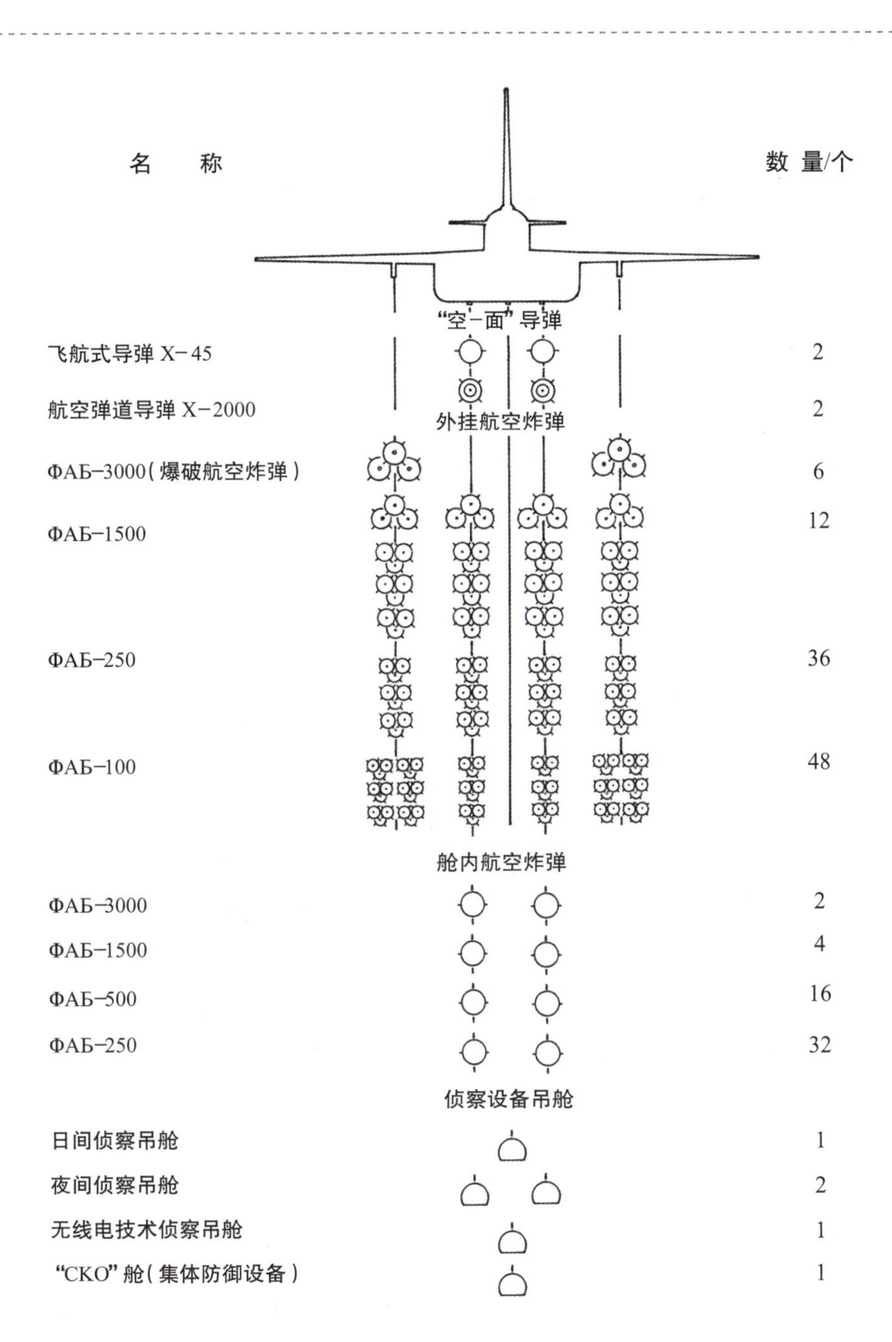

▲ 图 4-15　T-4M 飞机武器布置图
（尼古拉·戈尔久科夫供图）

飞机在携带炸弹载荷(置于弹舱)的情况下,可以完成超声速飞行。

飞机上所使用的侦察设备应能确保无线电技术侦察、雷达侦察、红外侦察、摄影侦察和辐射侦察的进行。侦察设备应位于四个挂舱中。

(10)T-4M 飞机飞行技术特性进一步提升的途径。

计划通过以下手段逐步提高 T-4M 飞机的飞行技术特性(见表 4-2):

——研制高推重比(拟将推重比提高到 8 : 1,替代原 RD36-41 发动机所实现的 5.5 : 1)、低单位耗油率的双涵道发动机;

——研究开发复合结构材料工业技术,将机体重量降低 10% ~ 15%;

——掌握微电路中无线电电子设备的工业生产技术,从本质上提高无线电电子设备的可靠性并减轻其重量。

表 4-2　T-4M 飞机的主要飞行技术特性

(根据П.О.苏霍伊 1969 年签署的草图方案№2 第 2 份补充书)	
参数名称	参数值
最大飞行速度/(km · h^{-1})	3 200
巡航飞行速度/(km · h^{-1}): ——超声速 ——亚声速	 3 000 ~ 3 200 850 ~ 900
巡航飞行高度/km: ——超声速时 ——空中亚声速时 ——地面亚声速时	 20 ~ 23 9 ~ 14 0.2
最大实际航程/km: ——超声速时 ——空中亚声速时 ——地面亚声速时	 7 000 10 000 3 500
两次空中加油后的最大实际航程/km: ——超声速时巡航飞行 ——亚声速时巡航飞行	 10 000 16 000
飞机的起飞重量/kg: ——正常重量 ——最大重量	 131 000 145 000

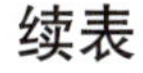

续表

参数名称	参数值
作战载荷重量/kg： ——正常重量 ——最大重量	 4 000 18 000
发动机装置： ——发动机数量和型号 ——研制方 ——总推力/kgf	 4×RD36−41 П.А.科列索夫设计局 4×16 000

(11)T−4P(T−4П)远距截击航空导弹综合体。

1969年至1970年，在攻击侦察飞机T−4的基础上，苏霍伊设计局对研制远距截击航空导弹综合体的可能性进行了研究，并将其命名为T−4П。

T−4П用于在不具备发达机场网和地面雷达告警及目标指示设备的西西伯利亚和东西伯利亚周边北部和东北部区域进行飞机防御。

航空导弹综合体的远距截击机T−4П应为超声速T−4飞机的改型。它基本上使用了T−4飞机的机体，主要是在武器系统方面有较小的变化，图4−16所示为T−4П飞机武器布置图。该项工作是根据1968年编写的防空技术要求进行的。

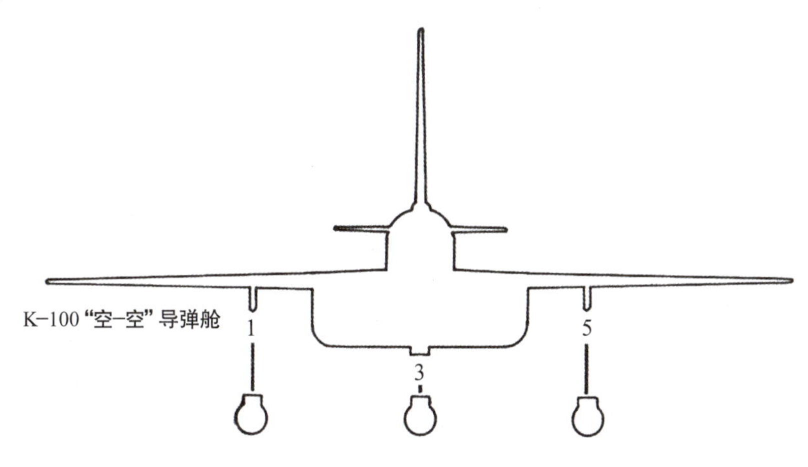

▲ 图4−16　T−4П飞机武器布置图

（1,3,5为所用挂点编号）

（尼古拉·戈尔久科夫供图）

截击机应确保能截获飞行速度达 4 500km/h、高度达 35km 的空中目标，以及地面飞行高度达 50m、飞行速度达 100km/h 的目标。

T-4П飞机的机载无线电电子设备应包括带前视和侧扫天线的“龙卷风”型机载雷达、导航设备和无线电通信设备。

拟安装到T-4П飞机上的导航设备应确保截击机能定位目标并制导，保证为自动控制系统发出控制信号，引领飞机飞向着陆机场并进场。

导航设备：

——飞机惯性定位系统；

——多普勒地速及偏流角测量仪；

——近距无线电导航和着陆系统；

——速度传感器；

——低空无线电测高计；

——高空无线电测高计；

——通信设备；

——飞机应答机；

——空中信号系统。

无线电通信设备：

——国籍识别系统；

——无线电通信电台；

——无线电短波电台；

——飞机通话设备；

——飞机录音机；

——语音指令装置；

——辐射告警系统。

武器系统应使飞机能在任何方位进行攻击，不管是目标比飞机高 17km，还是低 15km。

飞机应装备 6 ~ 8 枚重量为 680kg 的 X-100 型“空-空”导弹。按计划，应确保导弹的最大发射距离达到 200 ~ 250km。

在 1970 年发布的T-4П飞机工程记录单中指出了远程截击综合体的主要特性和T-4П截击机的特性、X-100 导弹和机载无线电电子设备的主要特性，

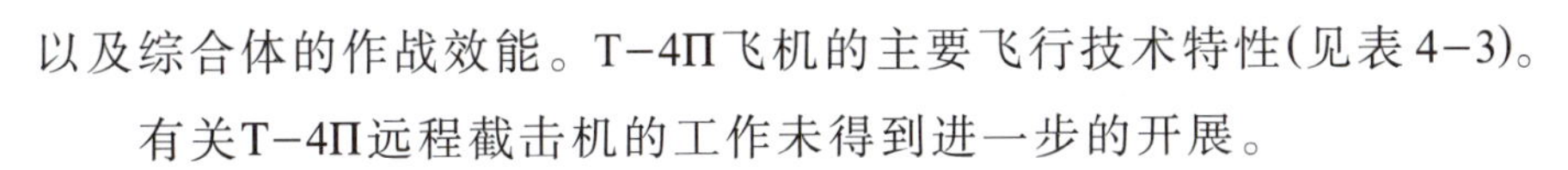

以及综合体的作战效能。T-4П飞机的主要飞行技术特性(见表4-3)。

有关T-4П远程截击机的工作未得到进一步的开展。

表4-3 T-4П飞机的主要飞行技术特性

参数名称	参数值
起飞重量/kg	101 350
内部油箱的燃油储备量/kg	53 000
翼展/m	22
飞机长度/m	43.7
机翼面积/m^2	288
巡航速度/($km \cdot h^{-1}$)	3 000 ～ 3 200
最大速度/($km \cdot h^{-1}$)	3 300
发动机数量和型号	4×RD36-41
带4枚导弹和副油箱巡航的时间/h	7
带6枚导弹巡航的时间/h	5.5
在混凝土跑道起飞滑跑的距离/m	900
在土跑道起飞滑跑的距离/m	1 300
在混凝土和土跑道着陆滑跑的距离/m	1 200
飞行高度/km	小于25

4.5 多状态攻击型战略侦察机T-4MC(产品“200”)

1.研制史简述

根据1969年1月10日苏联航空工业部下达的命令,苏联航空工业部的企业参与到新型双状态战略飞机预先方案的研究工作中。这一日期可视为图波列夫设计局、米亚西谢夫设计局和苏霍伊设计局公告参与竞标的起始之日。

按照上述命令，苏联航空工业部的企业应着手研制该飞机的动力装置、导弹武器和飞机系统。1969 年 5 月 25 日，无线电电子工业部发布了研制无线电电子综合体的命令。

苏霍伊设计局公告参与竞标后便开始着手于战略型双状态飞机T-4MC（“C”表示战略型）的研制，该机型强调尽可能继承T-4 飞机的特性，其中包括保留动力装置、机载系统和设备；运用为T-4 飞机所研发的材料和典型的设计工艺方案；运用成熟的工艺流程。

设计局开始着手开展T-4MC飞机预先设计的工作。预先设计期间，研究了多个气动布局方案。同时在开始阶段分析了通过大规模改进T-4M飞机来研制战略型飞机的可能性。然而，按照“100И”号布局方案设计T-4MC飞机的尝试并未获得理想结果，因为这需要大大增加飞机的外形尺寸和重量，同时无法保证所有武器布置到位（见图 4-17）。

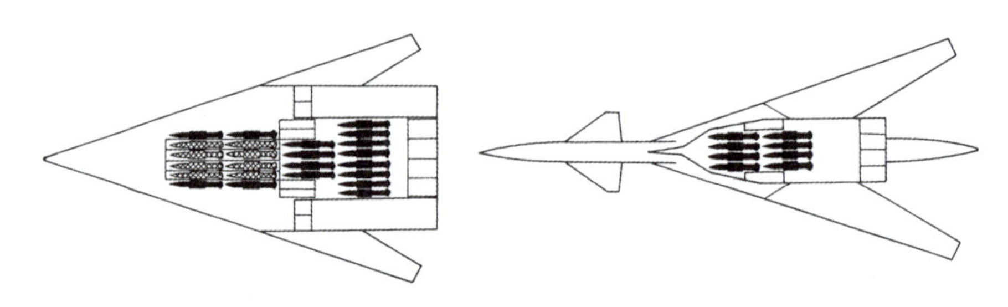

▲ 图 4-17　T-4M和T-4MC飞机上 X-2000 导弹布置对比图[①]
（彼得 · 布多夫斯基供图）

设计局因此不得不探索新的飞机布局，新布局要满足以下基本条件：

——在浸润面积最小的情况下获得最大可能的体积；

——确保所需武器可布置在舱中；

——获得最大可能的刚度，以确保近地时可高速飞行；

——从飞机受力系中除去发动机装置，以保证飞机可根据所使用发动机的类型来进行改型；

——布局要具有前瞻性，以期实现飞机飞行技术特性的持续提升。T-4MC飞机不同发展阶段的飞行技术特性见表 4-4。

[①]译注：此图来自于波兰作者彼得 · 布多夫斯基的文章《俄罗斯超声速战略轰炸机系列 2》。

表 4-4 T-4MC 飞机飞行技术特性(根据飞机的发展)

参数	T-4MC 飞机发展阶段		
	1973—1974 年	1976—1977 年	1979—1980 年
机长/m	41.2	41.2	41.2
翼展/m: ——中翼 ——后掠角 30°时机翼的可转动部分	 14.4 40.8	 14.4 40.8	 14.4 40.8
机高/m	8.0	8.0	8.0
机翼面积(后掠角 30°)/m^2	97.5	97.5	97.5
最大起飞重量/t	170	170	170
最大飞行速度/(km · h^{-1}) ——空中 ——近地	 3 200 1 100	 3 200 1 100	 3 500 1 200
实用升限/m	24 000	24 000	24 000
无空中加油、携正常作战载荷以巡航速度飞行的最大航程/km: ——速度为 3 000km/h 时 ——速度为 900km/h 时	 7 500 11 000	 9 000 14 000	 10 500 16 000
发动机数量及型号	4×RD36-41	4×K-101	4×K-101
发动机总推力/kgf	4×16 000	4×20 000	4×20 000
正常起飞重量条件下的推重比	0.35	0.35	0.35
机翼最大后掠角和正常起飞重量条件下,翼载/(kg · m^{-2})	350	350	335
起飞滑跑距离/m	1 350	1 100	1 100
着陆滑跑距离/m	950	950	950
作战载荷/kg ——正常 ——最大	 9 000 45 000	 9 000 45 000	 9 000 45 000

符合上述条件的布局方案为通过面积较小的可转动外翼在飞行过程中的转动实现后掠角变化的“飞翼”式整体气动布局。为了得到此结论，设计局设计师们着力研究了T-4M飞机的最新整体式布局。

该布局编号为“2Б”，于1970年8月由设计师Л.И.邦达连科设计，获得了总体部主任О.С.萨莫伊洛维奇、项目总设计师Н.С.切尔尼亚科夫和苏霍伊设计局总设计师П.О.苏霍伊的赞许，并成为初步方案的雏形。

该布局模型在中央茹科夫斯基空气流体动力研究院进行的风洞试验表明，不管是亚声速飞行时，还是超声速飞行时，升阻比都可达到较高值。

当设计局工作人员第一次将T-4MC模型（见图4-18）运到中央茹科夫斯基空气流体动力研究院并展示给研究院院长Г.П.斯维谢夫时，他说：“不用吹风了，升阻比不可能超过14！”然而他错了。此模型的升阻比完全“异乎寻常”（当Ma=0.8时，升阻比为17.5，当Ma=3.0时，升阻比为7.3）。结果让所有人都感到意外，随后又进行了几次吹风，但结果仍无改变。

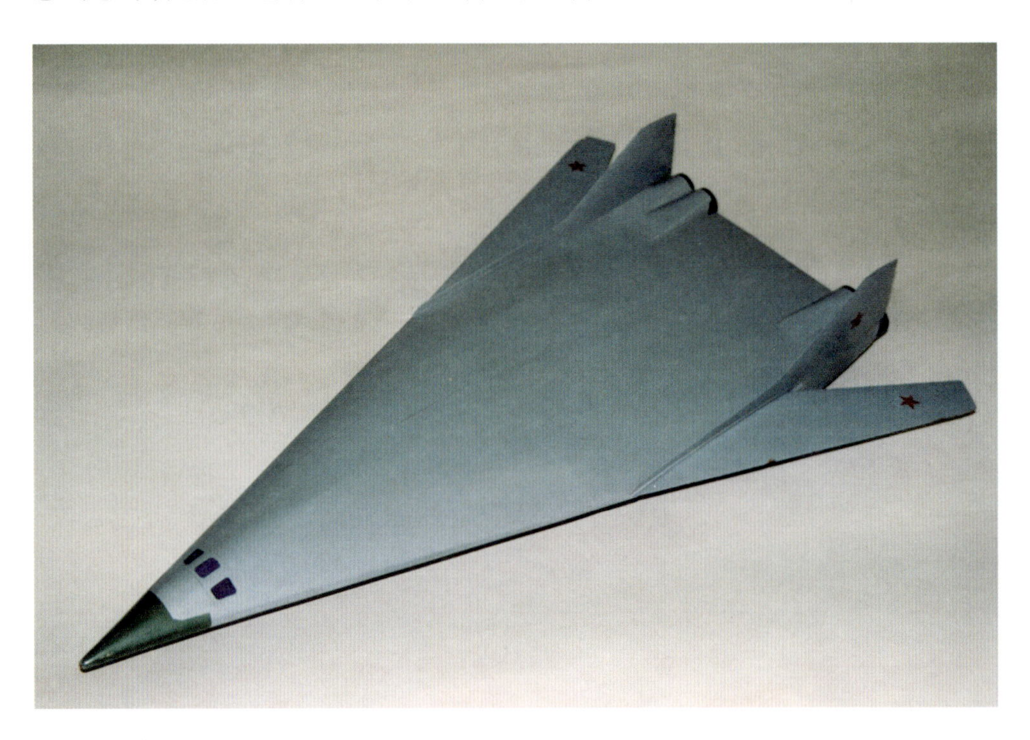

▲ 图4-18　T-4MC（“200”号）飞机模型
（苏霍伊设计局供图）

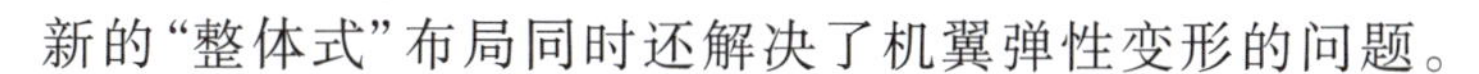

新的“整体式”布局同时还解决了机翼弹性变形的问题。

在所采用的布局中，面积较小的可转动外翼结合中翼的刚性承力壳体，保证了飞机近地高速飞行的可能性。

1970年9月，T−4MC飞机的初步方案准备就绪，交由航空工业部进行研究，同时交空军研究院开展审查并得出结论。除此以外，在上述期限内，还完成了大量有关未来飞行器外形研究的工作：

——制造T−4MC飞机吹风模型，并在中央茹科夫斯基空气流体动力研究院风洞进行试验；

——联合中央茹科夫斯基空气流体动力研究院实验室一起研究飞机的重量和气动特性；

——联合中央巴拉诺夫航空发动机制造研究所学者一起分析和选择动力装置；

——计算飞机及其系统的制造成本；

——开始准备研究草图和制造全尺寸飞机模型，以提交订货方。

整个1971年都在开展“200”号飞机初步方案研究的工作：

——通过改变翼型的厚度和形状来提高升阻比；

——提高使用超临界翼型时的亚声速巡航速度；

——研究机翼偏斜对垂直尾翼和动力装置工作的影响；

——挑选机翼平面形状，以改善稳定性和操纵性；

——通过最优的机体结构承力系统来提高载油量。

图4−19所示为T−4MC飞机、T−4双发飞机和T−4航空航天载机方案的发展示意图。

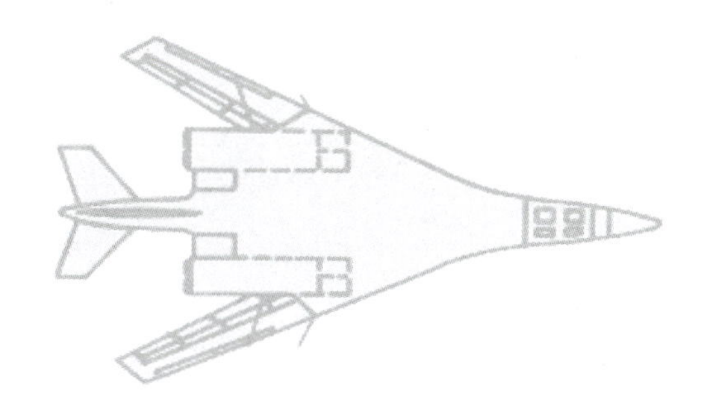

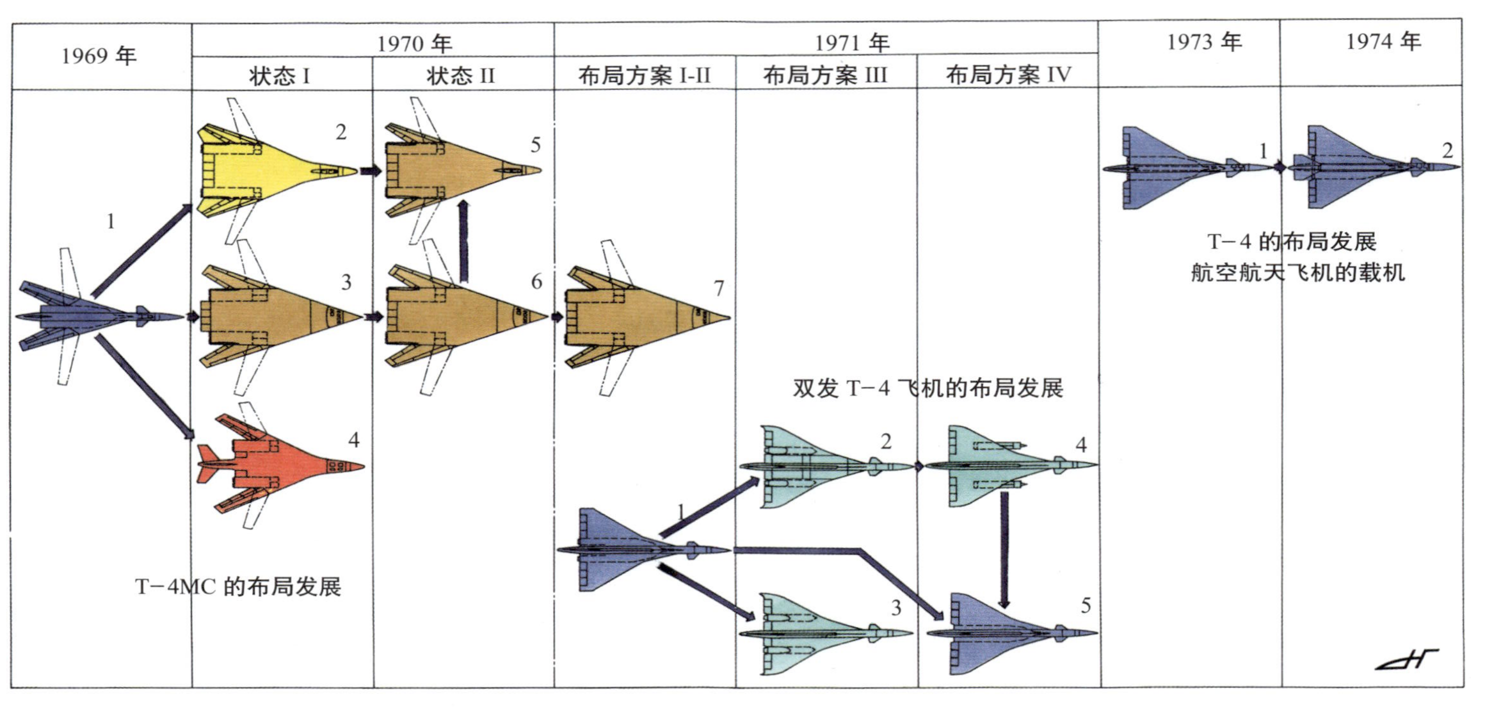

▲ 图 4-19　T-4MC飞机、T-4 双发飞机和T-4 航空航天载机方案的发展示意图
（尼古拉·戈尔久科夫供图）

注释：

（图左）T-4MC：6—1970 年初步方案中的布局（见图 4-23），设计师为Л.И.邦达连科；
5，7—此布局是针对不稳定系统而研究的，方案 7 如图 4-21 所示。

（图中）双发T-4：上述所有布局都应配备新型发动机 RD36-51。

（图右）T-4 改空天飞机载机：1—机腹有加速装置的布局；2—机背有加速装置的布局，
此布局增大了搭载空天飞机的有效载荷及其尺寸。

图例：

—发动机组合布置的“鸭式”布局；
—带分置式进气道的“鸭式”布局；
—带分置式发动机舱的“无尾”布局；
—带分置式发动机舱的正常布局；
—正常组合式布局。

同年，还制造了吹风模型，并基于这些模型在中央茹科夫斯基空气流体动力研究院T-102，T-108，T-112和T-113风洞中研究了中翼、可转动外翼、垂直尾翼和水平尾翼的多种方案。图4-20所示为T-4MC飞机模型图。图4-21～图4-24所示为4种T-4MC飞机方案图。

(a)

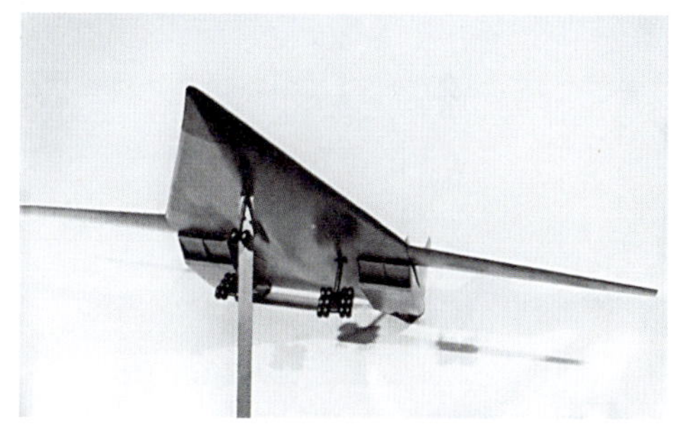

(b)

(c)

(d)

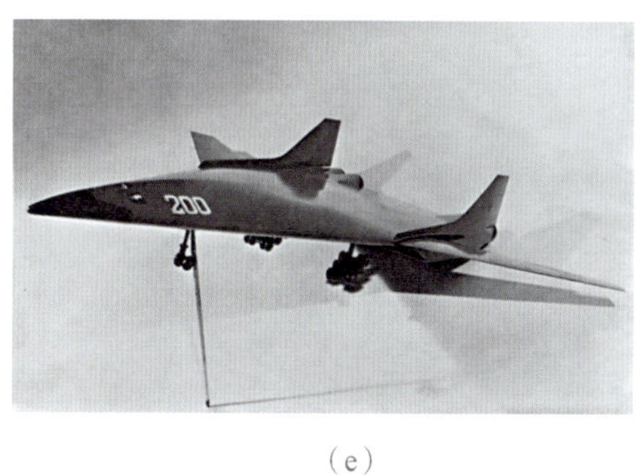

(e)

(f)

▲ 图4-20 T-4MC飞机模型图（“200”号）

(a)前视图；(b)正仰视图；(c)后右视图；(d)后视图；(e)正左视图；(f)仰视图

（苏霍伊设计局供图）

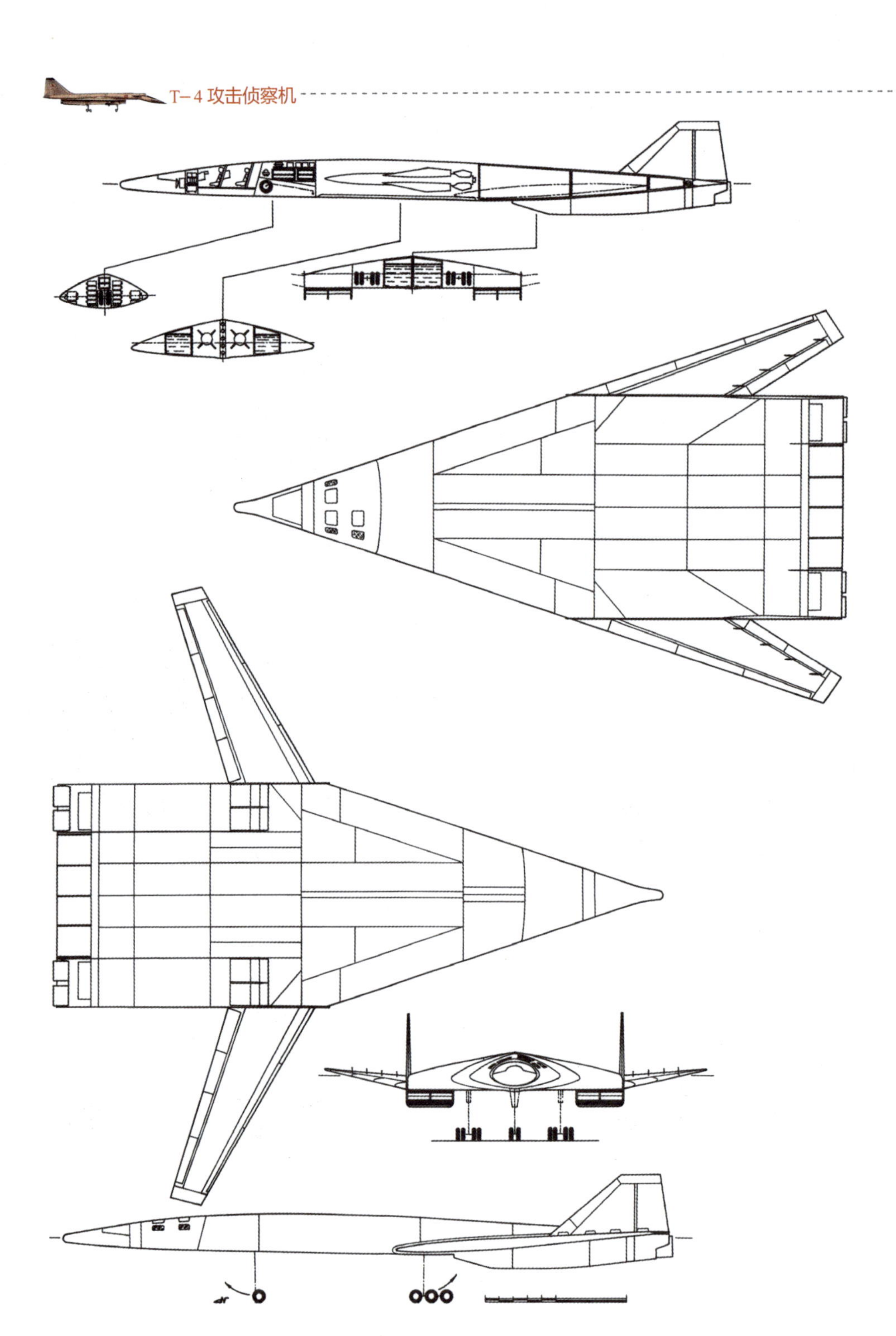

▲ 图 4-21 “整体式”布局和变几何机翼的T-4MC多状态攻击飞机方案(“200”号)
(设计师C.Б.斯米尔诺夫,图 4-19 中的№7)
(尼古拉·戈尔久科夫供图)

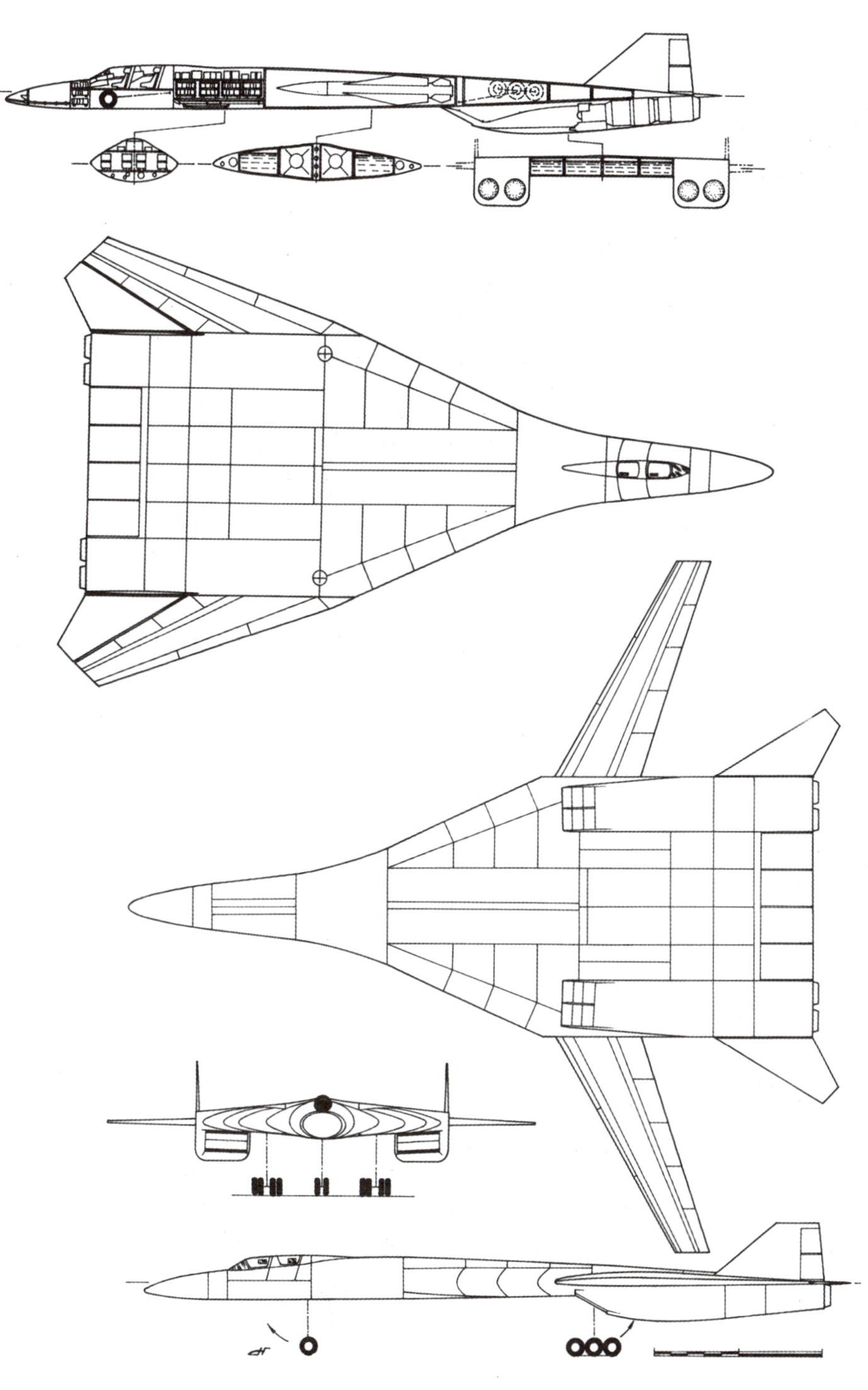

▲ 图 4−22　含座舱盖的“正常”布局的T−4MC飞机方案（“200”）
（图 4−19 中的№2）
（尼古拉·戈尔久科夫供图）

▲ 图 4-23　T-4MC飞机布局方案图
（图 4-19 中的№6）
（米哈伊尔·德米特里耶夫供图）

▲ 图 4-24　机头加长型T-4MC飞机方案图
（图 4-19 中的№2）
（米哈伊尔·德米特里耶夫供图）

通过对T-4MC飞机布局进行吹风，确定了飞机中心不定，存在5%的不稳定性。项目总设计师H.C.切尔尼亚科夫决定不冒险，而是改进初步方案中的布局。因此就出现了一些编号“200”的布局方案（机头长，含水平尾翼），其中一个布局为针形机头（布局№8），但最终采用的布局为加长机头和微外凸型座舱盖（其他均与初始方案布局一致）。该项工作于1971年9月结束。

1972年秋天，航空工业部召开了科技会议，听取了有关战略型双状态攻击机竞标的方案。

竞标委员会收到三个公司的方案，包括：图波列夫设计局的“160M”（尖拱形机翼）（基于图-144）、苏霍伊设计局的T-4MC和米亚西谢夫设计局的M-20（见图4-25）。

▲ 图4-25 1972年用于竞标的M-20飞机样机照片
（尼古拉·戈尔久科夫档案馆供图）

听取的第一份报告是关于图波列夫设计局“160”号飞机的，由A.A.图波列夫讲解。该设计由于不符合战术技术要求，未获得支持。负责远程航空指挥的B.B.列舍特尼克上校在关于图波列夫设计局设计方案的会议上表示：“你们提议的方案实际上是个客机！”他们的报告中还错将飞机升阻比提高，这更是火上浇油。

第二份报告由苏霍伊设计局的代表——T-4MC方案项目总设计师H.C.切尔尼亚科夫讲解。该飞机给军方留下了深刻印象，引起他们的高度关注。

第三份报告关于M-20飞机，由B.M. 米亚西谢夫讲解。该飞机方案设计良好，满足军方要求。然而，米亚西谢夫设计局的M-20飞机最终仍有所偏差，因为重建的设计局不具备实现该方案的科技生产基础。曾作为米亚西谢夫设计局一份子的菲列夫厂交由B.H.切罗麦伊负责，并致力于导弹课题的研究，然而迁至茹科夫斯基市的新厂区后却一无所获。A.H.图波列夫同样也经受了挫折，尽管当时只有图波列夫设计局能够胜任新型飞机的研制工作。最终，苏霍伊设计局成为了赢家。而且，“苏霍伊人”已具备了研制T-4攻击机的经验，但是为了研制“200”号飞机，他们不得不转交喀山厂。然而并没有人愿意如此。而且苏霍伊设计局当时正在研制新型多功能战斗机苏-27，同时还在开展苏-17M和苏-24飞机改进工作，已经超负荷运转。苏霍伊设计局向“重型”航空的转型使所有这些项目都面临分离的威胁。空军总司令П.С.库塔霍夫和航空工业部部长П.В.捷缅季耶夫对此局势感到惶恐不安。

在国防部科学研究所所长莫洛霍夫发言后，П.С.库塔霍夫表示，“你们知道，我们这样来解决吧！的确，苏霍伊设计局的方案更好，我们把他们应得的部分交给他们，但他们已经熟悉了苏-27战斗机的研制工作，苏-27也是我们非常需要的。因此我们接受以下方案：我们承认，苏霍伊设计局是最终赢家，但我们有责任将所有的材料转交图波列夫设计局，以便他们进一步开展工作。”

然而，图波列夫设计局拒绝了T-4MC飞机相关文件，并继续开展新型攻击机外形的研制工作，其研制是以变后掠翼的“铝”飞机为基础的。

最后，喀山厂成为了图波列夫设计局的批生产厂家，喀山厂的设计局成为新型飞机的主要研制方。

在美国出现和“我们的”设计方案相似的机型罗克韦尔B-1时，苏联空军也希望看到类似的飞机。而米亚西谢夫的M-20方案正巧满足此要求，因此，有那么一段时间，米亚西谢夫设计局还与图波列夫设计局同时研制新型轰炸机。

1972年，航空工业部副部长和空军总指挥共同批准颁布了关于1976～1985年远程战略航空及海军航空综合体的发展前景预测研究规划。在规划的基础上，两家设计局自1972年起继续开展新机的工作。图波列夫设计局致力于“160M”(见图4-26)飞机的进一步发展——“160ИС”(见图4-27)，该机采用转折的双后掠机翼，而米亚西谢夫设计局则致力于新方案M-18的研制。

图波列夫设计局设计“160ИС”飞机的工作持续了整整一年，布局确定后又继续致力于“70”产品（官方名称为图－160）的研究。

1972年下半年，图波列夫设计局制定了“70”飞机的初步设计方案，此后直到1974年，一直在开展新型飞机系统优化的工作，期间考虑了飞机性能、动力装置的选择以及设备的布置。

▲ 图4－26　1972年用于竞标的“160M”飞机样机照片
（图波列夫设计局供图）

▲ 图4－27　“160ИС”飞机样机照片
（图波列夫设计局供图）

1974 年年中，完成了新型飞机图-160 外形的主要研究，同时，该型飞机在与图波列夫设计局“70”产品和米亚西谢夫设计局M-18 飞机（见图 4-28）的竞争中胜出。

1975 年，图波列夫设计局的方案赢得了Д.Ф.乌斯季诺夫的赞许，并进入到重要战略项目的行列中，图-160 继而得名“绿色通道”……

1977 年，专委会对图-160 轰炸机的全尺寸样机给予了认可，该型飞机进入批生产。第一架图-160 飞机如图 4-29 所示。

竞标结束后，苏霍伊设计局有关T-4MC设计的工作终止。然而，该型飞机的设计思想被运用到了很多现代化飞机上，如苏-27、米格-29、图-160，有助于研制 21 世纪的飞机。

▲ 图 4-28 M-18 飞机照片
（尼古拉·戈尔久科夫档案馆供图）

▲ 图 4-29 第一架“图-160”飞机照片
（图波列夫设计局供图）

2.技术说明

T-4MC飞机的气动布局为“飞翼”式，其可转动外翼的后掠角在飞行中可变化。图4-30所示为T-4MC飞机的工艺划分，图4-31所示为其布局图。

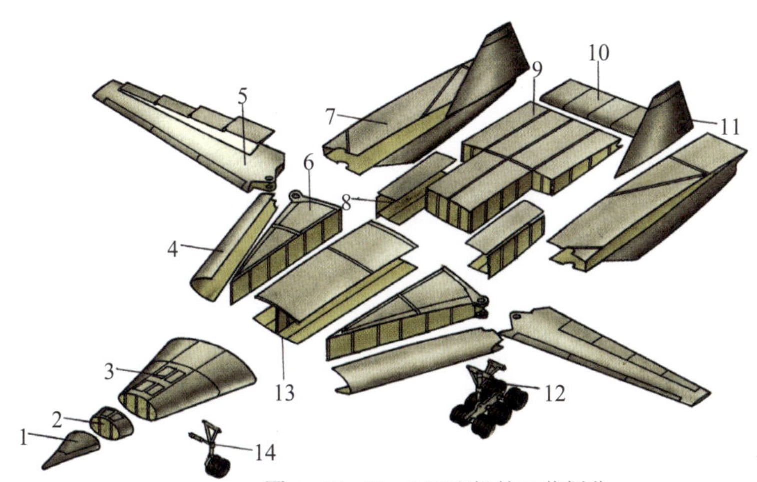

图4-30　T-4MC飞机的工艺划分

1.前视雷达舱；　2.前部雷达设备舱；　3.座舱和无线电电子设备舱；　4.中翼设备舱；
5.机翼可转动部件；　6.中翼燃油舱；　7.发动机舱；　8.主起落架舱；
9.燃油箱舱和尾部无线电电子设备舱；　10.升降舵；　11.全动垂尾；　12.主起落架；
13.导弹舱；　14.前起落架
（尼古拉·戈尔久科夫供图）

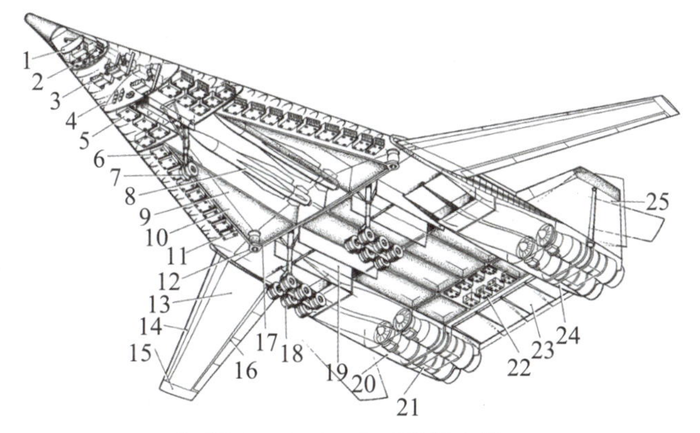

▲ 图4-31　T-4MC飞机布局

1.前视雷达舱；　2.座舱前设备舱；　3.座舱；　4.领航-操作员座舱；　5.座舱后设备舱；
6.中央设备舱；　7.前起落架；　8.武器舱；　9.燃油箱；　10.承力中翼翼盒；　11.中翼斜梁；
12.可转动外翼铰接接头；　13.可转动外翼翼盒；　14.前缘缝翼；　15.可转动外翼；　16.襟翼；
17.中翼主梁；　18.主起落架；　19.主起落架舱；　20.发动机下置附件机匣；　21.发动机；
22.尾部设备舱；　23.升降舵；　24.发动机短舱；　25.全动垂尾
（尼古拉·戈尔久科夫供图）

飞机机翼由固定部分——中翼，以及两个通过铰接紧固在中翼上的可转动外翼构成。中翼沿前缘后掠角为72°。

此布局中，在发挥着承力壳体作用的中翼上布置了座舱、仪表舱、武器舱、飞机起落架和主要燃油箱。就气动构型而言，中翼属于小展弦比（通过相对厚度6%的CP-15实现）机翼，其中心面的形变和截面的扭转可确保飞机在以*Ma*=3.0巡航飞行时能保持自平衡。机翼的形变和扭转同样存在于可转动外翼上。可转动外翼采用沿翼展方向厚度可变（从11%到7%）且表面有曲度的CP-15翼型（与后缘相垂直）。

可转动外翼配有增升装置，包括整个展长的可偏转襟翼和前缘缝翼。襟翼和前缘缝翼在亚声速巡航飞行中的偏转角度不大，增加了升阻比。

在所有飞行状态下，飞机的纵向控制通过位于发动机舱间中翼后缘的升降舵来实现，横向控制机构为扰流板，位于可转动外翼上表面，当后掠角变化时通过四连杆机构顺着气流判定方向。为了确保航向稳定性和航道上的控制，选择了带全动双垂尾布局，它可保证大迎角时的效率更高，并保证双发故障时飞机仍能保持平衡。

飞机上还计划安装4台静加力推力各为20 000kgf的К-1012组合式发动机，它们成对位于中翼下方两个发动机舱中。发动机舱内还设有带水平斜板的可调式平面进气道，并由挡板隔开，每个进气道对应一台发动机。

（1）起飞着陆装置。

飞机的起飞着陆装置由常规三点式起落架和减速伞系统组成。

主起落架包括带6个刹车机轮的三轴轴架，每个刹车机轮上各安装了两个950×300B的轮胎，这样可保证飞机在一级混凝土机场和土质（土壤强度为9～10kg/cm^2）机场使用。

前起落架上安装有一对机轮，包括刹车装置和950×300B轮胎。

（2）飞机动力装置。

飞机动力装置包括由4台К-101型发动机（雷宾斯克发动机制造设计局研制的RD36-41的后续发展型）、进气道、发动机和喷口空气通道组成的发动机装置，以及发动机燃油供给系统、地面和空中加油系统、应急放油系统、油箱惰气增压系统、发动机冷却系统、灭火系统和进气道防冰防外物系统。燃油箱放置在中翼密封舱中。

(3)座舱。

飞机机组人员有3名(第一飞行员、第二飞行员和领航操作员),位于气密座舱中,且该座舱通过非密封横向挡板划分为两个舱。前舱设置有两个相邻的飞行员座椅。挡板后面,即后舱左侧边为领航操作员座椅。

座舱布局的特点在于采用非常规的座舱盖。座舱所在的中翼前部的构型特殊,可保证巡航状态下的前向视野和侧向视野。为了扩大前向视野和下方视野,使用了专用窗扇,以便在起飞着陆状态下获得更大视野。

每一个飞行员都拥有独立的飞机控制席位,包含了驾驶杆和脚蹬。两个飞行员共用的一套操纵杆位于座椅间的中央控制台上。

飞行员座椅的安装与T-4和T-4M飞机类似。机组人员同样是身着密闭飞行服工作。

飞行员座舱中,飞机系统控制、信号告警和指示设备布置在仪表板和三个控制台上:左侧控制台、中央控制台和右侧控制台。

领航操作员舱中,系统控制和指示设备布置在仪表盘、左右控制台以及右舷上。

(4)机载飞机系统。

飞机系统保证飞机能在规定状态下飞行,在地面和空中所有使用状态下动力装置、武器和飞机设备均能正常工作。

飞机自动控制系统保证飞机达到规定的稳定性和操纵性指标,并为防止飞机意外进入危险状态而提供必要的限制。该系统由两部分组成:电传操纵系统和控制增稳系统。液压驱动式电传操纵系统用于传输座舱驾驶杆和脚蹬的操纵位移至液压助力器分流活门装置。

和T-4飞机一样,该飞机控制系统中使用了四通道舵机和多缸操舵装置。每一个分流活门装置由3个独立的液压系统(两个增压系统和一个总系统)供电,以保证动力传动装置可靠工作,确保控制机构达到规定的变换速度,且上述3个系统中任意一个失效时也能达到所需的偏转角度。

总液压系统由3个独立的子系统组成,像增压系统一样,用于起飞着陆装置和动力装置。

T-4MC飞机稳频交流电供电系统和T-4飞机的系统相同,其发电机功率可保证一台发动机或者一台电机故障时所有用电设备的全部用电。

在整个飞行过程中,对于机组人员、飞机系统控制组件和设备而言,应保持正常工作所需的环境温度、压力和湿度,这通过环控系统来实现。气密设备舱、导弹仪表舱和侦察设备舱的冷却通过闭环空气系统不断换气并在蒸汽散热器中冷却空气来实现。座舱内,通过使用从发动机压气机提取的并在空气散热器和涡轮冷却器中冷却的空气来进行空气调节。

飞机还配备有供氧及机组人员密闭飞行服通风系统,用于确保机组人员在气密舱和非气密舱中都能正常活动。

机组人员的应急救援通过K-36型弹射座椅来完成,该型座椅配有火药助推器,可确保在所有飞行高度和速度下(包括起飞和着陆状态)安全离机。

发动机舱灭火由自动灭火系统完成。

(5)飞机无线电电子设备。

T-4MC飞机的无线电电子设备由以下几个主要的互连系统组成:

——导航系统;

——驾驶系统;

——搜索瞄准系统;

——侦察系统;

——导弹控制系统;

——无线电通信系统;

——飞机防御系统;

——计算系统。

飞机设备分别位于前部非气密舱、座舱前气密舱、气密座舱、座舱后气密舱和尾部气密舱中。与T-4飞机一样,T-4MC的专用设备标准组件布置在标准减振架上。无线电电子设备的主要重量,按T-4飞机调整方案在T-4MC飞机上实施,毫无改动。

(6)飞机武器。

为了布置各类武器(X-45,X-2000,ТУС-2等导弹,通用和专用航空炸弹,水鱼雷武器,一次性炸弹箱和引燃筒,侦察防御设备舱,个人防御消耗品),飞机上设置了两个配有隔热装置和空调系统的内部武器舱，可保证飞机在任意飞行速度和高度时挂架的投放和运输。图 4–32 所示为 T–4MC 飞机的武器布置图。

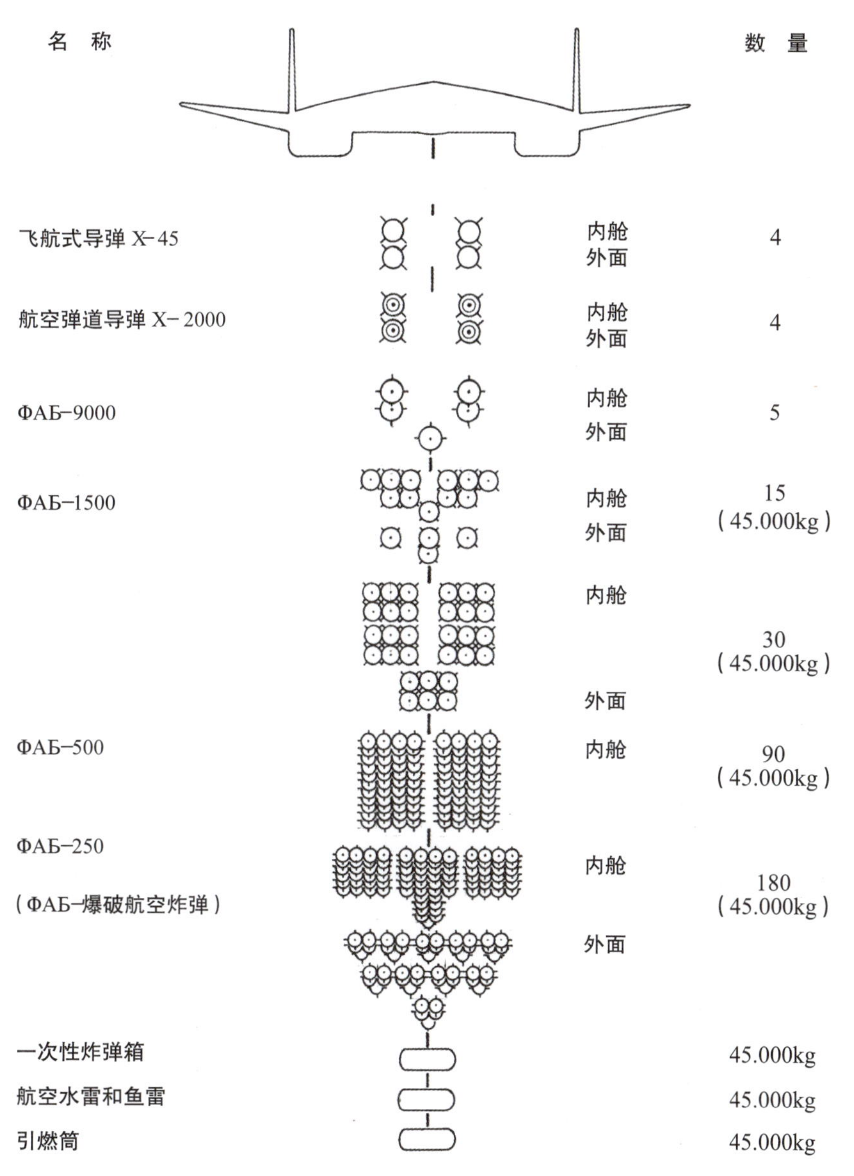

▲ 图 4–32 T–4MC飞机武器布置图
（尼古拉·戈尔久科夫供图）

武器舱尺寸满足了各种武器方案中(低于9t)及航空炸弹低于36t时正常作战载荷内部悬挂的需求。为了在过载时(低于45t)挂作战载荷,飞机上还设置了其他外挂点。

当所挂武器超过正常的战备品重量(9t)时,为了保持最大起飞重量(170t),不应进行燃油箱空中加油。

导弹武器的悬挂和发射都通过发射装置来完成。炸弹和水鱼雷悬挂在专门的多钩悬臂式挂架上。

4.6 作为航空航天综合体使用的T-4 飞机

1973年初,苏霍伊设计局研究了有关将T-4飞机作为航空航天助推综合体(见图4-33和图4-34)用于截获卫星和将航天飞机发射至近地轨道的问题。

该综合体应由制导系统、导弹控制监控系统组成。

导弹系统和飞机的脱钩计划在飞行速度为Ma=2.4 ~ 3时进行。

为此,设计局拟定了两个"飞机-助推器-航天飞机"系统布局方案:

——第一个方案:助推器的气动布局和结构布局保持不变,航天飞机安装在机腹挂架上;

——第二个方案:对飞机的气动布局和结构布局进行了改进,航天飞机安装在机身上表面的托架上,为了确保其从机身上表面发射,采用了双垂尾布置方式,且垂尾外翼位于机身上,外翼向外侧倾斜的角度为30°。

就第二个布局方案还开展了试验研究,研究规定:

——对T-4飞机初始方案模型进行试验,以开展风洞试验;

——对无导弹级的、垂尾可变的载机模型进行试验,以研究飞机气动性能可能产生的变化,特别是载机的航向稳定性和静稳定性特性;

——对载机模型(包括可拆卸装置对接模型)进行试验,以确定载机上可拆卸装置的安装带来的气动性能的变化。

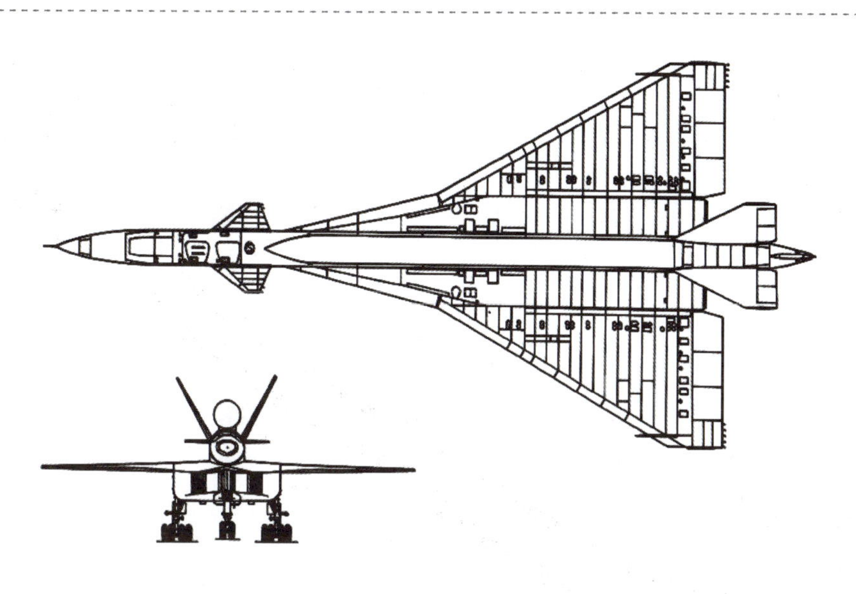

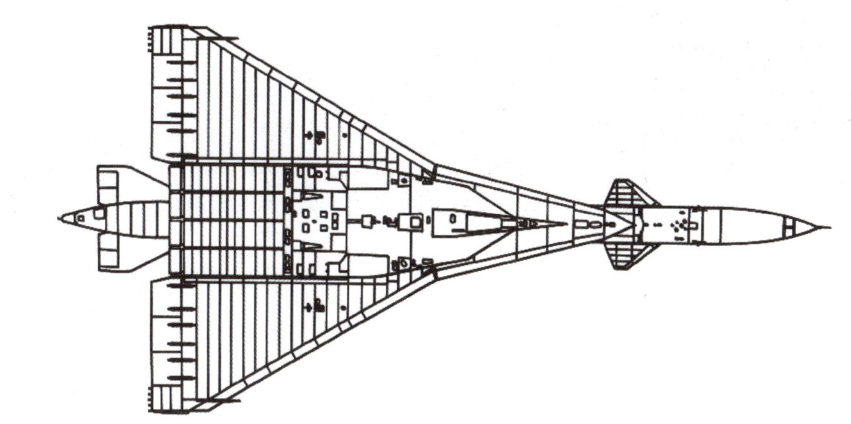

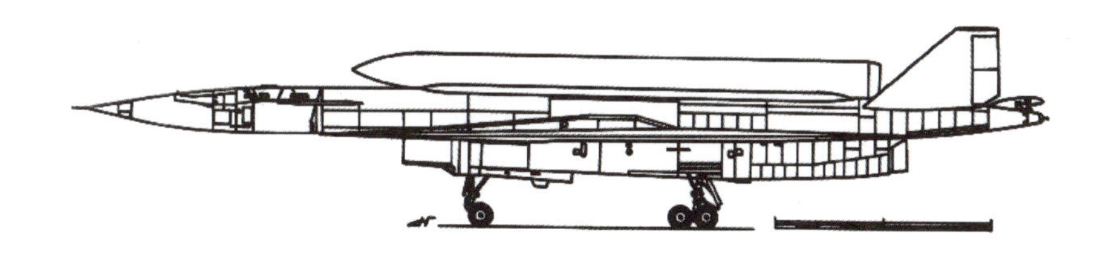

▲ 图 4-33　基于T-4 的助推飞机方案
（图 4-19 中的№2）
（尼古拉·戈尔久科夫供图）

▲ 图 4-34 基于T-4 的助推飞机图(飞机上方布置了可发射的有效载荷)
(图 4-19 中的№2)
(米哈伊尔·德米特里耶夫供图)

利用初始方案和载机方案的飞机模型,在带和不带可拆卸装置的情况下分别进行了迎角和侧滑角的试验。同时还对可拆卸装置的单独模型进行了气动试验。这样便能确定载机和可拆卸装置间的一些干扰特性。试验期间,还对扰流进行了观察和图片拍摄。为了获得高质量的模型表面扰流图,利用鲜油层进行了气流显形试验,随后还进行了拍照。1977—1978 年,新西伯利亚市苏联科学院西伯利亚分院理论应用力学研究所对包括可拆卸装置在内的T-4飞机模型进行了试验。

此项目未得到后续发展,然而,美国的类似研究已进行到飞行试验的阶段(SR-71 运载飞机和第二阶段的 D-21,均由洛克希德公司研制),而且这些研究成果后来运用到航天飞机(Space Shuttle)研制中。

4.7 配备两台 RD36−51A发动机的 T−4 飞机

鉴于雷宾斯克发动机制造设计局为新型飞机图−144Д制造了功率更大的RD36−51A发动机，苏霍伊设计局拟定了配备新型发动机的T−4 飞机布局方案。

该型飞机的相关工作始于 1970 年初，结束于 1971 年末。新型飞机具有与T−4 飞机相似的气动布局，而不同处在于发动机的布置和数量。

在T−4 飞机相关工作终止后，"100" 号飞机双发改型项目也结束了。

第5章 T-4攻击侦察机和T-4MC飞机与同类机型比较

5.1 现代轰炸航空兵历史

20世纪50年代末，美国和苏联的空军装备中均只有一型中远程轰炸机，分别为B-58(见图5-1)和图-22(见图5-2)。这两种几乎同时出现的机型具有不同的使用概念，这也决定了其外观和技术特性。B-58与图-22相比，速度更高，重量更轻，作战距离相近。高事故率是这两型飞机的较大缺点，原因在于飞行器的“不成熟”。最终，B-58停止使用，而苏联的图-22却得以长足发展并成为一型名副其实的战斗机。

在图-22和B-58的基础上研制的侦察型改型分别为图-22R和RB-58，为两国的航空兵长时间使用。

1962年，美国研发了一款新型攻击侦察机A-12，设计马赫数为 Ma=3。新机基本上是作为侦察机使用。在对此机型进行逐步改进的过程中，洛克希德公司又在其基础上研制出YF-12截击机。而在1964年12月，SR-71(见图5-3)侦察机完成了首飞。此机在使用期间一直争议不断，间接影响了T-4飞机的研制。

▲ 图5-1 美国康维尔公司研制的B-58A飞机
(弗拉基米尔·安东诺夫档案室供图)

▲ 图 5-2　图-22 轰炸机
（谢尔盖·斯克伦尼科夫供图）

▲ 图 5-3　美国侦察机洛克希德的 SR-71
（尼古拉·卡尔丘科夫档案室供图）

20 世纪 60 年代初，图波列夫设计局开始进行“106”飞机项目的研究。与图-22 相比，该机具有更好的性能，并旨在取而代之。项目以图-22 机体为基础，翼型更薄，配装 NK-6 发动机。但“106”飞机的研制工作中止于 60 年代中期，设计局转而研制变几何机翼飞机“145”（即后来的图-22M）。

“106”飞机的设计速度不超过 2 200km/h，结构中采用了铝合金。

20 世纪 60 年代，功能强大的防空综合体出现，飞行速度低于 Ma=3 的飞机前景渺茫，T-4 攻击侦察机项目恰好赶上了这个时机，而研制此机时必须使用钛和耐热钢。

1969 年，图-22M 试验机升空，此机应成为老旧的、不符合当时要求的图-22 飞机的后继机。

在试飞和大量改进后，从 1973 年起超声速轰炸机代号变更为图-22M2 并投入批产，成为主要的中程攻击机。

自 1977 年起，出现了新的改型——图-22M3（见图 5-4），搭载 NK-25 发动机和改进的机载无线电电子设备，此机型一直使用至今。

▲ 图 5-4　图-22M3 攻击机
（谢尔盖·斯克伦尼科夫供图）

20世纪50年代中期，苏联和美国均开始进行新机的设计工作，以替换本国已老旧的图-95、M4和B-58。

苏联国内有两家设计局进行了战略飞机的相关工作，分别是B.M.米亚西谢夫设计局和A.H.图波列夫设计局。

米亚西谢夫设计局的M-50和M-52飞机是苏联第一批按超声速飞行速度设计的战略轰炸机。M-50飞机实质上是一款试验机，它经过了试飞，但却终究未能获得B.Ф.祖别茨设计局专门为其研制的推力为17 000kgf的“16-17”[①]发动机。其改型M-52飞机配装的是新款发动机，该机为批产飞机（制造了第一个试验机）。

1960年年末，B.M.米亚西谢夫设计局解散，两个项目也随之终止。M-52飞机终究未能飞上蓝天。

除了M-50和M-52，B.M.米亚西谢夫设计局还同时研制了M-56飞机，其巡航速度为Ma=3.25，按10 000km航程设计，翼下装有两组共6台B.Я.克里莫夫设计局的BK-15发动机，起飞重量为250t。

M-56飞机项目曾是图波列夫设计局“135”项目的竞争对手，但最终也只停留在纸上。

“135”飞机也遭遇了相同的命运。苏共中央委员会总书记H.C.赫鲁晓夫、航空工业部部长П.B.杰缅季耶夫和图波列夫设计局总设计师安德烈·尼古拉耶维奇之间复杂的政治游戏导致“135”方案被埋葬。

而此时，原北美航空公司XB-70轰炸机的资料已经渗透入苏联内部，该机飞行速度为Ma=3.2，是苏联M-56和“135”飞机最直接的竞争对手。

美国空军最初计划订购62架装配通用电气公司（GE）YJ93-GE-3发动机的飞机，但由于项目中止，仅完成了2架试验机。试飞工作一直持续到1968年，随后，XB-70的相关工作便完全停止。该机的研制工作共耗费1 450万设计人时，花费13亿美元。

直至20世纪60年代中期，美苏两国都未能研制出用于替代老一代轰炸机的机型，然而攻击机队新型装备更新换代的问题始终未被遗忘，反而促使

[①]译注：M-50飞机上配装的是推力为9 750kgf的VD-7发动机。

许多设计局投入方案研究工作中。

1970年6月，北美航空公司(后更名为罗克韦尔)结束了与空军的AMSA(高级有人驾驶战略飞机)项目合同后，便开始制造3架B-1试验机，并于1975年决定再制造1架轰炸机。

随着项目的开展，新机的许多不足之处便凸显出来，主要为：机体超重15t，批产价格与设计阶段的估价相比超出10倍。

1977年，公司决定放弃飞机的批产。直到1981年，罗克韦尔公司自主进行了试飞。而在1982年，公司决定开始生产更为先进的B-1B飞机(在B-2轰炸机投产前打算将此机作为过渡机型)。

1985—1988年间，100架B-1B飞机列装空军战斗部队，并使用至今。

B-1B沿袭了B-1A的诸多缺陷，这些缺陷无法使之进入全战斗准备级(F101-GE102发动机可靠性低，AN/AOQ-161电子战系统工作能力不足)。B-1B飞机的研制试飞计划由于开销巨大而进展缓慢，因此，大批轰炸机未能投入作战使用[①]。

苏联的多用途攻击机研制项目始于1968年。经过大量研究和方案设计工作后，3家设计局给出了各自的方案：T-4MC(П.О.苏霍伊设计局)、“160M1”(A.H.图波列夫设计局)和M-20(B.M.米亚西谢夫设计局)。T-4MC和M-20飞机为整体布局，巡航速度都为M3.2。苏霍伊的T-4MC在竞争中胜出。

由于苏霍伊设计局的其他项目任务繁重(苏-24、苏-27、苏-25和苏-17)，后续的设计工作由图波列夫设计局承担。

由此便出现了图-160飞机(米亚西谢夫的M-18飞机在很多方面被作为图-160飞机的雏形)，至今仍为俄罗斯的武器装备之一。图-160(见图5-5)于1981年首飞，而在1987年开始列装。

[①]译注：B-1B直到1998才第一次参加实战。对美国而言，苏联解体后核武威胁减弱，于是将大部分B-1B轰炸机改用于非核武器战术目标防御，机上的电子战挂架也被拆下。

▲ 图 5-5　图-160 飞机
（谢尔盖·斯克伦尼科夫供图）

5.2　T-4 攻击侦察机与同类机型比较

在西方的众多竞争者中，仅有美国的B-58“盗贼”被称为和T-4一样的中程攻击机。虽然两架飞机有相同的名称，但他们却是基于不同的使用构想研制的。

B-58为双状态轰炸机，可携带包括核弹在内的炸弹载荷。飞机的主要飞行状态设计为亚声速巡航，必要时可长时间以*Ma*=2.0的速度进行超声速飞行。

2 300km/h的速度在当时并不是每一架截击机都具有的，而使用空空导弹对18km高空的目标进行防御也是当时大多数截击机普遍面临的问题。

美制B-58就具备这样的速度和18km的升限，很可能以极小的损失突破敌方空防。

而T-4飞机的研制要晚得多，防空武器的影响更大，因此，3 200km/h的超声速巡航速度和 20 ~ 24km 的升限是克制敌方强大空防盾牌的“法宝”。

发动机制造略有滞后，一度导致其装机使用时燃油流量较大，这本身也缩短了飞机航程，并增大了飞机外形尺寸以便加装副油箱。

B-58 飞机比 T-4 小 1/3，但由于上述原因，二者航程相同（约 6 000km）。

苏联无线电电子的落后也导致机体过重。

为了弥补航程偏短的缺点，以及作为用于攻击航母类型目标的反舰飞机，“100”号配备了带核战斗部的远程导弹。

两型飞机均无内部悬挂接头，只能在机腹和翼下的外挂点携带武器，因而会降低巡航速度。

“100”号的主要优点是：能在短时间内完成作战任务，对于距离苏联国界较远区域内政治和军事局面的任何变化都能够进行快速有效的响应。

两型飞机均有一个共同的特点：在制造上实现了航空工业向前的飞跃（例如，在飞机蒙皮上使用钢和钛）。

T-4 和 B-58 均是作为多用途飞机研制的（侦察机和截击机），对两国空军而言，在使用中可降低成本、统一功能。

研制 T-4 飞机之前，苏联的中程攻击机为图波列夫的图-22。但图-22 的使用构想奠定于设计阶段，在很多方面都有别于苏霍伊设计局的 T-4 飞机。

图-22 飞机的设计未考虑长时超声速飞行，因此航路飞行均在小于声速和非加力状态下进行，这使得燃油需求量和流量几乎减少了一半。超声速状态仅用于突破敌方空防，此时最大速度为 1 500km/h。

T-4 飞机是按超声速巡航设计的。在此状态飞行所需燃油要多得多，这自然会增大飞机的起飞重量：T-4 飞机为 122t，图-22 只有 92t。

与图-22 相比，“100”号的座舱在人机工程学方面更优，飞行员救生系统也更为先进。

得益于机载数字计算机和新型无线电电子设备的使用，T-4 飞机的机组成员缩减至 2 人。

苏霍伊设计局的飞机因为搭载了功率更大的新型发动机，飞行性能更优：T-4 飞机的推重比为 0.53，而图-22 为 0.35。“100”号的优良性能还得归功于其强大的机翼增升装置，以及机翼负载更小：T–4 飞机为 434kgf/m^2，而图–22 为 567kgf/m^2。

“100”号的继承者——图–22M 和图–22M3 已经属于当代机型，具备以最小的损失突破现代防空武器的能力。

图–22M2 和图–22M3 飞机为多功能飞机，带变几何机翼，能够在很低的飞行高度（60m 左右）跨声速飞行突破敌方空防。

而正因为此概念的采用，图波列夫设计局的飞机与T–4 飞机相比，升限更低——13 ~ 14km，最大速度更低——图–22M 为 1 800km/h，图–22M3 为 2 300km/h。

与“100”号相比，图–22M2 和图–22M3 的大推重比可增加作战载荷重量至 21 ~ 24t，而变几何机翼能改善“图”氏飞机的起降性能。

图–22M2 和图–22M3 使用速度不超过 *Ma*=2，这就允许在制造飞机时延续使用铝合金，大大降低了组装费用。

T–4、图–22M2 和图–22M3 飞机均可装配空中授油装置，从而增大飞机航程。

无论是苏霍伊设计局的飞机，还是图波列夫设计局的飞机，均可作为不同的方案使用：作为攻击机方案，如截击机（对于 T–4），作为侦察机方案，如无线电电子对抗飞机和反舰飞机（对于 T–4）。

美国的 A–12[①]飞机最初计划是一款攻击机，后来仅作为侦察机使用。由于构造的原因，它与 T–4 飞机在性能上相近——速度为 3 300km/h，飞行高度为 25.9km，但战斗载荷和航程略逊一筹。

高隐身性能是 A–12 飞机很大的优势，这得益于其采用的“隐身”技术和机体外形修形。

T–4 飞机与同类机型的性能比较详见表 5–1。T–4P 飞机与同类机型的性能比较详见表 5–2。

[①]译注：此飞机因其改型飞机 SR–71A 而更为知名。

表 5-1　T-4 飞机与同类机型性能比较

参　数	T-4	雅克-35	“125”	“106”	图-22	图	图	B-58	A-12**
机组成员数量/人	2[①]	4	4	4	4	4	4		
机长/m	44.5	—	38.4	41.6	41.6	42.5	42.5	9	31.0
翼展/m	22.0	—	24.7	23.6	23.6	34.3/23.3	34.3/23.3	17	16.9
机翼面积/m^2	295.7	—	226.0	162.3	162.3	1	1	143.0	167.0
最大起飞重量时的机翼载荷/($kg \cdot m^{-2}$)	434	—	442	616	567	665/694	675/705	524	461
高空最大飞行速度/($km \cdot h^{-1}$)	3 200	3 300	3 000	2 200	1 510	1 800	2 300	2 300	3 300***
超低空最大飞行速度/($km \cdot h^{-1}$)	900	1 100*	1 100*	1 100	900	1 100	1 100	1 130	—
飞行高度/km	20 ~ 24	20 ~ 24	18 ~ 20	18 ~ 19	15	13	14	18	25.9
无空中加油航程/km	6 000	6 000	6 900	6 500	5 800	4 800	5 000	6 000	4 800
最大起飞重量/t	120	102	125	100	92	122	124	75	77
正常起飞重量/t	105	84	100	80	85	98	100	68	62
作战载荷/t****	19	—	—	—	6/12	6/21	9/24	5	—
最大起飞重量时的推重比	0.53	0.59	0.46	0.43	0.35	0.36	0.4	0.38	0.4
发动机型号	RD36-41	RD-15BF-300	NK-6	NK-6	RD-7M2	NK-22	NK-25	J-79-GE-1	JT11D-20B
发动机制造商	П.А.科列索夫设计局	С.К.图曼斯基设计局	Н.Д.库兹涅佐夫设计局	Н.Д.库兹涅佐夫设计局	П.А.科列索夫设计局	Н.Д.库兹涅佐夫设计局	Н.Д.库兹涅佐夫设计局	GE 公司	普惠公司
发动机数量和加力推力/kgf	4×16 000	4×16 000	2×23 000	2×23 000	2×165 000	2×22 000	2×23 000	4×7 250	2×15 420
可能的改型*****	P,П,ПК	P	P	P	P	P	P	P,П	P,П

注:*技战术任务数据。

** A-12 飞机按侦察攻击机设计,但实际作侦察机使用(“A”——ATTACK——强击机)。完成了 YF-12A 截击机改型,与米格-25 类似。

***国外文献资料数据。

****图-22、图-22M2 和图-22M3 内埋炸弹满载时。

*****使用的缩写:P——侦察机、П——截击机、ПК——反舰飞机。

①译注:此处原文为 22。

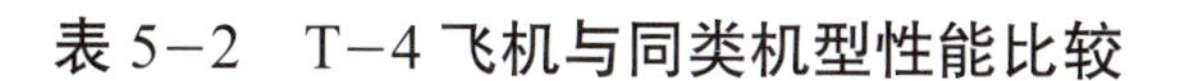

表 5–2　T–4 飞机与同类机型性能比较

参　数	T–4P	RB–58	SR–71	图–22P	图–22MP
机组成员数量/人	2	3	2	4	4
机长/m	44.5	29.0	31.7	41.6	42.5
翼展/m	22.0	17.0	16.9	23.2	34.3/23.3
机翼面积/m^2	295.7	143.3	167.0	162.3	183.6/175.8
最大起飞重量时的机翼载荷/($kg \cdot m^{-2}$)	434	524	460	567	675/705
高空最大飞行速度/($km \cdot h^{-1}$)	3 200	2 300	3 750	1 600	2 300
超低空最大飞行速度/($km \cdot h^{-1}$)	900	1130	—	900	900
飞行高度/km	20 ～ 24	18	36.5	13.5	14
无空中加油航程/km	6 000	6 000	4 800	5 650	5 000
最大起飞重量/t	120	75	77	92	124
正常起飞重量/t	105	68	62	85	100
最大起飞重量时的推重比	0.53	0.38	0.4	0.35	0.4
发动机型号	RD36–41	J–79–GE–1	JT11D–20	VRD–7M2	NK–25
发动机制造商	П.А.科列索夫设计局	GE 公司	普惠公司	П.А.科列索夫设计局	Н.Д.库兹涅佐夫设计局
发动机数量和加力推力/kgf	4×16 000	4×7 250	2×15 420	2×16 500	2×25 000

5.3　T–4MC 飞机与同类机型比较

美国罗克韦尔公司的 B–1B 飞机（见图 5–6）可以看作是 T–4MC 飞机的主要同类机型，他们同为具有洲际航程能力的多用途突击轰炸机。T–4MC 飞机与同类机型的性能比较详见表 5–3。

▲ 图 5-6 B-1B 飞机
（谢尔盖·斯克伦尼科夫供图）

B-1B飞机用于以地形跟踪模式在低空（低达60m）向敌方疆域纵深突防。它可挂载带有核战斗部的AGM-69 SRAM预设坐标导弹和自由投放炸弹以毁伤目标。高空条件下，飞机以亚声速巡航速度接近目标；仅可短时间进入最大速度1 270km/h，譬如在脱离敌方战斗机群时。

T-4MC飞机不仅可在超声速状态下以地形跟踪模式突防，还可在高空条件下（18 ~ 24km）以3 200km/h的速度突防，且在这两种状态下的最大速度无时间限制。

为达到预定的高空和低空飞行性能，两型飞机的设计师均选择了变几何机翼。

T-4MC飞机配装4台推力为22 000kgf的K-101发动机，机翼载荷不大，应具有出色的飞行性能。

除了外部挂点外，B-1B和T-4MC飞机均可内埋大型作战载荷。同时，T-4MC的装备中还包括各种导弹武器系统，所使用兵器的多样性相比B-1B也更胜一筹。

表 5-3　T-4MC 飞机与同类机型性能比较(表中“*”的含义见表 5-1)

参　数	T-4MC	“160M”	M-20	图-160	M-18	XB-70	“135”	M-56	M-52	M-50****	B-1B
机组成员人数/人	3	4	3	4	3 ~ 4[①]	2 ~ 4	4	4	2	2	4
机长/m	40.0	58.0	60.1	54.1	56.0	57.6	44.8	—	58.0	57.5	44.8
翼展/m	40.8/25.0	27.0	49.4/23.0	55.7/35.6	48.8/24.5	32.0	28.0	—	—	35.1	23.8/41.7
机翼面积/m^2	409/482	500	370/364	—	318/332	585	380	—	—	291	181*
最大起飞重量时的翼载/($kgf \cdot m^2$)	416/353	385	811/824	—	660/632	425	420	—	—	687	695
高空最大飞行速度/($km \cdot h^{-1}$)	3 200	2 500	3 200	2 220	3 200	3 218	2 500	3 200	2 100	1 850	1 270
超低空最大飞行速度/($km \cdot h^{-1}$)	1 200	—	1 000	1 000	1 000	—	—	—	1 100	1 024	1 100
飞行高度/km	18 ~ 24	20	18 ~ 24	18	18 ~ 24	25	22.5	18	14	14	15
无空中加油航程/km	14 000	15 000	14 700	12 300	16 000	12 000	—	12 000	8 000**	4 000	11 000
最大起飞重量/t	170	220	300	275	210	244	190	230	210	200	216
正常起飞重量/t	136	180	250	230	168	205	152	185	168	160	173
作战载荷/t****	36***	—	39***	22.5***	22.5***	—	—	—	—	—	34***
最大起飞重量时的推重比	0.47	0.42	0.3	0.43	0.48	0.34	0.48	0.44	0.32	0.34	0.25
发动机型号	K-101	RD36-51	K-101	NK-32	K-102	YJ93-GE-3	NK-6	“16-17”	“16-17”	“16-17”	F101GE102
发动机制造商	П.А.科列索夫设计局	П.А.科列索夫设计局	П.А.科列索夫设计局	Н.Д.库兹涅佐夫设计局	П.А.科列索夫设计局	GE公司	Н.Д.库兹涅佐夫设计局	П.Ф.祖别茨设计局	П.Ф.祖别茨设计局	П.Ф.祖别茨设计局	GE公司

①译注：此处原文为304。

飞机的各种使用条件迫使设计师们殊途同归，着手研究飞机制造材料。“200”号（T–4MC）飞机采用的是钛、不锈钢和复合材料，而B–1B主要采用铝合金和复合材料。

两型飞机起初均按多用途飞机设计。T–4MC可作为侦察机、反潜飞机和反舰飞机使用，而B–1B仅作为侦察机使用。这样一来，就降低了T–4飞机的使用费用。

俄图–160飞机实际上是T–4MC项目的延续，旨在与美制飞机抗衡。和T–4MC一样，图–160飞机能以两种飞行模式突破敌方空防，即高速超声速模式和地形跟踪模式，它也是通过变几何机翼来保证其多状态使用模式。

与T–4MC飞机相比，图–160飞机要重100t，但后者使用了4台推力为25 000kgf的HK–32高功率发动机，因而具有与“200”号飞机相差无几的推重比。

图–160的航程、升限、超低空和空中飞行速度略低于T–4MC，这是因为该机主要还是用更便宜的铝合金材料设计制造的，尽管其钛合金的比例超过了20%。图–160也是按照多用途飞机研制的，不仅可作为侦察机、反舰飞机和无线电电子对抗飞机，还可作为空天飞行器的载机使用。

为提高隐身性能，在上述三型飞机上均考虑过采用“隐身”技术。首先，在设计机体时就铺垫了这一构想——整体气动布局的特点是平滑的翼身融合。对所有飞机而言，采用整体式布局可明显降低有效散射面积（RCS）。与其他飞机相比，图–160飞机采用全动式垂尾，座舱嵌入机身外形，B–1B的S型进气道隔板和T–4MC飞机上专有的透波材料，同样也降低了有效散射面积。

北美航空公司XB–70“瓦尔基里”飞机（见图5–7）的用途和性能都与苏霍伊的T–4MC飞机相近。

XB–70飞机同样也是按高空以3 200km/h的超声速突破敌方空防的理念设计的，但它不是一款多用途飞机，不能长时间超低空飞行。

XB–70比T–4MC飞机重量大得多（前者为244t，后者为170t），可携带大型有效载荷。但从另一方面来讲，“200”号飞机的发动机按成对的吊舱式布局，可以充分利用机身内部空间。由于XB–70“瓦尔基里”飞机的发动机组位于机腹下，因此只能在外挂接头上携带武器，从而降低了其飞行速度。

▲ 图 5-7 XB-70 飞机

（弗拉基米尔·安东诺夫档案室供图）

北美航空公司成功制造了这一飞行性能优良的飞机，推重比够大(0.34)，机翼载荷小(425kgf/m²)，因而操控容易。

两型飞机的巡航飞行速度均为 Ma=3.2，结构上都采用了高强度钢和钛合金，以及碳复合材料(机体某些部位可加热至320℃)。

第 6 章 T-4 飞机对航空技术发展的影响

任何一种飞行器，无论是飞机、直升机或导弹，其研发、制造和使用都会带动国家科学技术和制造基础的发展。同时，在设计飞行器的过程中，不仅会使用现有的并已付诸实践的科学技术方案，还会使用在制造新机时已有的对工作有现实意义的科学和技术各领域（航空制造、化学、材料学、无线电电子等）的最新发明和发现。使用过的工艺方案和“新事物”相比较起来，前者具有更大的优势。设计师们通常都会非常小心地使用新的研究成果，并且使用的量也不会太大。换而言之，新机中“新事物”的比例（在工业制造中已用的和付诸实施的工艺与新研究成果的比例）通常不会超过 30%。例如，美国的飞机设计师对此的控制范围是不超过 20%。就此而言，T-4 飞机与航空技术新机研发总纲要显得格格不入。“100”号的新技术比例高达 95%！以如此高的新技术比例来研发飞行器，需要花费大量资金，并要做出大量与新机和新技术的研发有关的决策。这样的做法一直以来都有很大的风险——可能会制造出一架平庸且过于昂贵的飞机。

在 T-4 飞机上，很多研究实际上都是从零开始的，例如，选择能够耐受 320℃高温的玻璃和密封胶。

在 T-4 攻击侦察飞机的研发过程中发展了新的工艺和工艺流程。为其他先进的飞行器研发奠定了基础，尤其是在钛合金领域，如：米格-25、图-144（见图 6-1）、图-160（见图 6-2）、苏-27（见图 6-3）、米格-29（见图 6-4）、米格-31（见图 6-5）和“暴风雪”号航天飞机（见图 6-6）等。此外，参与到 T-4 飞机研究工作中的企业同时也进行其他飞机的制造，拓宽其生产基础，并向更高的技术水平发展——如苏霍伊设计局、波托帕洛夫设计局、图希诺机械制造厂，以及雷宾斯基的科列索夫发动机制造设计局。

T-4 飞机是按非常特殊的使用条件设计的，因此在其研制过程中，气动研究是一个相当重要的问题。

▲ 图 6-1　图-144 飞机
（“图波列夫”开放式股份公司供图）

▲ 图 6-2　图-160 飞机
（谢尔盖·斯克伦尼科夫供图）

▲ 图 6-3　苏-27УБ战斗机
（谢尔盖·巴拉克列耶夫供图）

▲ 图 6-4　米格-29 飞机
（谢尔盖·巴拉克列耶夫供图）

▲ 图 6-5　米格-31 飞机
（谢尔盖·斯克伦尼科夫供图）

▲ 图 6-6 “暴风雪”号航天飞机
（伊利达尔·别德列特金诺夫供图）

机翼气动布局，如机翼平面形状，对于获得高飞行性能具有很大的意义。T-4 飞机的翼根边条提高了其在大迎角上的升力特性。对机翼的研究成果后来还被运用在苏-27 飞机上，作为构建该机气动布局的基础。

进行苏-27 飞机的研究工作时，还参考了“100”号项目在机翼增升装置方面的经验，特别是弯折的翼尖和升降副翼。在 T-10 战斗机上也实施了这些研究成果，被称为“自适应机翼”。

图波列夫设计局在研发图-144 超声速客机时，就对中段翼面的变形进行了研究。应该说，两架飞机的研发实际上是同步的，很多在 T-4 攻击机上进行过的工作，之后都在图-144 客机上得以实施（指气动研究），特别是图系列飞机就从“100”号项目借鉴了在亚声速飞行方面的研究成果。

在中央空气流体动力学研究院与苏霍伊设计局的“关于机翼加厚和翼根钝圆对改善亚声速飞行状态飞行性能的影响”的合作研究中，获得了高升阻比。该项研究表明，整体式布局是研发新型飞行器时最有发展前景的气动布局。

整体式布局用在了很多四代机上，例如苏-27、米格-29 战斗机，以及可装备导弹的图-160 飞机。

可偏转机头最初由苏霍伊设计局研究并用于 T-4 飞机，然后又用在了图-144 飞机。

研发T-4 攻击侦察机时，BT-20，BT-22，OT-4 钛合金，以及BHC-2 和BHC-3 合金钢的制造和焊接工艺的研究占据了大部分工作量。全俄航空材料研究院、苏霍伊设计局和图希诺机械制造厂合作，研究出了独一无二的工艺，可大大降低钛合金的生产成本，使其价格接近于铝合金的价格。图希诺机械制造厂将整个流程尽可能自动化，并使自动机床达到了数控水平（工作功能程序控制、使用计算机），同时还采用了先进的生产管理方法（“网络规划法”）。

研究工作中获取的钛合金和高合金钢“半成品”，后来用于米格-31、苏-25（见图 6-7）和“暴风雪”号航天飞机。

▲ 图 6-7　苏-25 飞机
（伊利达尔·别德列特金诺夫供图）

T-4 是苏联第一架使用四余度模拟式电传操纵系统的飞机。电传操纵系统较之普通机械系统有很多优点，而最主要的就是使静不安定的飞机成为可能。大部分现代战斗机和客机都配备有电传操纵系统，如图-144、图-160、米格-29M、米格 29K、苏-27、伊尔-96-300、伊尔-114、图-204 和安-70 等。

T-4 飞机第一次采用了可使用耐热工作液的高压（28MPa）液压系统。首次采用金钎焊的液压管路。类似的高压液压系统在苏-27 飞机上也有使用。

T-4 飞机的无线电电子设备在当时也是最完备的。苏霍伊设计局在研发自己的飞机时总会采用最先进的理念和工艺。

“100”号上装有大型中央计算机，控制全机的无线电电子系统。为 T-4 飞机研制的无线电电子设备的部分系统至今还用于苏-24（见图 6-8）、图-22M2/M3 和图-160 飞机（主要是改进型）。

▲ 图 6-8 苏-24 飞机
（谢尔盖·巴拉克列耶夫供图）

此外，还在 RD36-41 发动机研制，以及发动机舱和进气道的空气动力学研究方面进行了大量的工作。首先，安装了发动机的电传操纵系统。而为了保证燃油系统的安全，采用了耐热燃油和惰气增压系统，后者采用液氮气化器提供压力。目前，众多现代飞机上也装备了发动机电传操纵系统，如苏-27、米格-29 和图-160。在苏-25 和苏-24 等飞机上实现了燃油箱惰气充填。

雷宾斯基的科列索夫发动机制造设计局的新发动机 RD36-51A 功率更强，且更为经济，它被安装到图-144D 飞机上。而对于 T-4MC 和 M-20 飞机，则研制了更完善的 K-101 发动机。

X-45 导弹作为主要武器用于T-4 飞机，该导弹的研制同样也是“从零开始”，并为大型有翼反舰导弹提供了发展基础。

在攻击侦察机的研制过程中，研究了大量对于新机不可或缺的隐身技术发明和专利，并贯彻到生产中。

T-4 和 T-4MC 飞机的研制工作，为苏霍伊设计局超声速客机方案 C-21（见图 6-9）和 C-51（见图 6-10）打下了基础。

▲ 图 6-9　C-21 飞机模型
（“苏霍伊设计局”开放式股份公司供图）

▲ 图 6-10　C-51 飞机模型
（“苏霍伊设计局”开放式股份公司供图）

将苏霍伊设计局在研究、制造和试验T-4飞机过程中获得的科技成果进行综合，可系统研究下一步发展趋势。

对飞行器在*Ma* < 3.5范围内的空气动力学进行研究具有重大价值，保证了T-4飞机可以*Ma*=3进行长航程飞行。

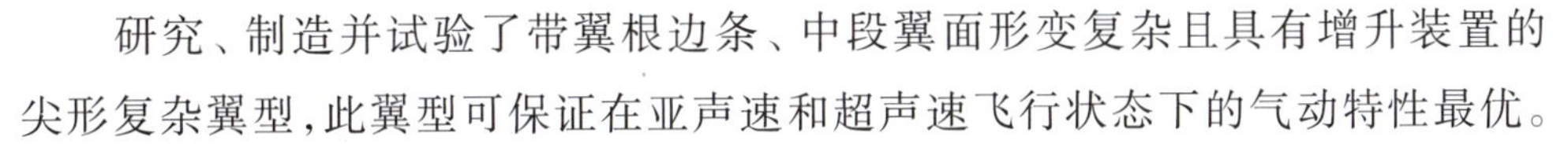

研究、制造并试验了带翼根边条、中段翼面形变复杂且具有增升装置的尖形复杂翼型，此翼型可保证在亚声速和超声速飞行状态下的气动特性最优。

研究了翼型根部相对厚度增大对机体气动特性的影响，形成了构建整体式布局的基础。

有赖于余度式电传自动操纵系统的使用，研究了中立（稳定值小）和非稳飞机在超声速状态下，以及飞机航向通道内的稳定性和操控性。

通过优化选择气动方案，即采用较低的纵向稳定性和不大的鸭翼（用于飞机的纵向配平），实现了纵向配平性能的损失较小。

在动力装置的气动性能方面：

——研究了超声速混压式可调进气道；

——研究了在全飞行速度范围内可保证高效推力的多状态超声速可调尾喷管；

——研究了将进气道前机翼下表面溢出的附面层空气吸入发动机冷却回路的引气系统。

在结构和工艺方面：

——研究并制造了由钛合金和 BHC−2 高强度不锈钢以点焊和氩弧焊方式焊接的机体结构，其中自动焊接占到总体的 92%；

——研究并采用了熔透自动焊接方法，可用于用板材制造有棱角的大尺寸结构板，此结构板在机翼、机身和尾翼结构中广泛使用；

——将 BHC−2 不锈钢和钛合金用于高压管；

——研究了大尺寸天线罩，在 300℃温度条件下显示出很高的电性能和工作能力；

——研究并在飞机结构中使用了钛金属紧固件。

在动力装置方面：

——研制了可在较宽的飞行高度和速度范围内长时间使用的涡喷发动机；

——研究了动力装置并列布局的特点，研究了一台发动机工作对位于同一进气道中的相邻发动机的影响；

——研究并在飞机上采用了发动机电传操纵随动系统，系统可由飞行员控制，也可由推力自动调节器控制。

在飞机系统方面：

——研究并使用了气动操纵面电传操纵系统，该系统可保证航向通道不稳定和纵向通道接近中立的飞机实现必要的稳定性和操控性，系统构建原理、四余度设计、检查方法以及通过自动调节装置提高静/动稳定性的方法在设计苏-27战斗机电传操纵系统时得到了广泛的使用；

——研究并在飞机上安装了推力自动调节器，可通过调节发动机推力保证表速稳定；

——研究了工作压力为280kg/cm^{2}的液压系统，可在长期高温影响条件下工作；

——研究并使用了新型舵面传动装置，其特点是在飞机上布置动力组件和分配组件时可将其分开布置在单独的部件上，这种传动装置布置在薄壁承力表面时不需要整流装置；

——研究并使用了变流发电系统，作为滑油冷却同步发电机的初始电源使用，该发电机由液压恒速传动装置驱动，工作温度可达250℃；

——研究了用于向发动机输油、消耗油箱输油和输送配重燃油的带液压涡轮泵的燃油系统；

——研究了燃油作为“冷却热沉”的使用原理，用于冷却环控系统中的空气；

——研究并使用了以液氮为基础的惰气系统；

——研究并使用了发动机压气机引气量最小的环控系统。

通过本章的例子可见，T-4飞机实际是作为试验机研发的，它推动行业前进了一大步，将国家的科技能力提升到了一个新的水平。

附 1.1 RD36-41(РД36-41)发动机

RD36-41 发动机为 11 级、单涵道涡轮喷气发动机，由项目总设计师科列索夫П.А.领导的雷宾斯克发动机制造设计局(РКБМ)研制。该型发动机指定在 M0 ~ 3 的飞行速度和 28 000m 以下高度使用。1964 年，在获得 T-4 飞机新型发动机研制技术任务书后，开始了 RD36-41 发动机的研制工作。

1964 年前，雷宾斯克发动机制造设计局已具备了为远程重型飞机研制主燃气涡轮发动机的丰富经验，其中包括跨声速布雷舰(发动机为 VD-7)、批产超声速飞机图-22P 和图-22K(发动机为 VD-7M 和 RD-7M2)、试验型战略导弹运载机 M-50(发动机为 VD-7BA 和 VD-7MA)和超声速远程截击机图-128A(发动机为 VD-19)。

研制以上发动机时所获得的研究成果和经验有效地影响了 RD36-41 发动机的设计和研发。

雷宾斯克发动机制造设计局参与发动机研制的工作人员有德金А.Л.、皮卡洛夫Н.И.、克鲁平А.И.、赫拉姆金А.Ф.、布洛欣Н.А.、鲁宾Б.Е.、沃勒辛Р.И.、古宾В.А.、普罗霍罗夫В.А.、莎玛汉诺娃Г.В.、加尔金Н.И.、巴拉绍夫В.С.、米赫诺В.П.、舍斯捷里科夫С.А.、洛金诺夫А.М.、库切罗夫И.А.、杰格佳列瓦Э.В.、扎伊采娃И.И.、沃耶沃金В.И.、斯莫利尼科夫Д.Н.和列皮洛夫Н.Н.等。

RD36-41 发动机保留了设计局发动机传统的单涵道、单转子发动机布局。与上一代发动机 VD-19 不同，当总的空气流量增加 10%时 RD36-41 发动机的大推力增加 30%。RD36-41 发动机的涡轮前最高燃气温度实际升高(升高了 140K)，这不仅是因为发动机推力增大，还因为飞行速度有大幅度提高(压气机中速压和压缩使得空气温度升到 925K)。

当最大状态下入口空气温度低于 330℃时，以及长时巡航状态(2.5h 以内不间断)下入口温度低于 300℃时，可确保发动机及系统的工作性能良好；当出现超声速飞机进气道所固有的现象，即气流畸变和动态不均匀（外部不均衡度 5.6%，脉冲强度达到 3%）时，可确保所有状态下的工作稳定。T-4 飞机动力装置采用一个进气通道布置两台发动机的结构，需要具有较大的气动稳定裕度，以避免发动机故障（喘振）对相邻发动机造成威胁。

RD36-41 发动机在最大和加力状态下的工作寿命应达到 70%。

RD36-41 发动机与上一代 VD-19 发动机的差别及其使用特性要求对 VD-19 发动机的所有部件进行彻底的更改。附表 1-1 为 RD36-41 发动机的技术特性。

附表 1-1　发动机技术特性

参　数	特　性
在台架条件下（H=0，Ma=0），下列状态下发动机推力/kgf	
——最大状态	10 850
——加力状态	16 000
在台架条件下（H=0，Ma=0），下列状态下单位耗油率/（kg · kgf^{-1} · h^{-1}）	
——最大状态	0.88
——加力状态	1.9
涡轮前燃气温度/℃	1 300

1.压气机

压气机的变化最大。叶尖切向速度 337m/s 的跨声速级取代了传统的超声速第 1 级。

对压气机进行了深度机械结构改进。在原有的单个转向进口导向器（BHA）基础上增加了 2 个转向导向器组件：新增的前一个组件包括第 2 级到第 5 级的导向器；后一个组件包括第 7 级到第 10 级的导向器。这样一来，无须从压气机放气就可获得足够的气动稳定裕度，同时提高压气机的经济性。

RD36-41 发动机压气机的外形为圆柱状，这样的外形能将压气机级数限定为 11 级。而传统压气机流道的外形是外径从进口端向出口端缩小，这会导致压气机级数的增加。

2.燃烧室

燃烧室无原则性的改变。

3.涡轮

涡轮中的空气冷却系统有很大变化。首先，除了第2级工作叶片的叶身之外，所有主要部件都要进行冷却。这是因为循环中的燃气大幅升温，达到了1 330 ~ 1 340K。工作叶片采用了新型材料ЖC6−K，叶盘采用了合金材料ЭИ−698ВД。由于压气机出口空气温度很高，难以再将其作为冷却装置使用。空气的冷却能力降低了，所以需要增加空气流量。因此，涡轮的经济性在一定程度上有所降低，结构也变得复杂了。

4.加力燃烧室

发动机加力燃烧室加力比的范围增大为1.23 ~ 3.4，而原VD−19发动机的范围为1.1 ~ 2.2。压力损失与VD−19发动机相比降低了1/3，即由9.5%降至6%。

加力燃烧室中简单的火焰点火替代了点火室，称之为"火道"。

5.喷口

全状态超声速喷口的临界和输出截面由3排可控的鱼鳞片调节。采用这种控制机构的喷口可保证推力系数在所有主要状态下都是高值。

6.附件过热保护

长时间超高速飞行迫使必须解决由于环境温度过高(300 ~ 300℃)所引起的所有附件过热的问题。附件可靠工作的温度为250℃以下。

为防止过热，所有的发动机传动附件都布置在发动机入口装置下方固定的传动箱上。由钛质板（由基础纤维隔热层制成）制成的专用保护箱包裹住传动箱，以及安装在箱上的传动和非传动附件。

上述防过热措施，再加之保护箱内使用循环燃油提取热量的做法，保证了所需的温度条件。

7.燃油和滑油

由于当时使用的燃油和滑油允许的极限温度实际上可能低于技术任务书中所规定的值，因此这些燃油和滑油不能再继续使用。于是，授权石化工业研制了新型的合成滑油，当温度从20℃升至350℃时，该滑油可在发动机滑油系统中可靠工作。新型合成滑油编号为BT-301，已投产。

所采用的燃油类型是：导弹燃料РГ-1，允许的最高温度124℃；T-6，最高允许使用温度是180℃。

滑油和燃油均有温度限制，超出温度限制则会出现紧急情况，此时，接通回油附件АПТ-17：

——可保证从加力燃烧室的燃滑油散热器向发动机燃油油滤入口处回油，避免燃油停滞不动和过热。在接通加力燃烧室后，回油停止。

——当发动机入口处的燃油温度达到极限时，通过从发动机输油泵（ДЦН-66А）第1级回油，飞机燃油系统中的注油量增加。

——当发动机出口的滑油温度达到极限时，接通从燃滑油散热器加力段到飞机油箱的燃油回油。

燃油回油的附件和系统可确保将燃滑油温度维持在允许的水平。

RD36-41发动机为单涵道压气式布局，由下列主要部件和附件组成（其系统图见附图1-1）：

——压气机，包括从第1级到第5级、第7级到第10级的导向器自动调节叶片；

——环管形燃烧室；

——轴流式2级涡轮，包括第1级空气冷却叶片和第1、第2级喷口叶片；

——加力燃烧室，包括全状态喷口，临界和出口截面（该截面可保证在所有主要工作状态下的高推力系数值）可调；

——附件传动机匣；

——自动调节控制系统；

——用于起动发动机的空气火药起动机。

发动机配装了燃油氧气供给系统、调节和控制系统、起动系统、润滑系统、通风系统、点火系统、放油系统、冷却系统、防冰系统，以及所有必要的监控仪表。

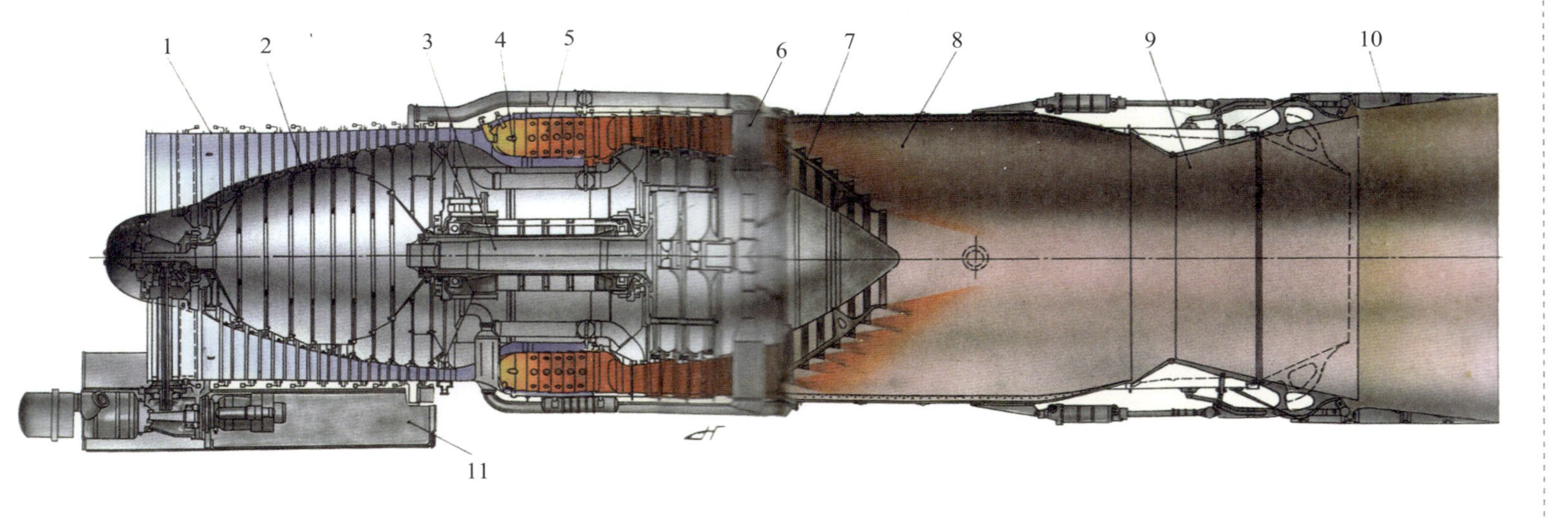

▲ 附图 1-1　RD36-41 发动机系统图

1.发动机外壳；　2.压气机；　3.转子轴；　4.主燃烧室喷油嘴；　5.主燃烧室；　6.涡轮；　7.加力燃油总管；　8.加力燃烧室；
9.可调超声速喷口；　10.喷口鱼鳞片；　11.附件传动机匣

（尼古拉·戈尔久科夫供图）

附 1.2 机体热状态

当飞机在马赫数 Ma=3、飞行高度 H=21 ~ 24km 范围内长时间超声速飞行时，机体结构件升温。为了保证机体在长时间高温影响下工作性能良好，机体结构广泛采用了新型耐热、高强度金属合金和新型耐热非金属材料。发动机舱段的结构可在最复杂的温度条件下工作。当发动机长时间在加力状态下工作时，加力燃烧室外围保护屏上的温度可达到 525℃，而发动机舱段上方中翼下表面的温度达到 310℃。进气道和空气通道内壁和发动机短舱一样，由于缺乏辐射而升温，前机身最高温度可达到 280℃，机身上表面温度可升至 220℃，下表面可升至 230℃。发动机短舱下表面最高温度的范围为 300 ~ 320℃。机翼表面温度可升至 220 ~ 230℃，此时翼尖温度升到 280℃。鸭翼表面的温度高于机翼温度，可达到 300℃。

长时间飞行时内部结构件也会升温。例如，在马赫数 Ma=3、飞行高度 H=20 ~ 24km 时，翼梁壁温度可超过 200℃。飞机玻璃舱盖的外表面温度达到 230℃，内表面温度为 80℃。为了确保良好的工作性能，舱盖玻璃设计成双室玻璃组件（由耐热的硅酸盐有机玻璃制成）的形式。

在马赫数 Ma=3、飞行高度 H=20 ~ 24km 范围内超声速长航时飞行时，机翼油箱中燃油的最高温度在耗尽前达到了 60℃，机身油箱内的燃油升高到 50 ~ 100℃，消耗油箱内燃油的最高温度达到 230℃。

附 1.3 “103”号飞机的相关工作

按照技术任务书的要求，在 T-4 飞机上需要布置 2 枚 X-45 巡航导弹，在该布局上翼下的传统布置会变得复杂：因为受发动机短舱的影响，气动载荷增加，造成挂架重量大幅增加；导弹从飞机上分离的过程复杂化；在细长翼上布置导弹冷却系统的难度增加。鉴于上述困难，第一架“101”号飞机在发动机短舱下方中心位置安装了 1 枚导弹。

在发动机短舱下方布置2枚导弹的布局由设计师捷尔利科夫B.П.提出并完成。后来，这一布局的前景在由设计师列普列维于Ю.А.中央空气流体动力学研究院进行的气动试验中得到了印证：排除了导弹从飞机上投放时相互间的触碰的可能性。该布局在用于研究T-4飞机作战任务的“103”号飞机上得以实现。

发动机短舱下方布置导弹的布局允许在短舱的前舱段布置尺寸足够的导弹冷却系统，以及在发动机短舱下方布置侦察设备箱。

附1.4 T-4攻击侦察机和T-4 MC飞机导弹武器的数据

1.空射巡航导弹X-45

空射巡航导弹X-45用于打击大型海上目标，其中包括航空母舰、独立的装备导弹的军舰、雷达反射的小型地面目标和区域物体，同时还有工作雷达站。

巡航导弹X-45射程大约500km，发射时可不用将载机送入防区内。该导弹装有惯性导航系统、前视雷达系统和机载计算机，可完全自主飞抵目标，识别并摧毁目标。

X-45导弹采用了机翼和尾翼X型布置的常规气动布局，该布局可保证导弹的高机动性能。动力装置在单一工作状态的液体火箭发动机的基础上研制。制导系统由基于陀螺惯性平台的惯性导航系统和主动雷达自动导引头组成。

X-45导弹可采用弹道计划轨迹，即前段采用弹道飞行，在最后向目标俯冲的阶段转为准水平轨迹。该飞行轨迹可使射程达到600km，这样可确保超视距发射，而不必将载机送入（敌方）空中突击编队的防空武器打击区域。

根据发射前载机给出的目标指示，X-45导弹飞行初始阶段不与目标接触，在最后的准水平飞行阶段，自动导引头可根据既定逻辑在预定区域内实现目标的搜索和选择。一旦在垂直面上达到规定的目标观测角度，导弹就以大角度向目标俯冲。

X-45 导弹的战斗部为聚能破甲通用型，重量为 500kg。导弹的发射重量为 4 500kg。由于弹体较长（大约 11m），X-45 导弹只能布置在 2 个外挂点上。其技术特性见附表 4-1。

附表 4-1　X-45 导弹的技术特性

参　数	特　性
发射重量/kg	4 500
导弹长度/mm	10 500
翼展/mm	2 400
直径/mm	820
最大航程/km	500
最大飞行速度 *Ma*	6.5 ~ 7

X-45 导弹的主要结构材料采用了BT-20 钛合金，而油箱则使用了不锈钢材料ЭИ-654。导弹头为透波整流罩，由玻璃布复合材料СК-9ФАК（以石英布和有机硅黏合剂К-9ФА为基础）制成。

2.航空弹道导弹 X-2000[①]

X-2000 导弹（技术特性见附表 4-2）用于打击地面战略目标。X-2000 导弹应沿着弹道轨迹发射。在发射时，X-2000 导弹从载机获得指令，使用惯性导航系统自主飞抵目标进行打击。

在 T-4 飞机的外挂架上预装 2 枚 X-2000 导弹。

T-4MC 飞机应装备：

——按正常方案，内埋 2 枚 X-2000 导弹；

——按载弹方案，4 枚 X-2000 导弹，其中 2 枚安装在外挂点上。

[①]译注：该型导弹参考的资料来自彼得·布托夫斯基的文章《俄罗斯超声速战略轰炸机》。

附表 4–2　X–2000 导弹的技术特性

参　数	特　性
发射重量/kg	6 500
导弹长度/mm	9 800
翼展/mm	2 100
直径/mm	1 000
最大航程/km	1 500
最大飞行速度 *Ma*	3 ～ 3.5

3.电视制导导弹TYC–2

TYC–2 电视制导导弹（技术特性见附表 4–3）用来打击小型地面和水上目标。由于配备了电视导航系统,TYC–2 导弹具有高精度的目标打击能力。

附表 4–3　TYC–2 导弹的技术特性

参　数	特　性
发射重量/kg	1 700
长度/mm	5 000
翼展/mm	1 700
直径/mm	1 400
最大航程/km	12

附 1.5 T－4MC 飞机（代号"200"）竞争方案的信息

米亚西谢夫设计局的战略型双状态导弹载机 M－20。

按照 1967 年 11 月 28 日苏联共产党委员会和国防部委员会的№1098－378 号决议以及航空工业部指令，米亚西谢夫设计局开始着手双状态轰炸机 M－20 的设计，该飞机航程为 16 000 ～ 18 000km，可用于侦察目标和抗击潜艇。M－20 飞机技术特性见附表 5－1。

附表 5－1 M－20 飞机技术特性

参 数	特 性
最大起飞重量/t	300
正常起飞重量/t	250
超声速飞行的实际航程/km	11 850
速度 850km/h 时的实际航程	14 700
最大飞行速度/（km · h^{-1}）	3 200
在目标上空飞行的高度/km	18 ～ 24
起飞滑跑距离/m	1 950 ～ 3 200
机翼单位载荷/（kg · m^{-2}）	644
机翼面积/m^2	370
起飞推重比	0.3
发动机数量/型号	4 台带加力燃烧室的双涵道涡轮喷气发动机（ТРДДФ）К－101
发动机的加力推力/kgf	4×22 000
机组人员数量/人	3

之所以推出这项决议，是因为苏联和美国多年来一直在探索洲际战略飞机研制道路，以便让其取代1955—1960年间投入使用的、已老旧的图-95，M-4，布雷舰（苏联时期）和B-52（美国）飞机。

在准备M-20的预先方案时，对未来飞机的外形、发动机及其设备组成进行了初步研究。其中特别研究了起飞重量150 ~ 300t的飞机的布局，包括一些变后掠翼布局、可变翼展布局以及层流控制布局。附图5-1所示为M-20飞机布局方案之一的三视图。

已进行的试验结果表明，在飞行技术性能方面，考虑到1975—1980年间技术发展的前景，最大巡航飞行速度*Ma*=3且带变后掠翼的飞机可满足空军对战略飞机的战术技术任务要求。

当战略飞机使用在研的、符合空军战术技术任务要求的设备和武器系统时，设备、武器和载荷的总重量应在24 ~ 25t。当最大程度满足航程的要求时，飞机300t的最大起飞重量符合这一负载要求。

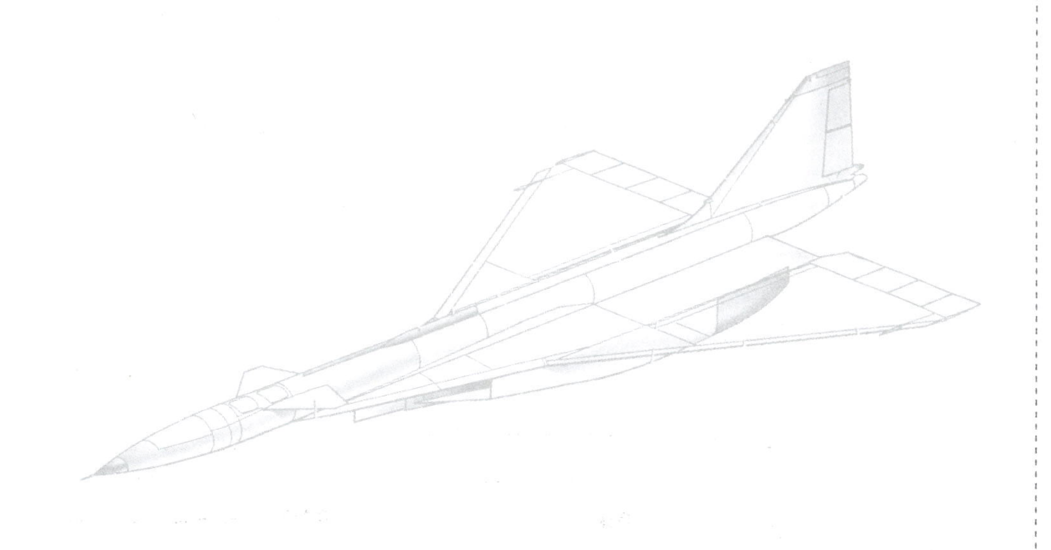

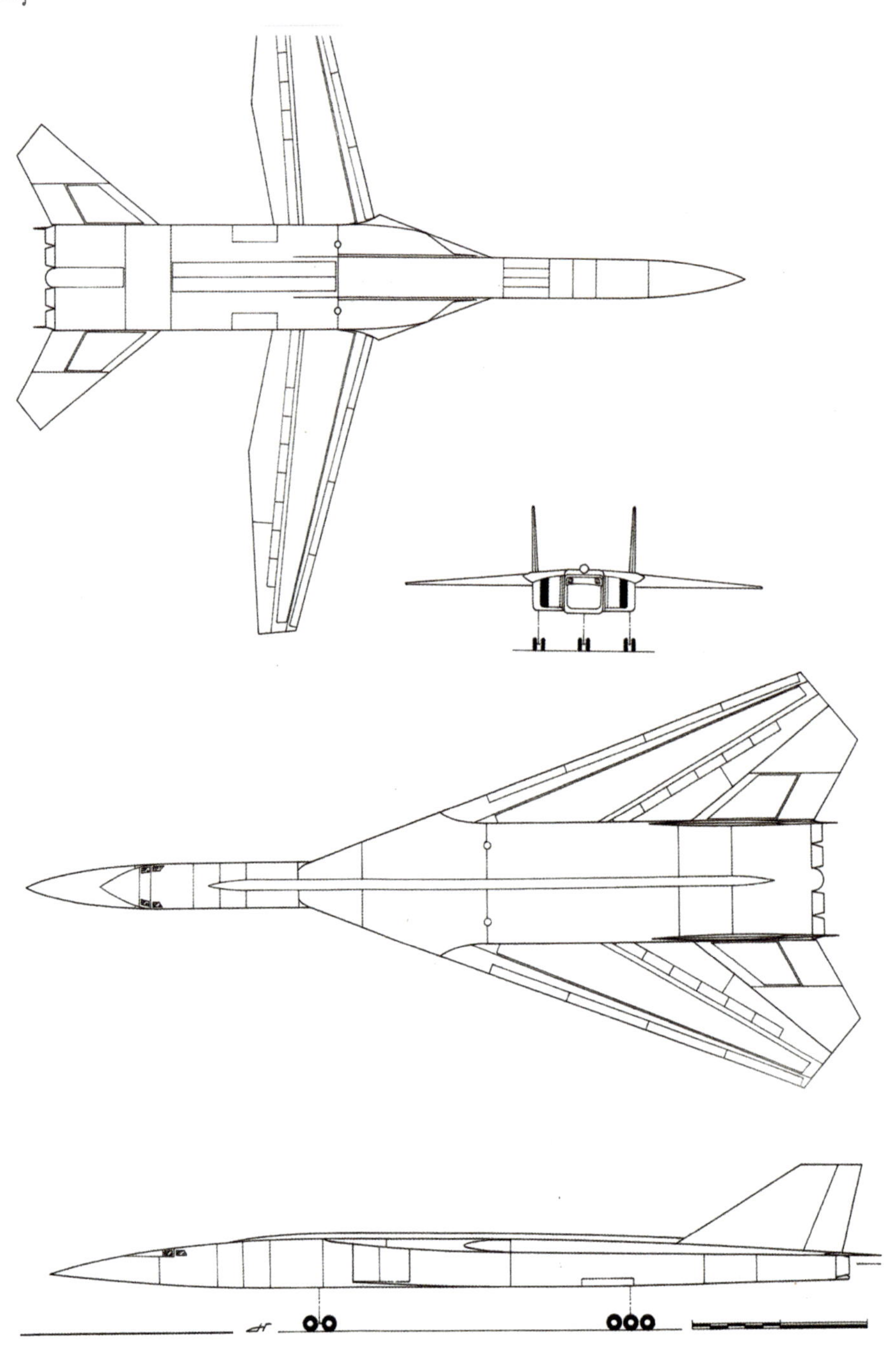

▲ 附图 5-1　M-20 飞机布局方案之一的三视图
（尼古拉·戈尔久科夫供图）

在获取到的数据基础上,米亚西谢夫设计局构建了M−20飞机(见附图5−2)的预方案。该型飞机按照“鸭式”布局设计,具有变几何机翼和“组合式”发动机布局。该布局方案曾与苏霍伊设计局的T−4MC飞机和图波列夫设计局的“160”飞机方案进行竞争。

▲ 附图 5−2 由艺术家呈现的M−20飞机
(米哈伊尔·德米特里耶夫供图)

附1.6 图波列夫设计局的超声速战略轰炸“160M”

早在20世纪60年代,图波列夫设计局就开始了多状态超声速战略轰炸机的研制工作。1969年前,图波列夫A.H.收到了编号为“160”的飞机设计方案(原编号为“ИС”),该飞机带有变几何机翼。安德烈·尼古拉耶维奇否定了新的复杂方案,同时建议研究以载人超声速飞机图−144为基础的布局(编号“160M”),附图6−1所示为“160M”飞机三视图,附表6−1所示为其技术特性。

图波列夫设计局研究了图−144原型机的多个军事应用改型方案:侦察机、无线电电子对抗飞机和反潜飞机。然而,这些飞机未得到进一步发展。

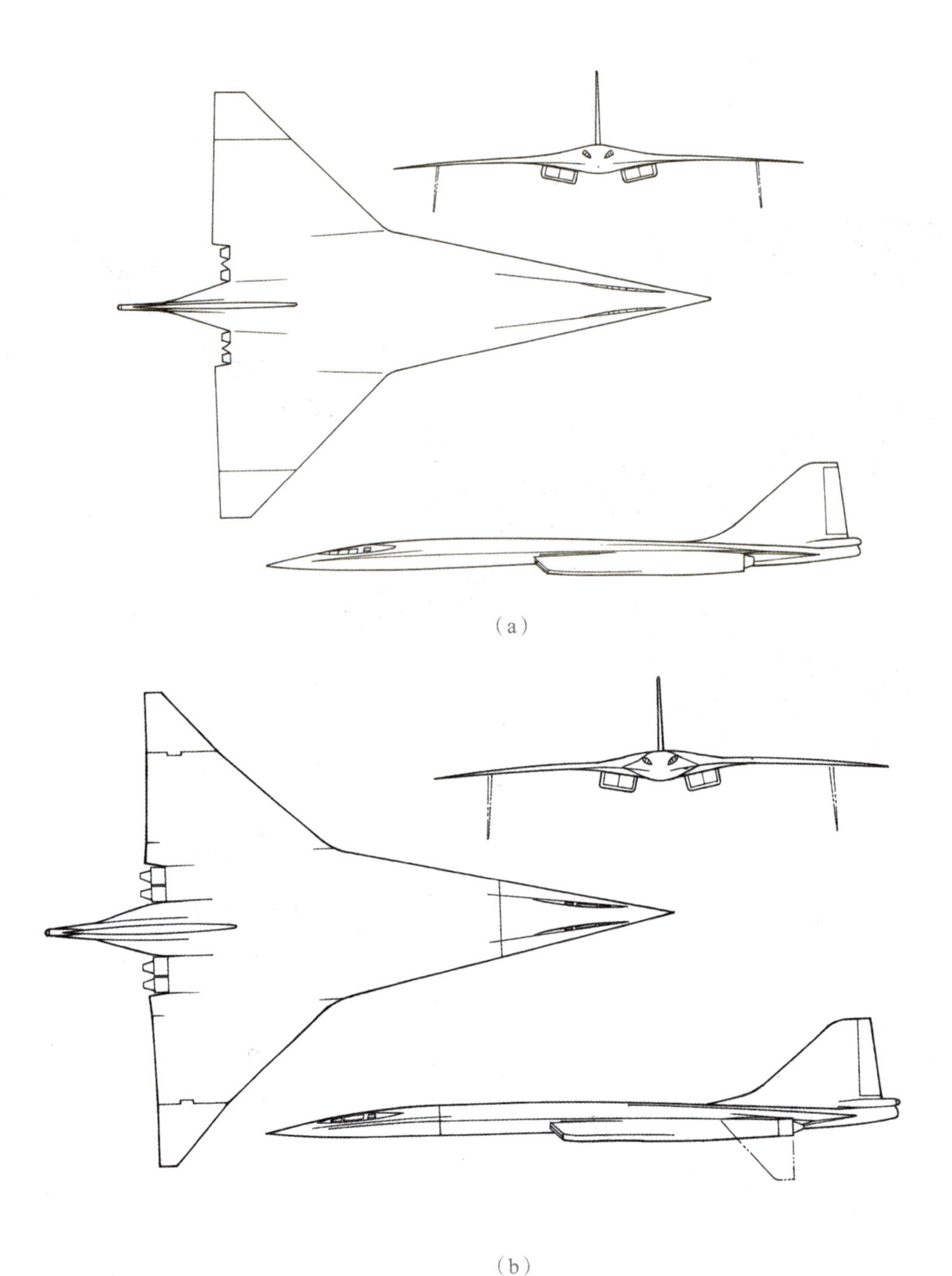

（a）

（b）

▲ 附图 6-1 “160M”飞机三视图
（a）没有可弯折翼尖；（b）带有可弯折的翼尖
（尼古拉·戈尔久科夫供图）

"160M" 飞机的外形与图–144 飞机非常相似，但是计划在 "160M" 飞机上安装可弯折的尖拱形机翼。普通布局的 "160M" 飞机和 XB–70 飞机一样，机头为固定式且带有外凸型座舱盖，同时发动机短舱成对布置，发动机短舱内安装了 4 台 HR–25 或 HK–32 发动机（4×25 000kgf）。在发动机短舱间的机身炸弹舱内布置了轰炸机的武器，武器符合战术技术任务要求。飞机计划由铝合金制造，因此该飞机的最大飞行速度为 2 500km/h。

附表 6–1 "160M"飞机的技术特性*

参 数	特 性
起飞重量/t	220
正常起飞重量/t	180
超声速飞行时的实际航程/km**	11 500
速度 850km/h 时的实际航程/km**	15 000
最大飞行速度/(km · h^{-1})	2 500
目标上方的飞行高度/km	20
起飞重量最大时的起飞滑跑距离/m	2 100
机翼单位载荷/(kg · m^{-2})	385
机翼面积/m^2	500
起飞推重比	0.42
发动机数量/类型	4 台带加力燃烧室的涵道涡轮喷气发动机（ТРДДФ)НК–101 或 К–102
发动机加力推力/kgf	4×25 000
机组人员数量/人	4

注：*该数据考虑了图–144 飞机的特性。
**战术技术任务书的数据。

附 1.7　T-4MC 飞机之后的一些方案的信息

有一种说法是图波列夫设计局想以最小的经费支出，制造出最大程度上符合民用飞机方案的战略攻击系统。

最后一条决定了"160M"飞机的命运，即民用图-144 飞机所有的"毛病"以及速度低于战术技术任务书规定值的问题都是导致这一项目失败的主要原因。

附 1.8　图-160 战略攻击飞机系统

在"160M"飞机设计阶段才发现，在图-144 飞机基础上研制远程多状态飞机无法成功。因此，图波列夫设计局后来对飞机的整体构想进行了修改，并着手制造变几何机翼的飞机，将早先被否决的"160ИС"方案作为新型飞机的基础。到 1972 年，已经研究出 2 种布局方案，这 2 种方案各有优缺点。图-160 飞机的技术特性见附表 8-1。

附表 8-1　图-160 飞机的技术特性

参　数	特　性
起飞重量/t	275
正常起飞重量/t	230
超声速飞行时的实际航程/km	10 500
最大飞行速度/(km · h^{-1})	2 000
目标上方的飞行高度/km	15
起飞重量最大时的起飞滑跑距离/m	2 200
机翼面积/m^2	293.15
起飞推重比	0.43
发动机数量及类型	4 台带加力燃烧室的双涵道涡轮喷气发动机(TPДДФ)HK-32 发动机

续表

参　数	特　性
发动机加力推力/kgf	4×25 000
机组人员数量/人	4

最后，图波列夫设计局选择了最接近现代战略轰炸机图–160 外形的布局。1974 年，“70” 飞机（见附图 8–1）的设计方案连同米亚西谢夫设计局的 M–18 的设计方案一起提交到科学技术委员会，最终 “70” 飞机的设计方案胜出。随后，获得官方代号 “图–160”，图波列夫设计局开始了大规模的飞机研制相关工作。1981 年 12 月 18 日，“70–01” 号飞机完成了首飞。

▲ 附图 8–1　“70”项目方案之一的模型
（图波列夫设计局供图）

附 1.9　米亚西谢夫设计局的多状态攻击机 M–18

按照 1972 年空军总司令和航空工业部副部长批准的有关 1976—1985 年远程航空和海军航空战略综合系统发展前景预测的研究计划，米亚西谢夫设计局制定了 M–18 飞机（见附图 9–1）的设计方案。研究过程中采纳了根据 1967 年 11 月 28 日苏共中央委员会和苏联部长会议决议完成的 M–20 战略型多用途飞机的研究成果、试验工作成果和预设计成果。

▲ 附图 9-1　M-18 飞机的模型
（尼古拉·戈尔久科夫档案室供图）

1971—1973 年间，开展了设计研究和计算工作，旨在确定多用途飞机系统的概念和组成，同时提升飞机的飞行技术特性（见附表 9-1）。其中包括为了能将飞机部署在混凝土一级机场，将飞机的起飞重量从 230t 降低到了 210t。同时，机载自动控制系统的功能也得到了扩展。

附表 9-1　M-18 飞机的技术特性

参　数	特　性
最大起飞重量/t	210
正常起飞重量/t	175
超声速飞行时的实际航程/km	12 000
速度 850km/h 时的实际航程/km	16 000
最大飞行速度/(km · h^{-1})	3 200
目标上方的飞行高度/km	18 ~ 24
起飞时滑跑距离/m	未知
机翼单位载荷/(kg · m^{-2})	660
机翼面积/m^2	318
起飞推重比	0.48
发动机数量及类型	4 台带加力燃烧室的双涵道涡轮喷气发动机（ТРДДФ）К-102 发动机
发动机推力（加力）/kgf	4×25 000
机组人员数量/人	3 ~ 4

在制定M−20飞机的预设计方案时，设计师的主要精力集中在决定战争条件下军事效用和战略航空器生存力的基本要求上。正是这些要求决定了必须接受一些限制，这些限制主要反映在布局方案、整体尺寸、布局参数、在突破敌方空防时飞行状态的选择上，此外还表现在降低飞机散射、热辐射的有效面积，以及能量和起飞重量等方面。

基于对突破潜在对手防空系统问题的全面研究得出的结论，第一架M−18飞机应拥有能超越西方国家防空系统的高度速度特性，迫使潜在对手必须投入更多的资金到防空系统的发展中。

因此，M−18战略型航空飞机应能在具备强大防空系统的区域以Ma=27~3的速度在18~24km的高度上飞行。

根据设计研究的结果，M−18飞机选择了带变后掠翼且机翼单位载荷小的气动布局。

在攻击机的基础上计划研发以下改型：侦察型飞机、保障飞机和反潜飞机。

附1.10 T−4飞机第一阶段出厂试飞总结报告

1.飞机滑行

“101”号飞机试验过程中，完成了8次滑行、2次中断起飞和1次低空短飞。

滑行的目的是在滑行过程中对以下内容进行评估：速度为20~290km/h时飞机航向控制的质量，机头上仰9°并保持不变时的俯仰控制质量，以及制动系统和减速伞的有效性。

飞机航向控制通过以下手段实现：

——主轮制动，前轮处于自动定向状态；

——在“起飞−着陆”和“滑行”的工作状态下，通过起落架控制系统转动前轮。

在接通电传操纵系统或机械控制系统时，对飞机控制的品质进行了评估。

在已完成的8次滑行试验过程中，有4次是高速滑行，飞机加速至260~290km/h，前轮离地。高速滑行是在使用电传操纵系统控制飞机且减振器接通的条件下完成的，此时，内侧发动机处于最大加力状态，而外侧发动机处于最大无加力状态。

在速度 200 ~ 220km/h 时，通过操纵驾驶杆将机头平稳抬起 10°（俯仰角小于 9°），并在此角度保持 5s。随后，发动机调节至慢车状态，放减速伞并踩刹车。

根据已进行的滑跑结果确定，电传操纵系统性能更好，对飞行员而言更为合适。鉴于电传操纵系统具有四余度备份功能，其工作可靠性强，因此决定首飞时使用电传操纵系统控制飞机。

在接通起飞制动的情况下，飞机在 2 台发动机转速增至最大无加力、达到 90%时保持不动。此时飞机的重量为 78.3t。

2.“101”号飞机地面试车

在完成改进和主要系统升级后，进行了飞机称重。

在 3 个位置进行了空机称重，随后在飞机停机状态下，装上 2Φ 和 2MГ 油箱（第一次飞行的构型），进行检查称重。

带有 1 340kg 配重的空机重量为 57 717kg，而空机重心为 22.9%。

为了进行检查和升级飞机系统，按照专门的工作大纲进行了地面试车，该大纲是根据П.О.苏霍伊总设计师批准的 T-4 飞机出厂试飞大纲制定的，并与飞行研究所所长乌特金内B.B.进行了协调。

3.“101”号飞机的飞行

（1）第 1 次飞行。

1）1972 年 8 月 22 日进行了第 1 次飞行。

2）飞机的起飞重量为 77.3t。

3）起降时鸭翼的安装角度为+4°。

4）飞行时起落架未收起。

5）着陆滑跑时通过主刹车系统和减速伞完成飞机制动。

6）起飞时内侧发动机在最大加力状态下工作，而外侧发动机在最大无加力状态下工作。

7）在 3 000m 高度飞行时对飞机的操纵性和稳定性，以及动力装置的工作进行了质量评估。

8)飞行中通过低空通场模拟飞机着陆。

9)飞行时间 40min。

10)空中最大飞行表速不超过 $v_{表}$=600km/h。

11)飞机加油量为 20t。

12)飞机的起降由СДУ-4 系统(电传操纵系统)控制。

13)飞行员反馈:鸭翼的左侧翼面有振动。

14)进场着陆时,接通推力自动控制装置。

15)在起飞滑跑和着陆滑跑时,使用СУС-7A系统转动前轮来实现飞机的航向稳定。

第 1 次飞行后,为了在收起落架时将主起落架支柱更换成改进型(带有升级版转弯机构)托架,试飞暂停。

更换起落架的同时,还进行了以下改进:

1)完全接通燃油系统和惰气系统(НГ)。

2)按照新理论对外翼和机翼可转动部分进行改进。为了降低飞机的过渡特性,前缘后掠角从可转动机翼的 75°改为外翼的 60°。为了增大鸭翼左侧外翼的振荡阻尼,在鸭翼轴上安装了阻尼器。

3)将软油箱更换成带有加固法兰的油箱,以消除法兰变形处的漏油。

在第 2 次飞行前还进行了高速滑跑。

(2)第 2 次飞行。

1)1973 年 1 月 4 日进行了第 2 次飞行。

2)飞机的起飞重量为 78.7t。

3)飞行时起落架未收起。

4)飞行中对飞机的操纵性和稳定性,以及动力装置的工作进行了质量评估。

5)当以 500 ~ 550km/h 的速度在 3 000m 高度水平飞行时,进行了滚转和俯仰方向上的“偏转”,并通过方向舵和升降副翼完成了俯仰方向上的脉冲,还检查了发动机和推力自动控制系统的工作。

6)飞行时间 41min。

7)飞行员反馈:鸭翼的左侧外翼有振动。

8)发动机的工作状态与第1次飞行一样。

9)起降时鸭翼的安装角度为+4°。

10)滑跑时的飞机制动和第1次飞行一样,通过刹车系统和减速伞完成。

11)飞行高度5 000m。

12)最大表速不超过630km/h。

13)在$v_{表}$=550km/h飞行时,可弯折机头抬起,随后速度增至$v_{表}$=630km/h。着陆前可弯折机头放下。

14)着陆时燃油的余量不超过4t。

15)下降时,放下潜望镜检查视野范围。

(3)第3次飞行。

1)1973年2月14日进行了第3次飞行。

2)飞机的起飞重量为78.7t。

3)当$v_{表}$=450km/h时,尝试了收起起落架。前起落架和右起落架收起,左起落架未收起。起落架放下正常。

4)当$v_{表}$= 500km/h时,抬起和放下可弯折机头。

5)飞行高度达到H=5 000m。

6)最大表速$v_{表}$=560km/h。

7)飞行时间34min。

8)发动机的工作状态与前2次飞行一致。

9)起飞着陆时鸭翼的偏转角度与前2次飞行一致。

10)飞行中对飞机的操纵性和稳定性,以及动力装置的工作进行了质量评估。

11)飞行员反馈:

——左起落架未收起;

——当可弯折机头抬起时,鸭翼的振动降低了4 ~ 5倍。

12)进场着陆时,检查了推力自动控制装置的工作。

为了排除故障以及改进液压系统布局,试飞中断。

在液压系统进行改进后,根据专门的大纲进行了液压系统的地面试车。

(4)第4次飞行。

1)1973年4月13日进行了第4次飞行。

2)飞机的起飞重量为78.7t。

3)起飞后起落架正常收起。

4)飞行中对飞机的稳定性,以及动力装置的工作做出了质量评估。

5)可弯折机头抬起后,加速至640km/h。在此速度时记录了发动机入口处的空气脉动和流场。

6)当飞行高度H=3 000m、发动机以80%工作时,接通应急放油3s。

7)在下降阶段检查了推力自动控制系统的工作。

8)发动机的工作状态与前3次飞行的一致。

9)起降时鸭翼的偏转角度与前3次飞行的一致。

10)飞行员反馈:

——鸭翼的左侧外翼有振动;

——飞机在加速时有转弯和向右倾斜的趋势。

11)飞行时间53min。

12)着陆时飞机的燃油余量不超过4t。

(5)第5次飞行。

1)1973年4月19日进行。

2)飞机的起飞重量为101.7t。

3)起飞后起落架未收起(故意的)。

4)当在3 000m和5 000m高度飞行时,对单台和双台发动机加力状态接通的可靠性进行了评估。

5)当在5 000m高度飞行时,检查了所有发动机依次起动的情况,随后在500km/h速度时,使用鸭翼对飞机进行调平。

6)在接通使用应急放油系统时,排放了3t的燃油。

7)飞行员反馈:

——鸭翼的左侧外翼有振动;

——未接通其中任意一台发动机的加力;

——第二次尝试起动其中一台发动机。

8)起降时鸭翼的偏转角度在+6°以内。

9)着陆时燃油余量不超过 4t。

为了改进燃油系统、起落架收放，以及发动机加力状态的可靠接通，试飞中断。

(6)第 6 次飞行。

1)1973 年 5 月 24 日进行了飞行。

2)飞机的起飞重量为 78.7t。

3)起飞后起落架正常收起。

4)飞行中检查了加力状态下故障发动机的起动以及起动的可靠性。

5)以 $v_{表}$=600km/h 速度在 5 000m 高度飞行时，当鸭翼偏转角度为 0°,2°,6°和 8°时，抬起可弯折机头，进行平飞，随后加速至 650km/h，并记录了这一速度下进气道入口的流场。此后，当速度为 500km/h 时，在机械控制系统进行控制的情况下，对飞机的操纵性进行了评估。

6)在抬起可弯折机头的飞行中，放下潜望镜，以保证飞行员的前向视野。

7)飞行员反馈：

——鸭翼的左侧外翼有振动。

8)飞行后检查发动机时发现 4 台发动机中有 2 台发动机的压气机第 1 级叶片和进口导向器叶片上有压伤。受损发动机被发往雷宾斯克厂进行研究和检修。飞机上安装了 1 台修复发动机和 1 台新发动机。

9)飞行时间 50min。

(7)第 7 次飞行。

1)1973 年 6 月 15 日进行了飞行。

2)飞机的起飞重量为 97.7t。

3)起飞后起落架正常收起。

4)在高度 5 000m 飞行时检查了发动机的操纵性，并依次检查了第 2,3,4 台发动机的起动。

5)飞机进行加速：

——放下可弯折机头，鸭翼的角度等于+4°，加速至速度 $v_{表}$=600km/h；

——抬起可弯折机头，鸭翼的角度等于+4°，加速至速度 $v_{表}$=700km/h；

——抬起可弯折机头，鸭翼的角度等于+10°，加速至速度 $v_{表}$=650km/h。

6)为了确定发动机气流对机身尾部的加热强度，在速度Ma=0.82、高度10 000m时飞行了30min。

7)飞行时间115min。

(8)第8次飞行。

1)1973年6月26日进行了飞行。

2)飞机的起飞重量为88.7t。

3)起飞后起落架正常收起。

4)在速度$v_{表}$=500km/h、高度1 000m飞行时检查了发动机的操纵性。随后当飞行速度为Ma=0.9时，接通阻尼器，进行了3个通道方向上的机动飞行。

5)在$v_{表}$=500km/h、高度5 000m时，进行了滚转角度+5°和+10°的稳定侧滑。

6)在速度450km/h和500km/h、高度8 000m时，检查加力状态的单独接通情况。

7)飞行时间76min。

(9)第9次飞行。

1)1973年7月6日进行了飞行。

2)飞机的起飞重量为88.7t。

3)起飞后起落架正常收起。

4)飞行时对高度从10 000m爬升到12 000m、马赫数Ma从0.9加速到1.3过程中，以及制动过程中飞机的稳定性和操纵性、动力装置和飞机系统的工作进行了评估。

5)在飞行高度10 000m时，将燃油从1Ц油箱引到4Ц油箱，接通空调系统的“高速状态”，完成加速。加速过程中飞机使用鸭翼进行调平。此时，轻轻偏转操纵杆，评估飞机的操纵性。当速度达到Ma=1.28时，发动机依次进行节流制动。在制动过程中燃油从4Ц油箱引到1Ц油箱。

6)在速度$v_{表}$=500km/h、高度10 000m时，检查了发动机的操纵性。

7)在高度3 000m时，抬起可弯折机头，加速至650km/h，当放下可弯折机头时，速度降低到550km/h，从而确定空速管的气动修正量。

根据“101”号飞机第1阶段试飞的计划，预计进行10次飞行，而实际上只进行了9次飞行。第1阶段试飞数据见附表10−1，第10次飞行纳入了第2阶段的试飞[1]中。

附表 10-1　试飞第一阶段

日　期	飞行次数/次	飞行时间	燃油重量/t
1972 年 8 月 22 日	1	40min	20[2]
1973 年 1 月 4 日	2	41min	20
1973 年 2 月 14 日	3	34min	20
1973 年 4 月 13 日	4	53min	20
1973 年 4 月 19 日	5	1h24min	43
1973 年 5 月 24 日	6	50min	20
1973 年 6 月 15 日	7	1h55min	39
1973 年 6 月 26 日	8	1h16min	30
1973 年 7 月 6 日	9	1h06min	30

根据第 10 次飞行的任务书，飞机进行起飞时内部油箱应有燃油储量 44t，无配重。

计划在高度 1 000m 处接通发动机的加力状态，并收起起落架。随后爬升 1 000m，抬起可弯折机头，在速度 Ma=0.8 时使用鸭翼对飞机进行调平。此后接通发动机的加力状态，爬升 2 000m，加速至 Ma=1.3。

当马赫数 Ma=1.3 时，在 2 ~ 3min 时间内保持此状态，进行制动，直到速度降至 Ma=0.8。着陆时燃油余量不能超过 4t。飞行时间应为 90min。

4.试飞评价

在试飞过程中完成了 8 次滑行，2 次中断起飞，1 次低空短飞和 9 次飞行。飞行中达到以下极限数据：

——H=12 100m 时，$v_{表}$=780km/h；

——过载 1.5g；

——H=12 100m 时，Ma=1.28。

所完成的飞行表明：

——飞机滑行简单，控制良好。

——起飞时飞机稳定，没有自行偏航或者抬头的趋势。当可弯折机头放

[1] 译注：下文给出的是计划进行的第 1 阶段第 10 次试飞的数据，后来这些数据发生了改变。

[2] 译注：此处原文为 19，与前文不符，疑有误。

下时，飞机有非常好的视野，这很大程度上使得滑行、起飞和着陆更容易。

——飞行员只需轻轻拉操纵杆就可抬起前轮。起飞角度保持容易，离地平稳，离地后不需要重新平衡。

——在收起起落架之后(2 台发动机加力状态起飞时)需将鸭翼偏转 1° ~ 2°。

——在抬起可弯折机头后，开始进入仪表飞行。通过机上潜望镜可观察前方空间。

——平飞时飞机的操控简单良好。加速和突破音障时都很安静。通过 Ma=1 的瞬间仅在仪表上显示。通过升降副翼和鸭翼可轻松保持既定状态。

——加速性非常出色。

——进场和着陆都简单易操作，但在油门－速度操作反区(就推力而言)进行。进场时推力自动控制装置可使飞行员从发动机的工作中完全解脱出来。

——飞机接地平稳，没有“跳动”或者自行放下机头的趋势。在着陆滑跑时，飞机稳定易控。减速伞和轮胎刹车系统有效。

——电传操纵飞机时未发生故障。飞机的操纵性良好。在机械控制时，飞机可驾驶，但需要飞行员有足够的体力和精力。

——飞机仪表设备的工作基本无异常。需要指出的是输入输出装置(CBB)的工作状况较差，所以不得不在飞机上安装备用的高度和飞行马赫数气动仪表。

项目副总设计师，主试飞员B.伊留申

5.“101”号飞机的试飞大事记

1971 年 12 月 30 日，飞机转场到茹科夫斯基试飞站。

1972 年 6 月 20 日前，在试飞站进行了飞机改装，同时进行了系统的车间调试。

1972 年 6 月 20 日，飞机进行了载人试飞。

1972 年 8 月 22 日前，机组人员进行了系统的地面检查，并完成了 6 次滑跑。

出厂试飞分为 3 个阶段。第一阶段飞机的超声速达到 Ma=1.3。

第二阶段没有再继续飞行，此后试飞项目结束。

1974 年 1 月 22 日进行了第 10 次飞行，总续航时间为 1h01min，加油 30t。

“101”号飞机总共完成了 10 次飞行，空中飞行时间为 10h20min。

附　图

T－4 攻击侦察机多状态下多视角的视图

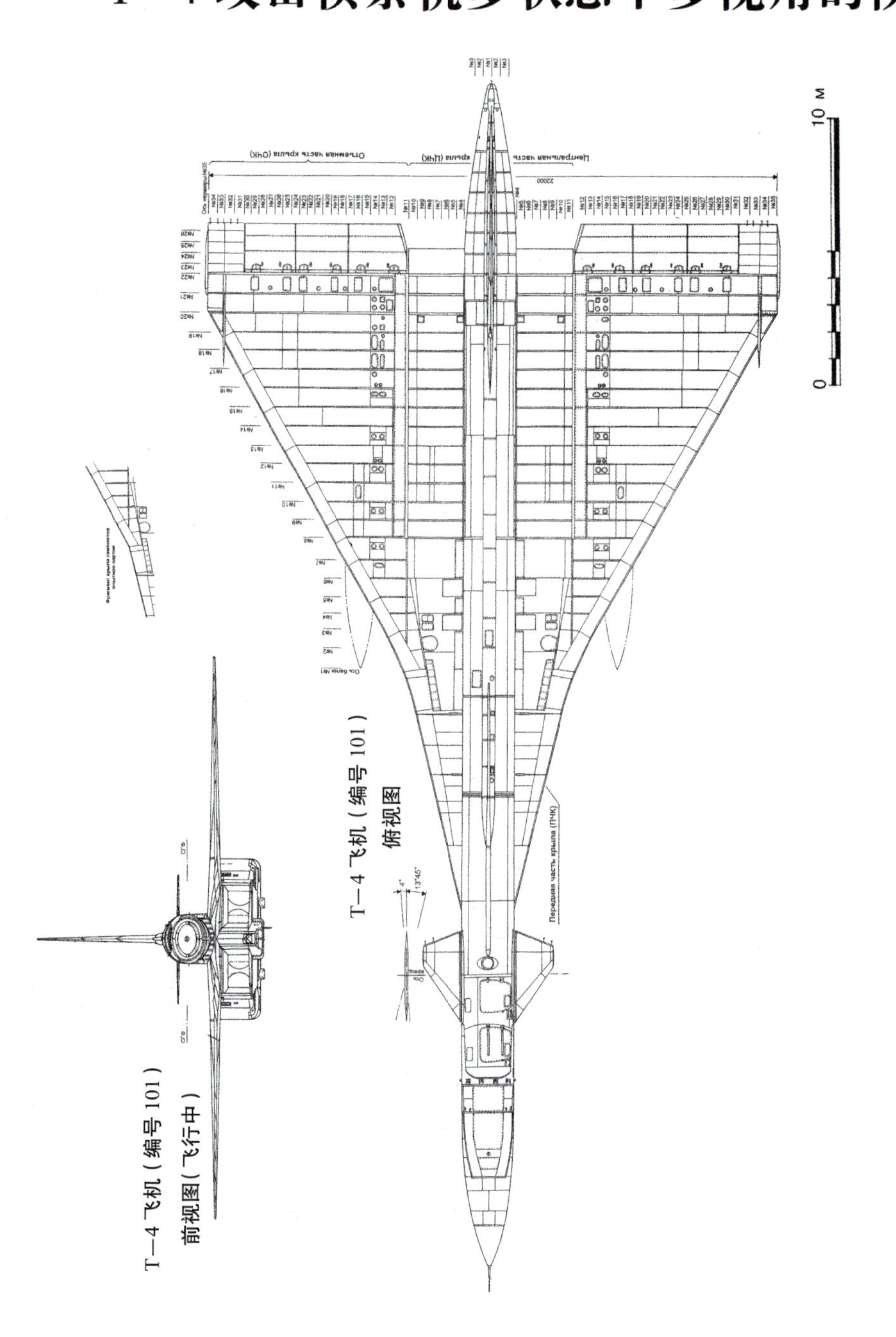

▲ 附图－1　T－4 攻击侦察机（编号 101）
（尼古拉·戈尔久科夫供图）

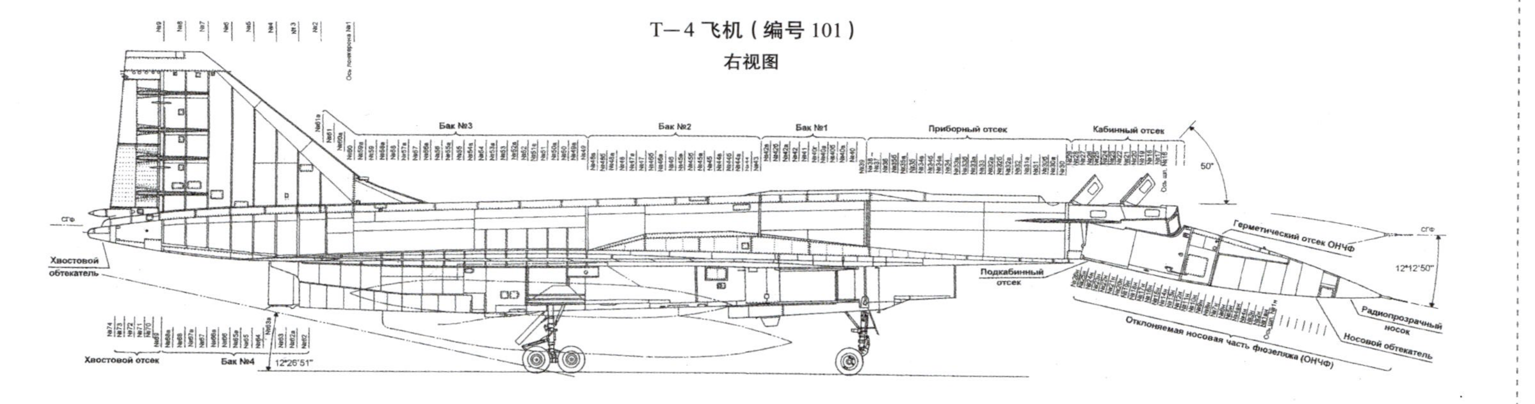

▲ 附图－2 T－4 攻击侦察机（编号 101）
（尼古拉·戈尔久科夫供图）

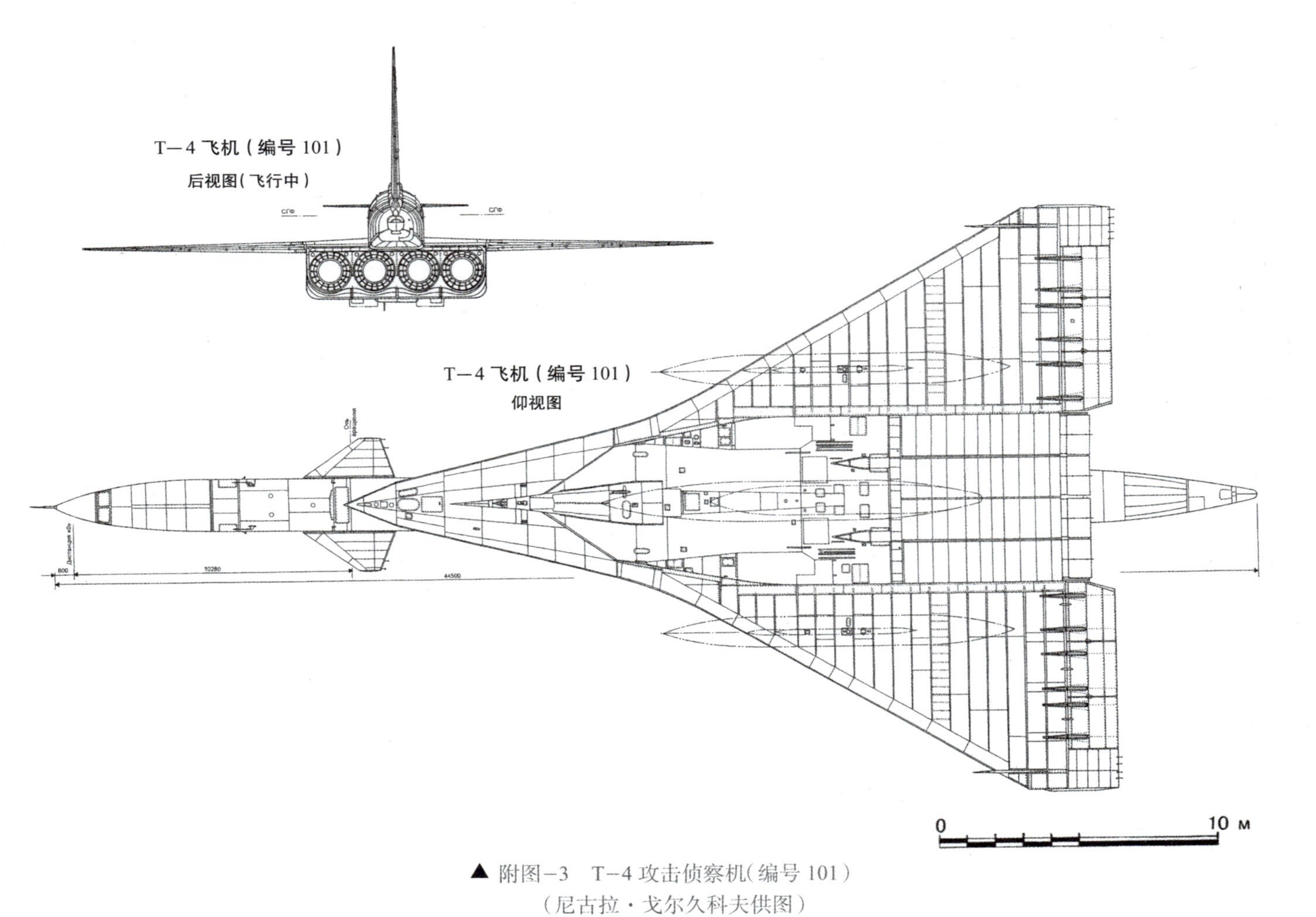

▲ 附图—3　T—4 攻击侦察机（编号 101）
（尼古拉·戈尔久科夫供图）

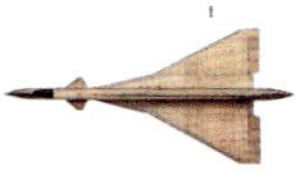

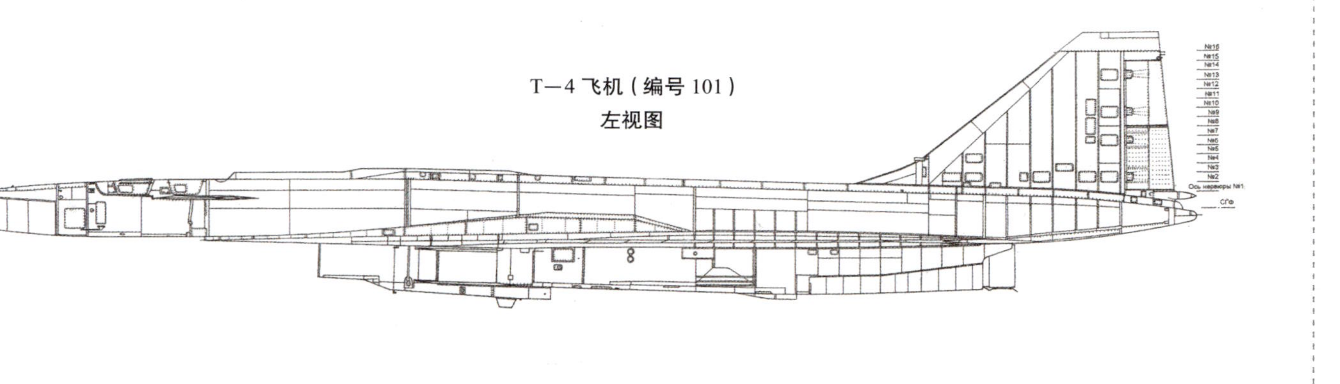

▲ 附图–4　T–4 攻击侦察机（编号 101）
（尼古拉·戈尔久科夫供图）

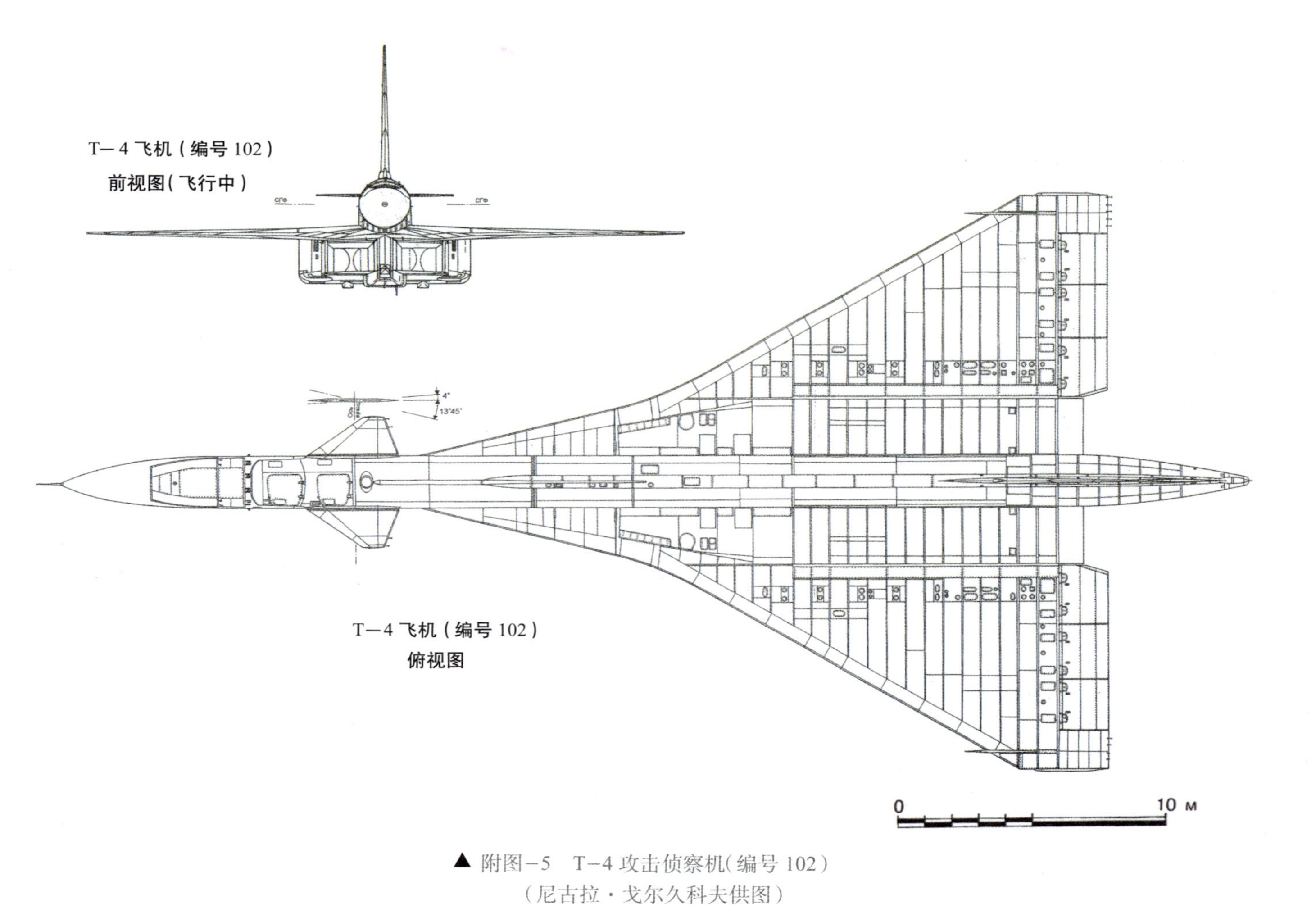

▲ 附图－5　T－4 攻击侦察机（编号 102）
（尼古拉·戈尔久科夫供图）

T-4 飞机（编号 102）
右视图

12°12'50"

▲ 附图-6 攻击侦察机T-4(编号 102)
（尼古拉·戈尔久科夫供图）

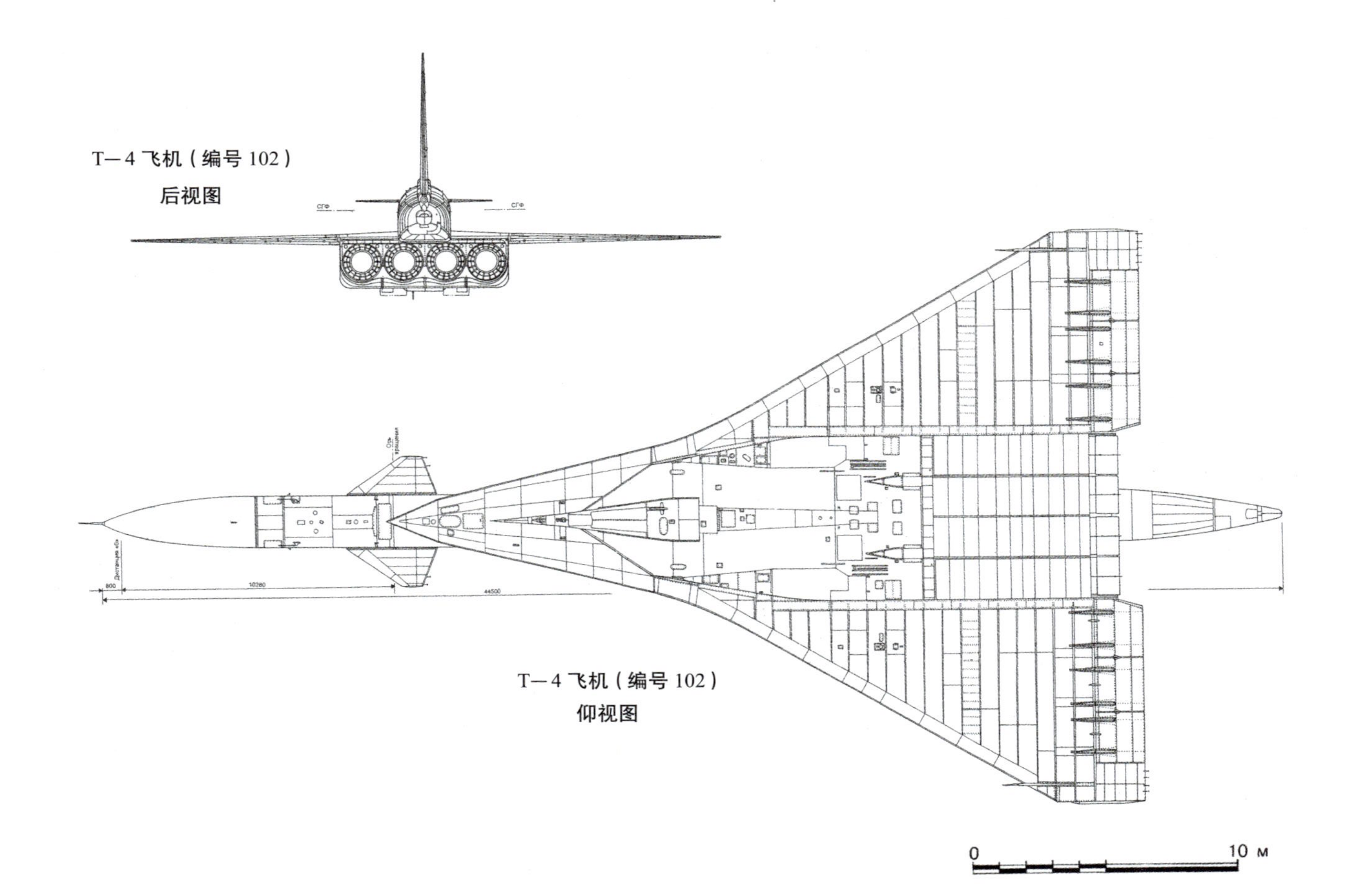

▲ 附图－7　T－4 攻击侦察机（编号 102）
（尼古拉·戈尔久科夫供图）

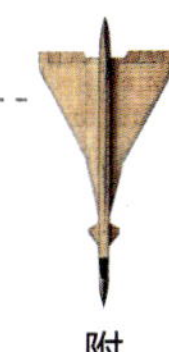

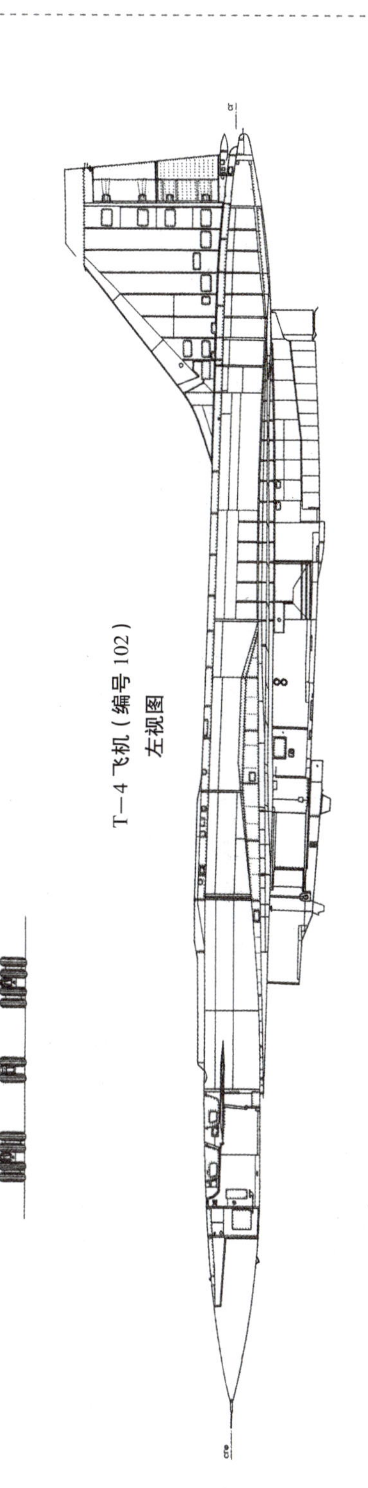

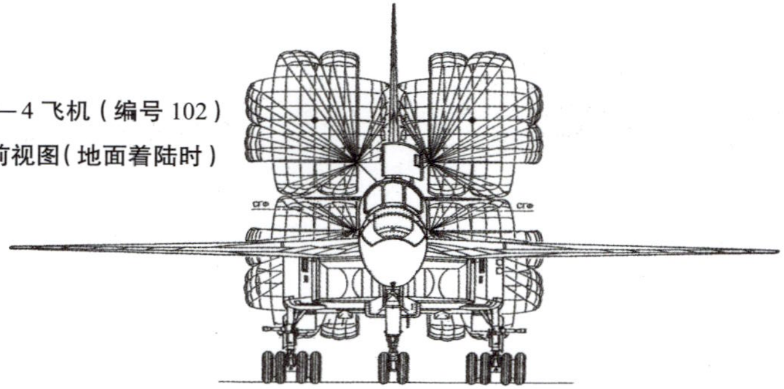

T—4 飞机（编号 102）
左视图

0　10 M

T—4 飞机（编号 102）
前视图（地面着陆时）

▲ 附图-8　T-4 攻击侦察机（编号 102）
（尼古拉·戈尔久科夫供图）

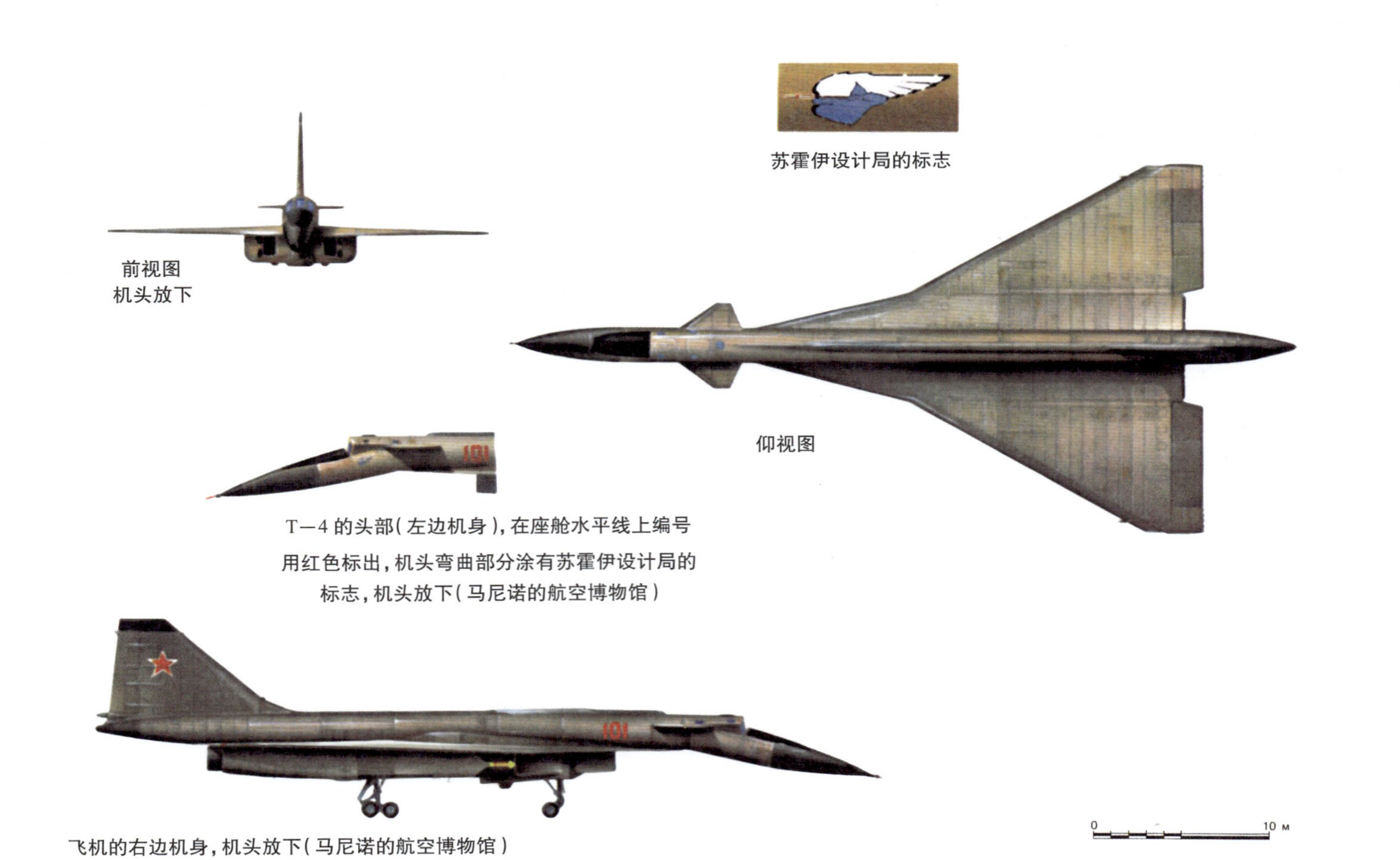

▲ 附图－9　T－4 飞机的涂装方案（米哈伊尔·德米特里耶夫供图）

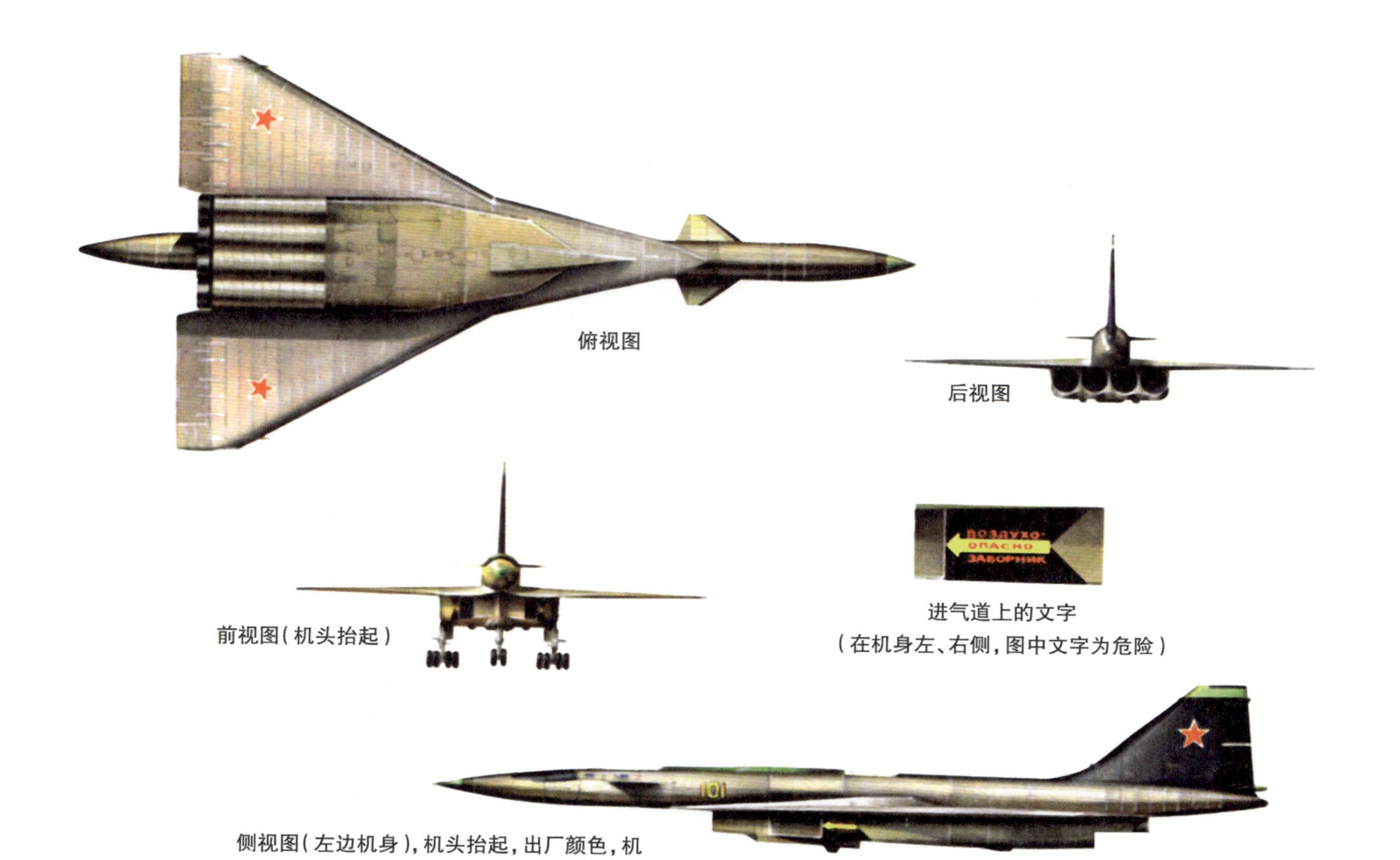

▲ 附图－10　T－4 飞机的涂装方案
（米哈伊尔·德米特里耶夫供图）

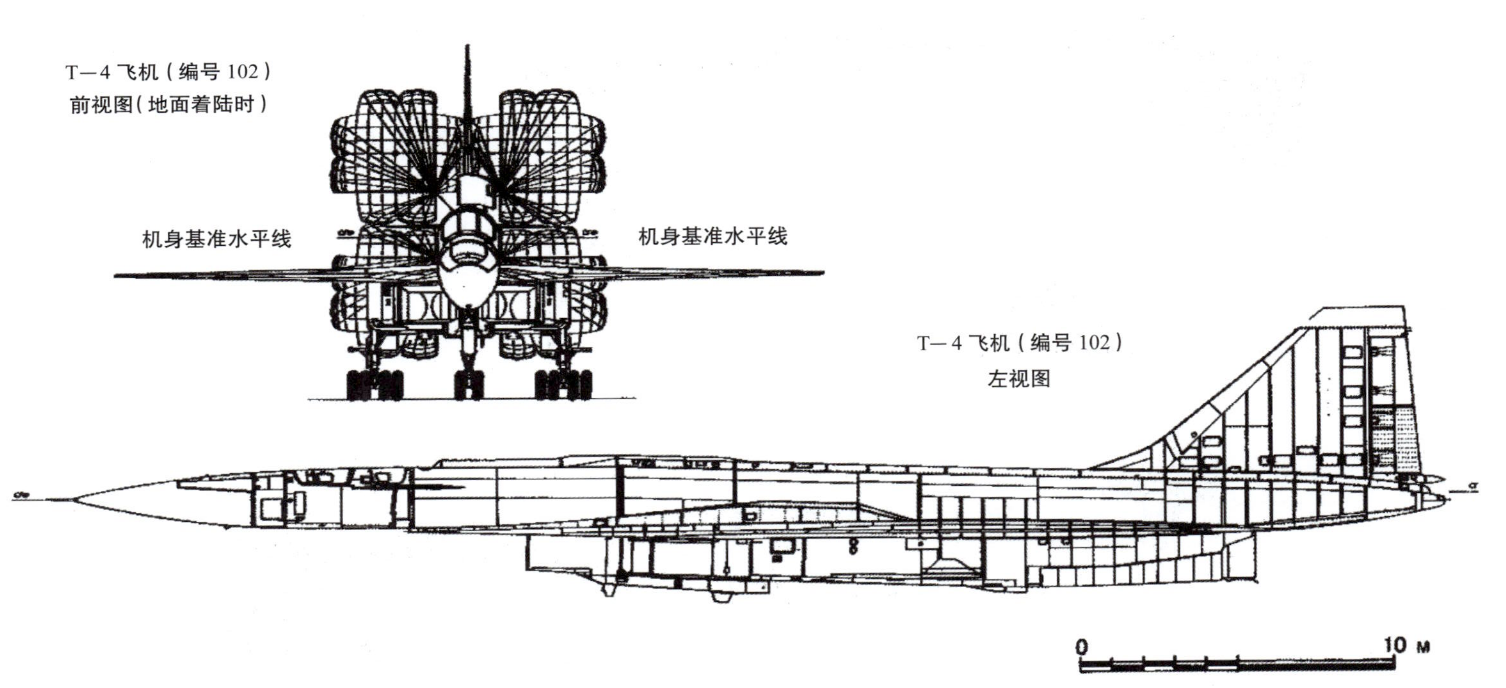

▲ 附图-11　T-4 攻击侦察机（编号 102）
（尼古拉·戈尔久科夫供图）

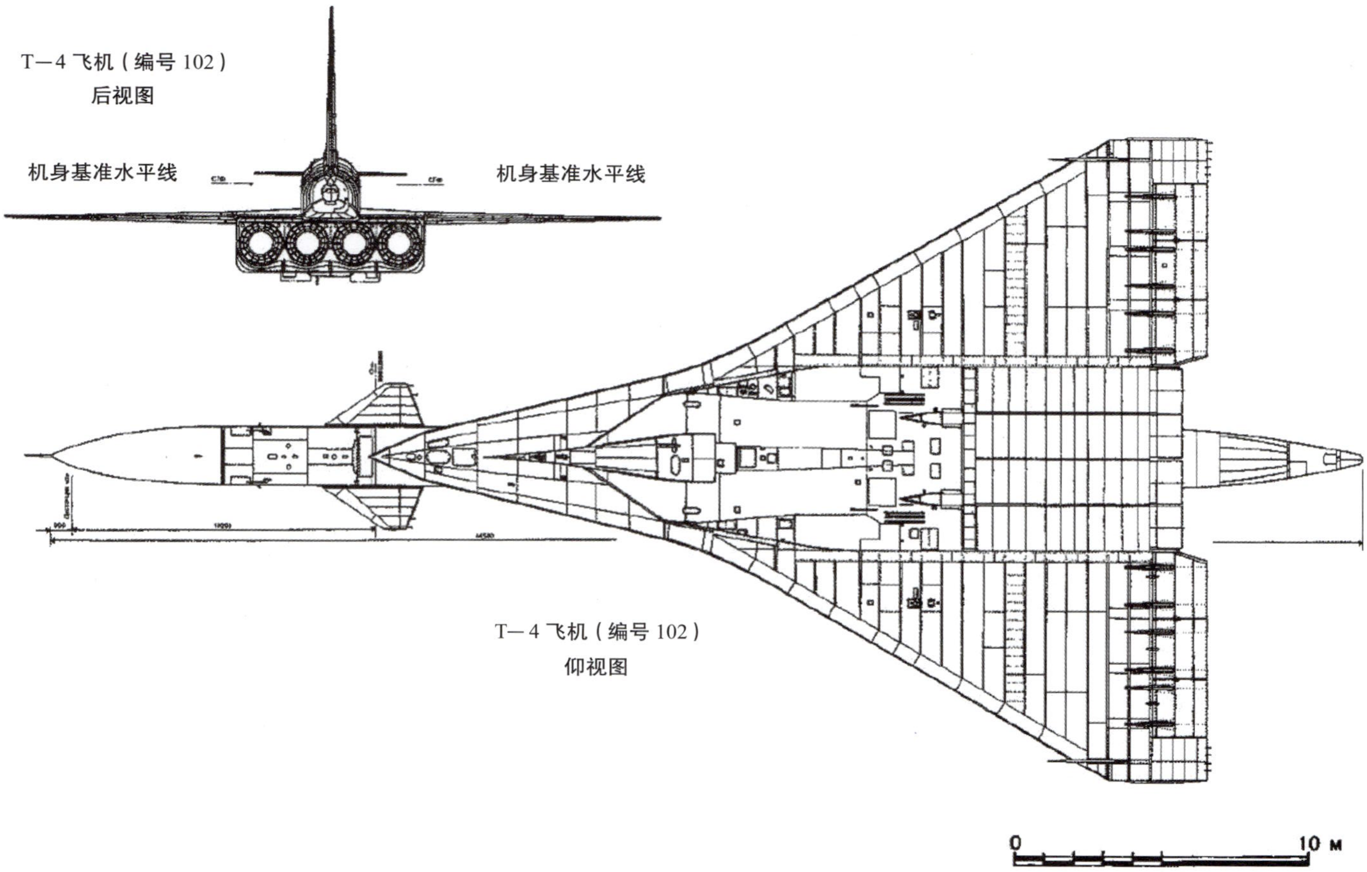

0
10 M

T—4 飞机（编号 102）
仰视图

机身基准水平线

机身基准水平线

T—4 飞机（编号 102）
后视图

▲ 附图－12 T－4 攻击侦察机（编号 102）
（尼古拉·戈尔久科夫供图）

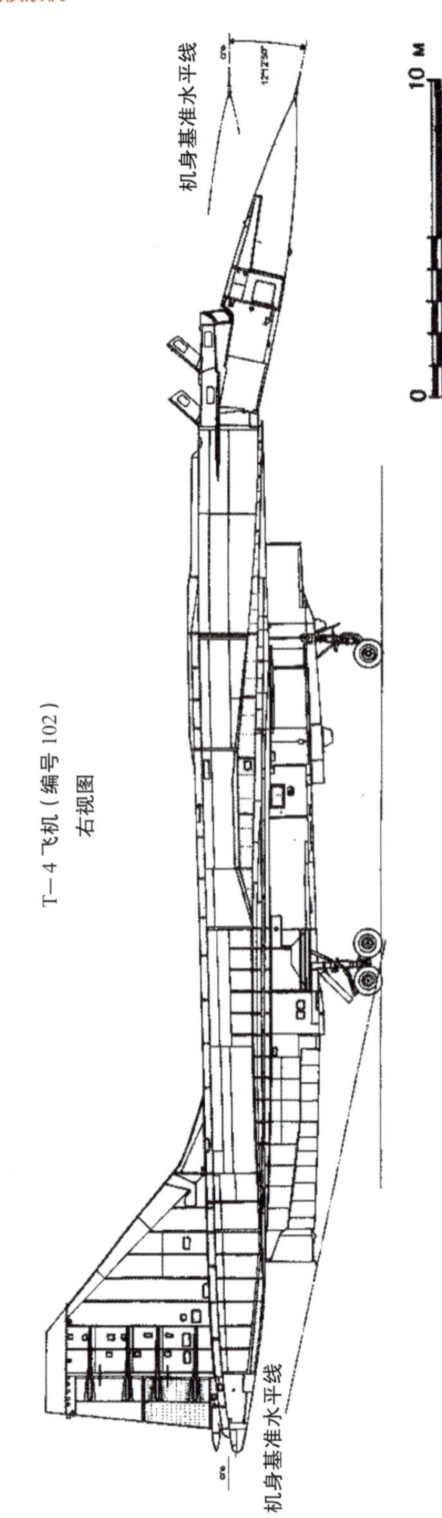

▲ 附图－13　T－4 攻击侦察机（编号 102）
（尼古拉·戈尔久科夫供图）

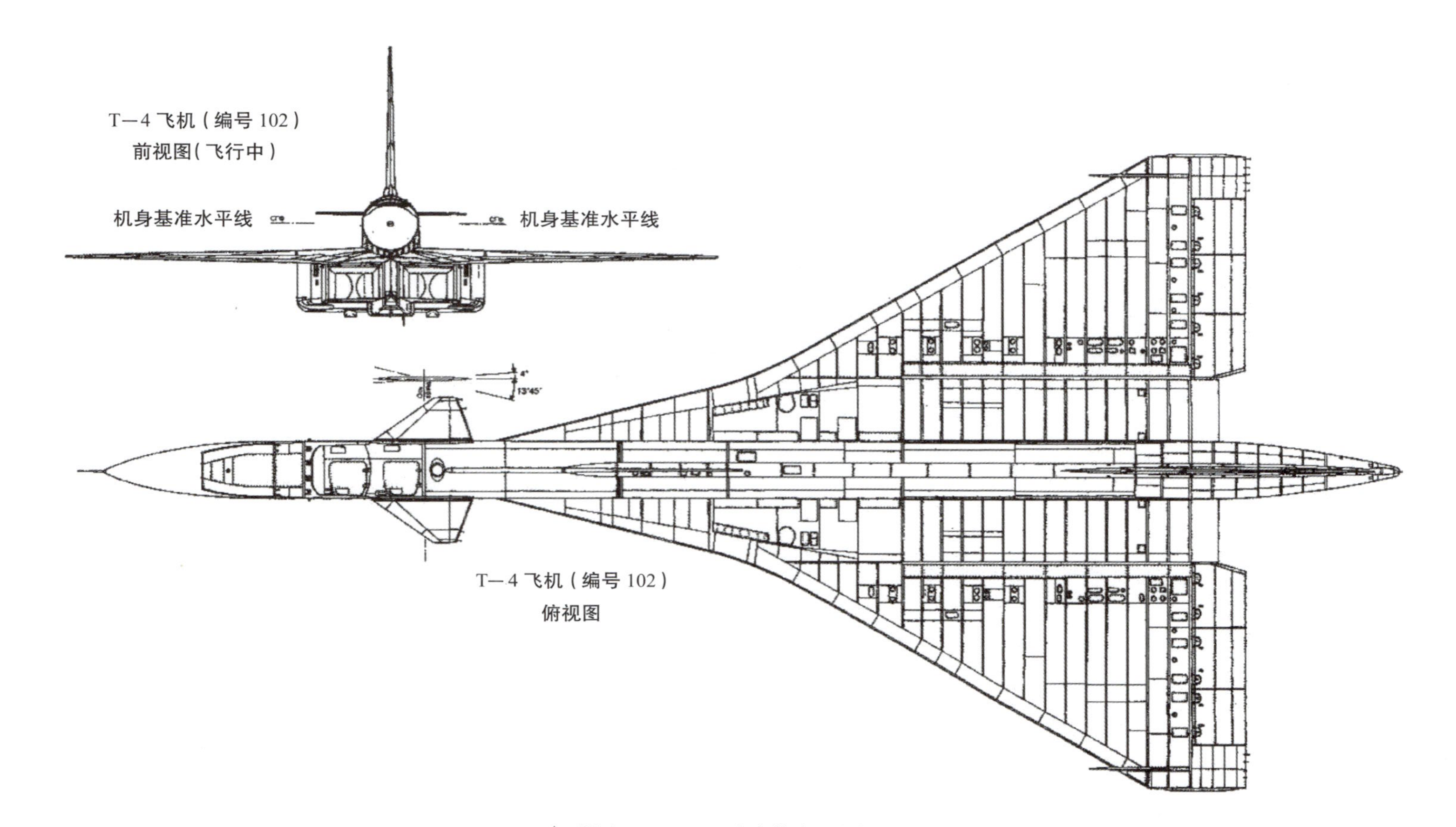

▲ 附图－14 T－4 攻击侦察机（编号 102）
（尼古拉·戈尔久科夫供图）

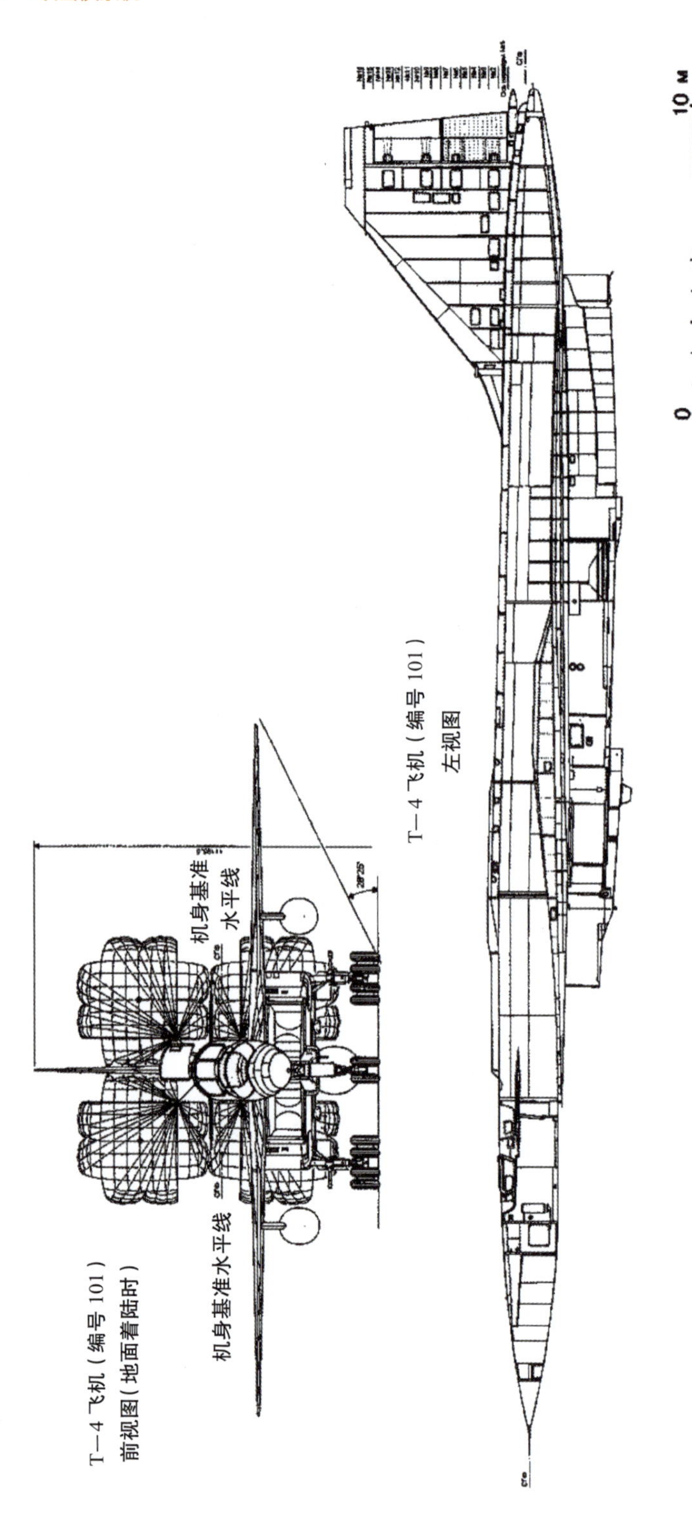

▲ 附图-15　T-4攻击侦察机(编号101)
(尼古拉·戈尔久科夫供图)

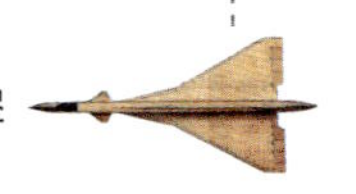

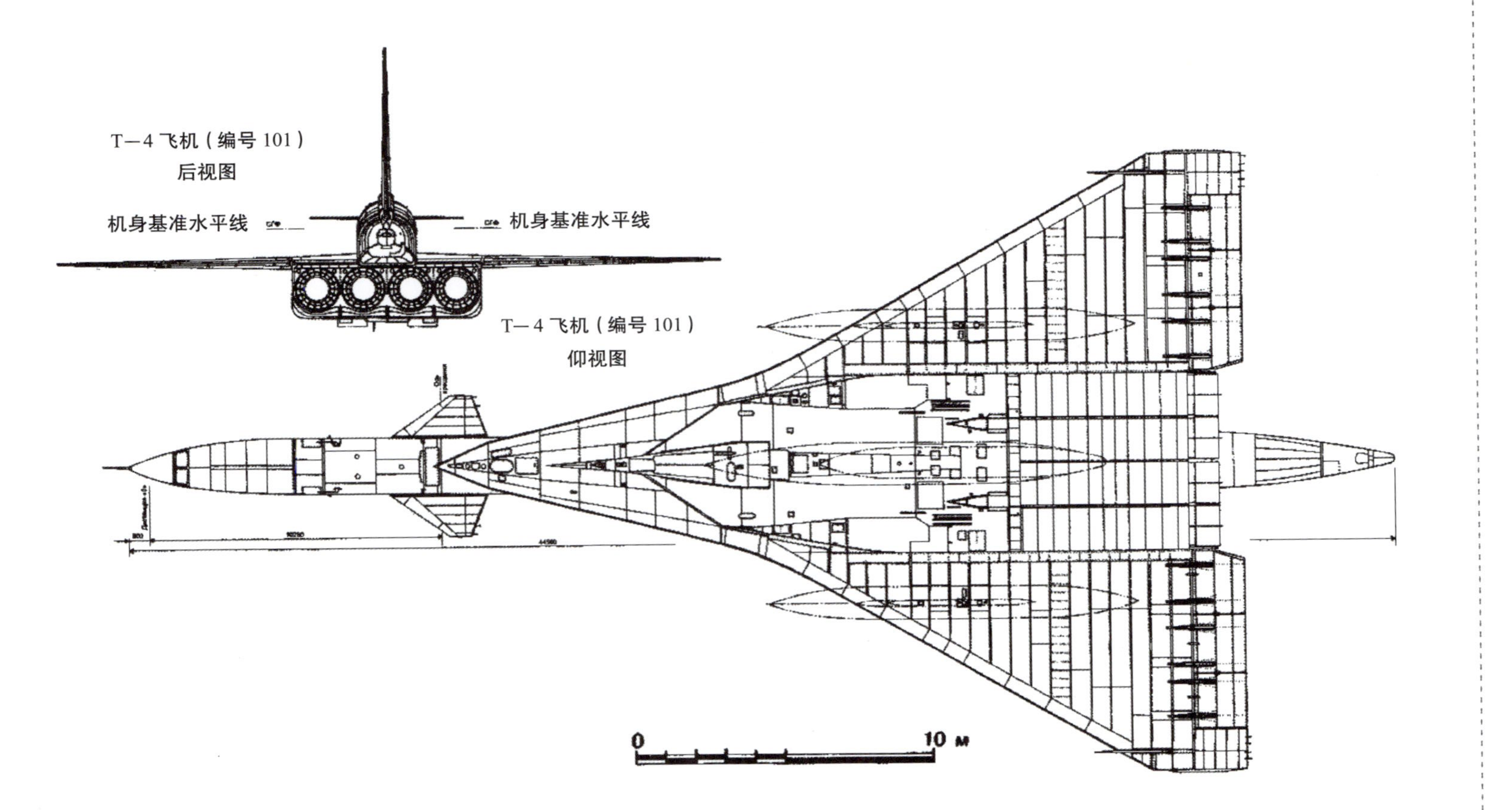

▲ 附图－16　T－4 攻击侦察机（编号 101）
（尼古拉·戈尔久科夫供图）

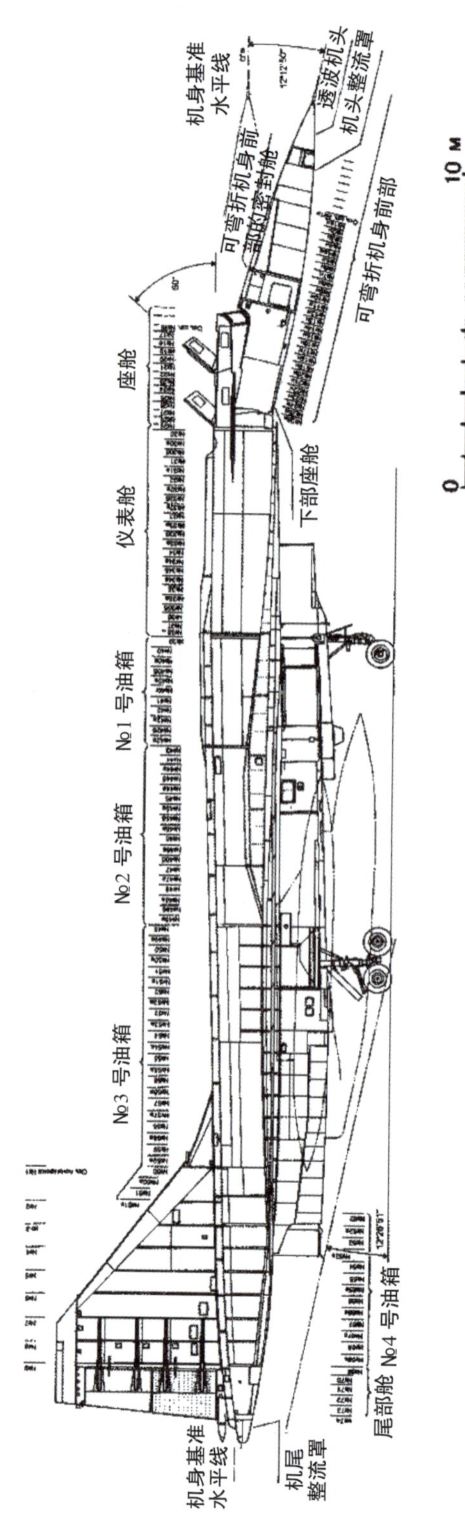

▲附图－17　T－4攻击侦察机（编号101）
（尼古拉·戈尔久科夫供图）

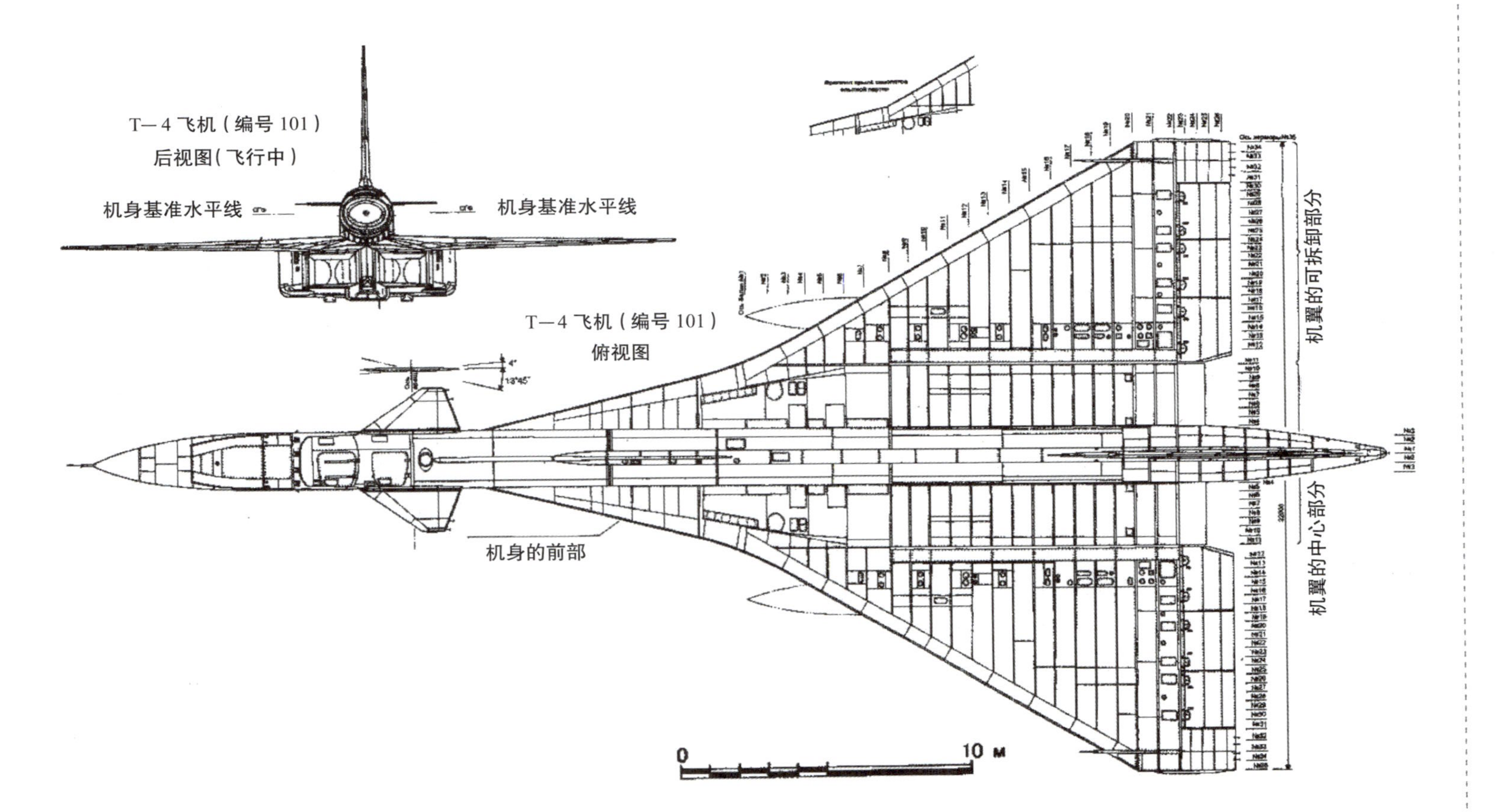

▲ 附图－18　T－4 攻击侦察机（编号101）
（尼古拉·戈尔久科夫供图）

参考文献

[1] В.阿格耶夫,В.亚科夫列夫.地平线上的闪光[J].航空与航天,1992(2):6-8.

[2] В.安东诺夫,Н.戈尔久科夫.100号[J].世界各国的飞机,1991(2):18-28;1996(3):15-17.

[3] И.阿凡纳西耶夫,В.博布科夫.它是导弹[J].航空汇编,1993(1):20-24.

[4] И.别德列特金诺夫.它曾称为"100"号飞机[J].技术青年,1995(9):20-22.

[5] И.别德列特金诺夫.被遗忘的未来战机[J].模型设计师,1995(11):30-32.

[6] А.布鲁克,К.乌达洛夫,А.阿尔希波夫,等.В.М.米亚西谢夫家族飞机插图百科:第2卷[M].莫斯科:航空航天出版社,2001.

[7] П.布托夫斯基. 图-160的先驱[J].航空爱好者,1994(3):43-46.

[8] Е.戈尔东.图-160[M].莫斯科:试验场新闻有限责任公司,2003.

[9] А.戈罗霍夫."100"号飞机[J].我们的机翼,1993(1-2):16.

[10] А.登金.飞机始于发动机:第2卷 雷宾斯克发动机制造设计局杂记[M]. 雷宾斯克: 雷宾斯克宅院,1998.

[11] Н.宰采夫.超声速飞机[M].莫斯科:外国文学出版社,1957.

[12] И.兹韦列夫,Ю.阿利什塔德特,В.季科夫,等.图希诺机械制造厂——从"钢"到"暴风雪":历史、工艺与人[M].莫斯科:21世纪俄罗斯航空,2001.

[13] В.伊利因,М.列温.唯一的战略家[J].祖国之翼,1993(12):16-19;1994(1):1-3.

[14] В.基尔桑诺夫.美国轰炸机B-1B[J].国外军事观察,1985(10):43-50.

[15] Д.科米斯萨罗夫,К.乌达洛夫.SR-71飞机[M].莫斯科:航空航天出版社,1993.

[16] В.孔斯坦京诺,В.罗曼年科,А.豪斯托夫.超声速元老[J].航空岁月,1993(6):2-16.

[17] 俄罗斯和乌克兰的飞机和直升机查询手册[J].航空与航天,1995(6): 39-42,53-55.

[18] В.克鲁季欣.飞跃[J].祖国之翼,1993(9):20-24.

[19] В.马尔科夫斯基.逆火,从未知中突破[J].航空爱好者,1993(1):2-13.

[20] XB-70飞机(Valkyrie)[J].飞行国际,1964(6):1-6.

[21] А.马茨涅夫.用于空天技术的半制品工艺现况及近期展望[J].空天技术与工艺,2001(3):18.

[22] А.蓬诺马列夫.火箭航空兵[M].莫斯科:苏联国防部军事出版社,1964.

[23] Н.普罗斯库罗夫.迟到的发现[J].祖国之翼,1991(5):12-14.

[24] В.里格曼特.论"逆火"[J].航空与航天,1996(21):28-33.

[25] В.里格曼特.图波涅夫设计局的飞机[M].莫斯科:俄罗斯航空出版社,2001.

[26] 汇编:苏霍伊飞机[M].莫斯科:中央空气流体动力学研究院出版部,1993.

[27] 战略轰炸机图－160[J].祖国之翼，1992(4)：34.

[28] 图－160[J].航空与航天，1992(12)：42.

[29] 图－22M3[J].航空与航天，1992(8)：46.

[30] B.亚科夫列夫，Г.格里沙耶娃.T－4：是"俄罗斯奇迹"还是技术冒险[J].航空与航天，1993(9－10)：30-35.

[31] H.亚库博维奇.图－22的艰难起飞[J].祖国之翼，1996(11)：14.

[32] И.舒斯托夫.1944－2000年间的发动机[M].莫斯科：AKC－Конверсалт，2000.

[33] П.布托夫斯基.俄罗斯超声速战略轰炸机[J].T & W，1994(1)：30.

[34] J.格迪斯.B－1B：轰炸机归来[J].国际防务评论，1982(1)：39－45.

[35] J.戈登，W.日格曼.图－160[J].飞机结构概述，1993(5)：30－33.

[36] 图波列夫.逆火[J].国际航空，1988(6)：267－275.

[37] 维尔弗里德·哥本哈根.苏联轰炸机[M].柏林：Transpress，1989.

伊利达尔·别德列特金诺夫

T-4攻击侦察机

编辑:格奥尔吉·卡尔沃夫斯基
校对:耶夫根尼·科罗琴科
美术:尼古拉·戈尔久科夫、米哈伊尔·德米特里耶夫、安德烈·日尔诺夫
技术支持和设计:别德列特金诺夫出版集团有限公司
排版:Радис РРЛ有限公司

别德列特金诺夫出版集团有限公司
109507,莫斯科,а/я38
电话:(095)980-50-58,传真:980-73-26
邮箱:www.terators.com